高等院校人工智能通识课程系列教材

“面向人工智能赋能教育及数字技能人才培养的大学计算机课程改革项目”成果

AI概论及应用

白路锋　宋智军◎主　编
张　谦◎副主编
朱辉生　周　近◎主　审

中国铁道出版社有限公司
CHINA RAILWAY PUBLISHING HOUSE CO., LTD.

内 容 简 介

本书为高等院校人工智能通识课程系列教材之一，系统介绍了人工智能的核心理论、主要方法、关键技术及其实际应用。从基础概念到具体应用，本书涵盖了人工智能发展之路、知识表示方法、搜索推理技术、计算智能、机器学习、自然语言理解、计算机视觉、神经网络等内容。全书将前沿技术与实际案例相结合，帮助读者理论联系实践，较全面地反映人工智能领域当前的研究进展和发展方向，展示人工智能在各行业中的应用。并根据后续课程教学需求，融入了人工智能与其他学科（如计算机科学、心理学、语言学等）之间的关系，以培养学生跨学科思维。

本书内容科学严谨、语言通俗易懂，适合作为高等院校“人工智能通识”课程的教材或参考书，也适合作为相关技术人员的培训教材。

图书在版编目（CIP）数据

AI 概论及应用 / 白路锋，宋智军主编. -- 北京 ：中国铁道出版社有限公司，2025. 8. --（高等院校人工智能通识课程系列教材）. -- ISBN 978-7-113-32248-9

Ⅰ. TP18

中国国家版本馆 CIP 数据核字第 2025X5H792 号

书　　名：AI 概论及应用
作　　者： 白路锋　宋智军

策　　划： 张围伟　　　　**编辑部电话：**（010）63549508
责任编辑： 陆慧萍　包　宁
封面设计： 刘　颖
责任校对： 苗　丹
责任印制： 赵星辰

出版发行： 中国铁道出版社有限公司（100054，北京市西城区右安门西街 8 号）
网　　址： https://www.tdpress.com/51eds
印　　刷： 北京市泰锐印刷有限责任公司
版　　次： 2025 年 8 月第 1 版　2025 年 8 月第 1 次印刷
开　　本： 787 mm×1 092 mm 1/16　**印张：** 13　**字数：** 331 千
书　　号： ISBN 978-7-113-32248-9
定　　价： 46.00 元

编 者 名 单

主　审　朱辉生　周　近

主　编　白路锋　宋智军

副主编　张　谦

编　者（按姓氏笔画为序）

王　佳　白路锋　李　伟　吴利平　余少勇

汪　洋　宋智军　张　谦　张　颖　张洪博

陈书明　黄　凯　曹　海

前言

在科技飞速发展的当下，人工智能（artificial intelligence，AI）已成为推动各行业变革的关键力量。党的二十大报告着重强调，要“推动战略性新兴产业融合集群发展，构建新一代信息技术、人工智能等一批新的增长引擎”。这充分彰显了人工智能在国家发展战略中的重要地位。同时，《教育强国建设规划纲要（2024—2035年）》明确提出“以教育数字化引领教育现代化”的战略方向，多处体现出人工智能技术对教育体系的重构作用。在此大背景下，人工智能正以前所未有的速度改变着我们的生活和工作。从智能家居到自动驾驶，从医疗诊断到金融风险预测，人工智能的应用无处不在。它不仅创造了许多新行业，还为传统行业赋能，推动着社会的全面进步。因此，对人工智能有所了解和研究，已经成为新时代对当代大学生提出的新要求。在这样的时代背景下，编者团队拟通过建立系统、前沿的人工智能知识体系，助力培养适应数字时代需求的创新型人才，服务国家教育现代化战略目标。

本书是一本面向本科生的通识类教材，旨在帮助学生全面了解人工智能的基本概念、主要技术、应用领域，以及面临的挑战。通过本书的学习，学生不仅能够掌握人工智能的核心知识，还能培养创新思维和实践能力，为未来在相关领域的学习和研究打下坚实的基础。本书的价值在于，它将人工智能的理论知识与实际应用紧密结合，通过丰富的案例和实例，帮助学生更好地理解人工智能技术的本质和应用场景。我们希望通过本书，能够激发学生对人工智能的兴趣，培养他们运用人工智能技术解决实际问题的能力，为他们有效应对未来职业生涯中的挑战和考验提供有力的支持。

全书共分为12章，涵盖了人工智能的多个方面。

第1章介绍了人工智能的概念、发展历史以及主要技术分支。通过学习这一部分，学生可对人工智能有一个全面的了解，明确其在现代科技中的地位和作用。其中，还探讨了人工智能面临的挑战，如伦理道德困境、数据隐私、安全隐患、就业结构等问题，以及未来的发展趋势。

编程语言和数学基础是学习人工智能的必备知识，第2、3章详细介绍了Python等常用编程语言在人工智能中的应用，以及线性代数、概率论与统计等数学基础知识。通过学习这些内容，学生可以为后续的学习打下坚实的基础。

第 4~12 章重点介绍了机器学习、自然语言处理、计算机视觉、神经网络、深度学习、知识图谱、机器翻译等人工智能的主要技术，详细阐述了这些技术的基本概念、原理、算法，并通过实例介绍人工智能在医疗健康、交通出行、金融服务、工业制造等领域的广泛应用。通过这些内容的学习，学生可以更好地理解人工智能技术的实际应用价值，以及如何将这些技术应用于解决实际问题，对人工智能的发展有一个全面的认识，明确未来研究的方向。

为了帮助学生更好地学习本书内容，我们在编写过程中采用了以下方法：

- 理论与实践相结合：不仅介绍了人工智能的理论知识，还通过大量的案例和实例展示其在实际应用中的效果。学生可以通过案例分析和实验，更好地理解人工智能技术的概念和方法。
- 循序渐进的学习路径：全书内容由浅入深，从人工智能的基础知识逐步过渡到高级应用。学生可以根据自己的学习进度，逐步掌握书中的内容。
- 多样的图表和实例：为了帮助学生更好地理解抽象的概念，我们在书中提供了大量的图表和实例，帮助学生直观地理解人工智能技术的思想和方法。
- 丰富的代码和资源：为了方便学生实践和学习，还提供了配套的代码和资源，如读者通过扫描书中的二维码下载源代码，也可以通过访问中国铁道出版社教育资源数字化平台（https://www.tdpress.com/51eds）进行下载。学生可以通过运行这些代码，更好地理解人工智能技术的实现和应用。
- 设置思考与练习：每章章后都配有思考与练习，帮助学生巩固所学知识，培养分析问题和解决问题的能力。

希望本书能够激发读者对人工智能的兴趣，培养创新思维和实践能力，在学习中结合实际案例进行思考，并尝试自己动手实现一些简单的项目，在人工智能领域迈出坚实的一步。

本书是教育部高等学校大学计算机课程教学指导委员会“面向人工智能赋能教育及数字技能人才培养的大学计算机课程改革项目”重点课题成果（课题编号：AEJR-202403）。在本书的编写过程中还参考了部分图书资料和学术期刊，在此一并表示衷心感谢。

由于人工智能技术发展迅猛，加之编者水平有限，书中难免存在疏漏和不足之处，恳请广大读者和同行批评指正。

编　者

2025 年 3 月

目 录

第1章 绪论

人工智能作为术语第一次被提及是在1956年的达特茅斯会议。在过去的几十年里人工智能飞速发展，它引起了众多学科和不同专业背景学者的广泛关注和日益重视，逐步成为一门涉及领域广泛的交叉和前沿学科。进入21世纪，在计算能力的突飞猛进和数据的积累下，人工智能赋予了计算机更强大的功能。不仅创造了一些新行业，也给传统行业赋能，从而产生了人工智能的新一轮热潮。近年来，在大数据和更快更强的计算机硬件的条件下，基于深度神经网络模型的深度学习方法引领了第三次人工智能浪潮的兴起。

那到底什么是人工智能？它们又有怎样的发展历史？

对人工智能有所了解和研究，是新时代对当代大学生提出的必备技能。本章将分节论述人工智能的简史和概念、分类以及发展史。

学习目标

- **了解**：人工智能的概念和发展简史，人工智能的主要技术分支及在新时代发展中的重要性和社会价值。
- **理解**：人工智能不同定义的差异与学术倾向。
- **应用**：使用目前比较常见的如ChatGPT、MidJourney、DeepSeek等人工智能工具，重点放在实际使用场景和效果上。
- **分析**：通过学习本章内容，试着分析人工智能当前的困境以及未来的发展趋势，能够从中开拓自己的学习思路。
- **养成**：培养人工智能技术的系统性认知思维。

1.1 人工智能的概念

历史上关于人工智能的定义繁多，这些定义对于人们理解人工智能或多或少都起过作用，然后在发展的浪潮中被质疑，甚至被推翻被否定。迄今为止，没有哪一个关于人工智能的定义得到大家的一致认同。

目前有两个定义流传较广：一个是明斯基提出的，即“人工智能是一门科学，是使机器做那些人需要通过智能来做的事情”；另一个是尼尔森给出的，即“人工智能是关于知识的科学”，所谓“知识的科学”就是研究知识的表示、知识的获取和知识的运用。

在这两个定义中，专业人士更偏向于第二个。因为第一个定义中涉及两个未明确定义的概念，而第二个定义只涉及一个未明确定义的概念。在人、智能、知识这三个概念当中，知识的研究相对来说更深入。同时，人和智能的定义也与知识紧密相关，而且知识是智能的基础。

人工智能学科通常被视为计算机科学的一个分支，但它涉及计算机科学、神经科学、心理学、认知学、哲学和语言学等自然科学和社会科学的学科，其范围已远远超出了计算机科学的范畴。相对于其他学科，人工智能具有普适性、迁移性和渗透性。一般来说，将人工智能的知识应用于某一特定领域，即所谓的“人工智能+某一学科”，就可以形成一个新的学科，如生物信息学、计算历史学、计算广告学、计算社会学等。因此，掌握人工智能知识已经不仅仅是对人工智能研究者的要求，也是时代的要求。

1.2 人工智能简史

1956 年夏天的达特茅斯会议“人工智能”作为术语第一次被提及，这是历史上第一次人工智能研讨会，具有十分重要的历史意义，同时也标志着人工智能学科的诞生。

截至目前，人工智能的发展可以粗略分为三个阶段，即孕育阶段（1956 年之前）、形成阶段（1956—1969 年）、发展阶段（1970 年至今）。

1.2.1 孕育阶段

通常 1956 年以前的时期被认为是人工智能的孕育阶段。该时期其他科学技术的发展取得很大成就，它们为后续人工智能的诞生奠定了思想、理论和物质基础。

公元前 4 世纪，哲学家亚里士多德提出的形式逻辑的一些主要定律为形式逻辑奠定了基础。

1642 年，数学家 Pascal（帕斯卡）发明了第一台机械计算器——加法器，开创了计算机械时代。数学家 Leibniz（莱布尼茨）在其基础上发展并制成了可进行四则运算的计算器。他提出了“通用符号”和“推理计算”的概念，使形式逻辑符号化。这一思想为数理逻辑以及现代机器思维设计奠定了基础。

1936 年，数学家 Turing（图灵）提出了图灵机模型。这为电子计算机的问世奠定了理论基础。

1943 年，心理学家 McCulloch（麦卡洛克）和数理逻辑学家 Pitts（皮茨）提出了第一个神经网络模型——MP 神经网络模型，为开创神经计算时代奠定了坚实的基础。

1945 年，von Neumann（冯·诺依曼）提出了存储程序的概念。

1946 年，数学家 Mauchly（莫克利）和 Eckert（埃克特）研制出第一台电子计算机 ENIAC，为人工智能的诞生奠定了物质基础。

1948 年，Shannon（香农）发表了《通信的数学理论》，标志着信息论的诞生。

1948 年，Wiener（维纳）创立了控制论。这标志着根据动物心理学和行为学进行计算机模拟研究的基础已经形成。

1950 年，图灵发表论文 *Computing Machinery and Intelligence*，提出了著名的图灵测试。

1950 年，香农完成了人类历史上第一个下棋程序，开创了非数值计算的先河。此外，Mc-

Carthy、Newell、Simon、Minsky 等人提出以符号为基础的计算。这些成就使得人工智能作为一门独立的学科成为一种不可阻挡的历史趋势。

1.2.2 形成阶段

人工智能的形成阶段为1956—1969年。1956年，人工智能作为一门学科诞生，同时期的其他成果如下：

1956年，Selfridge（塞弗里奇）研制出第一个字符识别程序，开辟了模式识别这一新的领域。

1956年，Samuel（塞缪尔）研制了具有自学能力的西洋跳棋程序。值得一提的是6年后它击败了美国的一个州跳棋冠军。这是模拟人类学习的一次成功的探索，同时也是人工智能领域的一个重大突破。

1958年，McCarthy（麦卡锡）研制出的表处理语言 LISP，不仅可以处理数据，而且可以方便地处理符号，成为人工智能程序设计语言的重要里程碑。

1960年，Newell、Shaw 和 Simon 等人编制了能解10种不同类型课题的通用问题求解程序（general problem solving，GPS）。

1965年，斯坦福大学的 Feigenbaum（费根鲍姆）开展了专家系统 DENDRAL 的研究。这是对知识表示、存储、获取、推理及利用等技术的一次非常有益的探索，对人工智能的发展产生了深远的影响。

作为一门新兴学科，人工智能正在蓬勃发展。

1.2.3 发展阶段

1. 第一个“冬天”（1974—1980年）

过度的乐观拔高了整个社会对人工智能的期许，但随着时间的推移，人工智能绝大多数领域的发展陷入僵局。结果与预期形成巨大落差，随之而来的是项目经费的大量削减。1974年开始，人工智能的发展进入第一个“冬天”。

费根鲍姆意识到人工智能系统必须引入知识。1968年，费根鲍姆带领他的学生们开发出第一个成功的专家系统 DENDRAL。1972年，他们又研制了诊断和治疗细菌感染性血液病的专家咨询系统 MYCIN。很快各式各样的专家系统百花齐放，人工智能走向了实用化，形成了一种新的软件产业——知识产业。在1977年第五届国际人工智能大会上，费根鲍姆系统地阐述了专家系统的思想，并提出了“知识工程”的概念。

2. 繁荣时期（1980—1987年）

知识工程的提出以及发展改变了人工智能的研究模型，发生了从推理向知识的转变。自此人工智能的研究从理论走向了应用，知识库系统和知识工程也成为20世纪80年代人工智能研究的主要方向。

1980年，卡内基梅隆大学为数字设备公司（DigitalEquipment Corporation）设计了一套名为 XCON 的专家系统，这套具有完整专业知识和经验的计算机智能系统每年为数字设备公司节省了大量成本。世界各国纷纷开发和部署专家系统，到1985年，在人工智能方面的投入已经超过10亿美元。

1981年，日本经济产业省拨款8.5亿美元支持第五代计算机项目。而英国开始了耗资3.5亿英镑的 Alvey 工程。美国国防部高级研究计划局（DARPA）也行动起来，发起了国家战略计算倡议，其 1988 年向人工智能的投资是 1984 年的三倍。人工智能又迎来了大发展。

3. 第二个冬天（1987—1993 年）

随着专家系统大量应用到实际中，知识获取成为其进一步发展的主要瓶颈，交互问题和扩展问题迟迟得不到解决。各国制定的针对人工智能的计划基本上执行到 20 世纪 80 年代中期就开始寸步难行，人工智能的第二个寒冬降临了。

尽管命运多舛，人工智能仍在继续向前，人们对它的探索和研究从未停止过。1982 年，物理学家约翰·霍普菲尔德（John Hopfield）证明了一种新型的神经网络（现被称为霍普菲尔德网络），能够用一种全新的方式学习和处理信息。大约在同时，杰弗里·辛顿（Geoffrey Hinton）和戴维·鲁梅哈特（David Rumelhart）推广了一种训练神经网络的方法——反向传播算法。这些发现给人们带来了新的希望。

20 世纪 90 年代，人工神经网络成功应用于字符识别和语音识别等任务。

4. 平稳发展期（1993—2010 年）

20 世纪 90 年代中期，人工智能终于实现了其最初的一些目标，开始成功应用在整个技术行业中。这些成功部分源于计算机性能的提升，部分是由于限定在具体问题上。人们终于对人工智能有了客观理性的认知，人工智能技术进入平稳发展时期。

1997 年 5 月 11 日，IBM 的计算机系统深蓝击败了国际象棋世界冠军卡斯帕罗夫，成为人工智能发展中的一个重要里程碑。这一里程碑式的胜利并不是基于模型或方法上的革命性的突破，而主要依赖于不厌其烦的工程实施和计算机在速度和容量上的巨大提升，深蓝系统每秒可以处理 2 亿步棋。

5. 快速发展时期（2010 年至今）

进入 21 世纪，与日俱增的数据和强大的计算力为人工智能发展提供了肥沃的土壤。2006 年，杰弗里·辛顿和他的学生正式提出了深度学习的概念。2012 年，在著名的 ImageNet 图像识别大赛中，他们采用深度学习模型 AlexNet 取得碾压式胜利，引起了各界对深度学习领域的关注。

2016 年，谷歌 Deepmind 基于深度学习开发的 AlphaGo 以 4∶1 战胜了国际顶尖围棋高手李世石，深度学习的热度一时无两。

2022 年，大型语言模型 ChatGPT 一经发布在社交媒体上迅速走红，它通过强化学习进行训练，不仅可以与用户进行文字互动，还能完成复杂的语言工作，如自动文本生成、自动问答等。

近两年，人工智能领域持续升温，迎来爆发式增长。我国深度求索公司推出的 DeepSeek 系列大模型在中文理解、代码生成等领域表现抢眼，展现了我国在人工智能赛道上的竞争力。OpenAI 不断迭代，多模态大模型成为新趋势，GPT-4 及其相关扩展模型实现了对图像、语音等信息的综合处理。人工智能技术加速向垂直领域渗透，从专用走向通用，从辅助工具演变为创新伙伴，在医疗、金融、教育等行业催生出一系列创新应用。

1.3 主要技术分支

1.3.1 机器学习

1959 年机器学习一词由阿瑟·塞缪尔（Arthur Samuel）首创。他对机器学习的定义是：Machine Learning is the field of study that gives computers the ability to learn without being explicitly programmed，即机器学习是一个研究领域，它使计算机能够学习而不是被显式编程。例如，筛选垃圾邮件的程序，如果仅仅凭借程序写定的规则去筛选邮件：如标题中包含“开”“发”“票”三个字的一般是垃圾邮件，就不是机器学习。

另一个被广泛采用的定义是汤姆·米切尔（Tom Mitchell）于1997年给出的定义：A computer program is said to learn from experience E with respect to some task T and some performance measure P, if its performance on T, as measured by P, improves with experience E，即，如果一个计算机程序在任务T上的性能（用P来衡量）可以通过经验E得到改进，称该程序能从经验E中学习。机器学习中三个重要的因素是任务T、性能衡量指标P和经验E。例如，对于邮件筛选程序来说，任务T是判断给定邮件是否为垃圾邮件，可以用判断正确的比率来衡量其完成任务的好坏，而经验就是被用户标记过的一些垃圾邮件和正常邮件构成的训练集。所以如果一个邮件筛选程序能从已知的训练数据中改进其判断一个新邮件是否为垃圾邮件的准确率的话，就称它有学习能力。

机器学习可以按照不同的维度将它们划分成多个类型，下面按照学习过程中受到人类指导的量和类型进行划分，可以分为监督学习、半监督学习、无监督学习和强化学习四类。

1. 机器学习分类

（1）监督学习

监督学习（supervised learning）是指通过使用已标记的数据集来训练模型，每个输入数据都有一个对应的输出标签，模型通过学习这些输入输出对来进行预测，其本质是利用“标记好”的训练数据进行训练，并根据输入预测输出。在监督学习中，每个实例都是由一个输入对象和一个期望的输出值组成。监督学习算法分析训练数据，并产生一个推断的功能，该功能可以用于映射出新的实例。简单来说，就是模型利用有标签数据进行训练，主要解决回归与分类问题。

分类任务是将输入数据分配到预定义的类别中，输出结果是离散的类别标签。在图像识别中，识别图片中的物体，如人、树、房等。常用算法有决策树、逻辑回归、支持向量机、朴素贝叶斯、*k*-近邻、神经网络等。

回归任务是预测一个连续的数值结果，输出结果是连续的数值。例如，在房价预测中，根据房屋的特征（如面积大小、地理位置）预测房屋的价格。常用算法有线性回归、多项式回归、岭回归、拉索回归、支持向量回归等。

想象一下你在学习数学，老师给你一系列的题目和答案，你不断练习，直到你能够自己解答类似的问题。在监督学习中，模型就像是这个学生，学习如何从输入（问题）推导出输出（答案）。

常见的监督学习：图像识别，如人脸识别、物体识别等，模型通过大量标记图像学习如何识别新图像；自然语言处理，如情感分析，通过标记文本（如正面或负面）训练模型来预测新文本的情感；金融预测，使用历史数据（如股票价格变化）来预测未来的市场趋势。

（2）无监督学习

无监督学习算法所面对的数据集是无任何标注的数据，只有输入而没有与之匹配的输出，例如，给定一组图片，或者一组文档等。无监督学习所做的主要是挖掘数据中的一些规律或模式，从而实现聚类或降维等。

聚类是最常见的一种无监督学习任务。聚类算法一般根据数据间的相似性分类，它能帮助我们自动识别数据之间的关系和结构，从而将一堆散乱的数据或信息结构化地组织起来。

降维技术是无监督学习中处理高维数据的有效手段，它旨在减少数据集中的特征数量，同时尽可能保留原始数据的重要信息，达到压缩和简化数据的目的。

还有一类比较重要的无监督学习任务是异常检测，一个数据集中异于大部分正常数据的数据称为异常点，可以使用异常检测算法发现它们。例如，常规的二分类任务判断医学图像中的肿瘤是恶性还是良性的，输入一张医学图像，输出结果为“恶性”或者“良性”。

(3) 半监督学习

监督学习对训练数据的数量依赖性很强，模型越复杂（参数量越大）需要的训练数据就越多。但在很多领域的应用中数据的获取极其困难且代价高昂，比方说，在医学图像诊断任务中，对医学图像数据的标注必须具备稀缺而昂贵的医学专业知识，获得足够量的训练数据的难度可见一斑。而无监督学习很大程度上取决于训练数据的质量，结果的不确定性太大。

半监督学习（semi-supervised learning，SSL）结合了监督学习与无监督学习的特点。它作为一种学习框架可以自行利用少量的具有标记信息的样本（即监督数据）和大量没有标记的样本（即无监督数据）进行学习。其基本思想是利用少量的有标签数据和大量的无标签数据进行模型训练，从而提高模型的性能。

根据学习场景的不同，半监督学习可以划分为半监督分类、回归、聚类、降维等。

(4) 强化学习

强化学习介于监督学习和无监督学习之间，它得到的输出是评价式的反馈，特点是关注智能体与环境之间的交互。关键要素包括：智能体、环境、状态、动作、奖励。通过与所处环境的交互，一个强化学习系统通过不断探索性的试错来学习能最大化其回报的一系列行为。学习策略可以是基于价值函数的，也可以是基于策略的。智能体通过试错方式学习，执行动作后根据环境反馈调整策略，直到找到最优策略。

近年来，结合深度学习的感知能力和强化学习的决策能力的深度强化学习，得到了广泛的关注和研究。深度强化学习广泛应用于游戏、机器人、自然语言处理、智能驾驶和智能医疗等领域。在游戏领域，强化学习可以训练 AI 玩各种棋盘游戏和视频游戏；在机器人技术中，强化学习可以用来训练机器人执行复杂的任务，如导航、抓取和操纵物体。

2. 神经网络

神经网络又称人工神经网络（ANN），是一种模仿生物神经系统的数学模型或计算模型，它受到人类大脑结构的启发，通过模拟人脑神经系统的组织架构，以高度灵活的方式处理复杂数据模式。神经网络由大量的简单处理单元（称为神经元）广泛地互相连接而形成复杂网络系统，这些节点被组织成层，包括输入层、隐藏层和输出层。通过对输入进行加权、计算总和以及应用非线性激活函数，神经网络能够将输入数据转换为不同的表示形式，直到产生输出。

当前神经网络主要分为以下几种：

① 前馈神经网络（feedforward neural network）：数据在这种网络中单向流动，从输入层到输出层，没有反馈（即网络中没有循环）。

② 卷积神经网络（convolutional neural network，CNN）：特别适合处理图像数据，通过卷积运算提取图像特征。

③ 循环神经网络（recurrent neural network，RNN）：适合处理序列数据，如时间序列分析、自然语言处理等。

神经网络的应用领域广泛，包括图像识别与分类、语音识别、自然语言处理、推荐系统、自动驾驶、游戏、医疗诊断、股票市场预测、异常检测、艺术创作、机器人控制、信号处理、气象预测、能源管理等。

3. 深度学习

深度学习是机器学习领域的一个重要分支，特指基于深层神经网络模型和方法的机器学习技术。它是在统计机器学习、人工神经网络等算法模型基础上，结合当代大数据和大算力的发展而发展起来的。深度学习的定义是一种使计算机能够从经验中学习并以概念层次结构的方式理解世界的机器学习形式。其核心思想是通过构建和训练深层神经网络模型，从大量数据中学习和提取特征，以实现复杂任务的自动化处理和决策。

深度学习的主要内容包含神经网络的构建、训练和应用，用于解决复杂的模式识别、分类、回归等任务。深度学习的核心在于通过多层非线性变换，自动提取数据中的高级特征表示，这些特征相比于人工设计的特征具有更强的表示能力和稳健性。深度学习的本质是特征表征学习，旨在让计算机模拟人脑神经元的工作方式，实现自主学习和决策。

深度学习在多个领域取得了显著的应用成果，包括搜索技术、数据挖掘、自然语言处理、多媒体学习、语音技术以及推荐系统等。此外，深度学习还在自动驾驶、医疗健康、金融风控等领域展现出巨大的应用潜力。随着计算能力的不断提升和算法的不断改进，深度学习的应用前景将会更加广阔。

1.3.2 自然语言处理

自然语言处理（natural language processing，NLP）是指利用计算机技术来分析和处理人类自然语言（如中文、英文等）的学科。它旨在使计算机能够“理解”人类语言的含义、语法、语义和上下文，并从中提取有用的信息生成新的内容。自然语言处理是语言学、计算机科学、数学、机器学习、认知心理学等学科的交叉领域，它结合了语言学的研究成果和计算机科学的技术手段，旨在搭建机器语言与人类语言之间沟通的桥梁。

自然语言处理的主要内容包括：语言理解、语言生成、信息抽取、问答系统、情感分析。它的应用领域十分广泛，包括但不限于机器翻译、舆情监测、自动摘要、观点提取、文本分类、语音识别等。

1.3.3 计算机视觉

计算机视觉（computer vision，CV）是使用计算机及相关设备对生物视觉的一种模拟，是人工智能领域的一个重要分支。它研究如何使机器“看”的科学，即通过使用摄影机和计算机代替人眼对目标进行识别、跟踪和测量等机器视觉操作，并进一步进行图像处理，以便计算机处理的图像更适合人眼观察或传送给仪器检测。

计算机视觉的主要内容涉及多个方面，包括图像处理、模式识别、机器学习和深度学习等多种技术。通过这些技术，计算机视觉系统能够模拟人类的视觉系统，使机器能够理解、解释和操作视觉信息。具体来说，计算机视觉的关键技术包括但不限于：图像分类、目标检测、目标跟踪、图像重建与三维视觉。此外，计算机视觉还涉及图像分割、图像增强、图像去噪等图像处理技术，以及特征提取、特征选择等模式识别技术。这些技术的综合应用使得计算机视觉在自动驾驶、人脸识别、医学影像分析、虚拟现实、机器人、无人机和安防等领域得到广泛应用。

1.3.4 智能语音

智能语音是指通过人工智能技术和语音识别技术，使计算机能够理解和处理人类语音的能力。它涉及的核心技术主要包括语音识别、自然语言处理、自然语言生成和语音合成，旨在实现与计算机进行自然对话和交互。

智能语音技术的核心是语音识别，它能够将人类的语音转换为文本或命令。通过语音识别，计算机可以理解人类的语音输入，并将其转化为可处理的文本形式。进一步地，自然语言处理技术可以对这些文本进行分析和理解，从中提取意图、实现对话交互、回答问题等。在理解用户意图后，智能语音系统还可以利用自然语言生成技术将相应的回复或操作指令转化为文本，再通过语音合成技术将文本转化为语音输出，从而完成一次完整的人机交互。

智能语音技术已广泛应用于车载语音、智能家居、智慧医疗、智慧教育、智能安防等领域，助力高效信息处理和个性化服务的普及，并全面提升了用户的智能化体验。

1.4 应用领域

1.4.1 医疗健康

AI 在医疗健康领域的应用广泛而深入，涵盖了医疗服务管理、基层公卫服务、健康产业发展以及医学教学科研等关键领域。以下是一些主要的应用场景。

1. 医疗服务管理

（1）医学影像智能辅助诊断

利用深度学习和计算机视觉技术，对医学影像数据进行智能分析，发现微小病灶，提升诊断效率和准确性。

（2）临床决策支持

基于机器学习等技术，处理临床数据，为医生提供诊疗方案推荐、治疗效果预测等辅助决策支持。

（3）智能门诊分诊和就医咨询

通过图文、语音等人机对话采集患者信息，为患者推荐就诊科室和医生，提供就医信息咨询服务。

（4）智能病历辅助生成

基于语言大模型，自动生成标准化、高质量医疗文书，提高病历书写效率和质量。

（5）处方前置审核

运用自然语言处理等技术构建审方知识库，在医生处方开具过程中实现合理用药指导，保障患者用药安全。

2. 基层公卫服务

基层全科医生智能辅助决策：结合基层医疗卫生机构常见疾病诊疗规范，利用人工智能技术辅助全科医生完成疾病诊断、病历书写等，提高医疗服务质量及效率。

3. 健康产业发展

（1）智能患者管理

基于对患者诊疗数据的智能分析，为出院患者提供个性化随访、健康监测、药物管理等全面服务。

（2）智能医疗质量管理

依据法律政策等资料建立质量管理知识库，监控评估医疗服务质量，提出改进措施。

4. 药物研发与发现

(1) 加速药物研发

通过 AI 驱动的药物筛选和模拟，加速新药的研发过程，降低研发成本。

(2) 个性化治疗方案

利用 AI 技术分析基因数据和生物信息，实现个性化的疾病治疗方案和药物选择。

1.4.2 交通出行

人工智能在交通出行领域的应用主要体现在以下几个方面：

1. 交通信号控制与优化

人工智能通过分析交通流量、车辆速度、行人流量等数据，智能调整交通信号灯的灯光时序，以提高交通效率，减少拥堵。例如，在早晚高峰时段，车流量大的方向绿灯时间延长，减少车辆等待时间，提高道路通行效率。

2. 智能导航和自动驾驶

人工智能可实现高精度地图匹配、实时路况感知、自动路径规划等功能，帮助车辆实现自动驾驶和智能导航。在自动驾驶方面，人工智能通过车载摄像头、传感器收集周边环境数据，利用算法识别道路、车辆、行人、交通信号灯等物体，并实时做出制动、转弯、加速、减速等决策，以实现自动驾驶。智能导航则根据用户的出发地、目的地、出行时间以及实时交通状况，为用户规划最优路线，并实时更新路况信息，引导用户避开拥堵路段。

3. 智能交通监控

人工智能通过监控交通状况，及时发现交通违规行为、事故等，提高交通管理的效率和安全性。例如，利用摄像头和图像识别技术，人工智能系统能够自动识别交通违法行为，如闯红灯、超速、逆行、违法停车等。

4. 智能停车系统

人工智能通过分析停车位使用情况，帮助驾驶人找到停车位，提高停车效率和便利性。一些智能停车系统还能提供预约停车位等功能，方便驾驶人提前规划停车。

5. 公共交通优化

人工智能通过分析公共交通乘客的出行数据，优化公交线路和班次，提高公共交通的效率和服务质量。同时，人工智能还能用于优化票务系统，如根据历史客流数据预测不同时段的客流量，动态调整票价。

6. 交通流量预测与管理

基于历史交通数据和实时数据，运用人工智能模型预测未来一段时间内特定路段的交通流量。交通管理部门可据此提前采取交通疏导措施，如在预计流量大的路段增加警力指挥交通，或者通过交通广播、手机导航软件等提前告知驾驶人，让其选择其他路线，避免拥堵。

总之，人工智能在交通出行领域的应用正在不断拓展和深化，为人们的出行提供更加便捷、安全、智能的服务。

1.4.3 金融服务

人工智能在金融服务领域的应用已经取得了显著的成效，并且展现出广阔的发展前景。以下是一些主要的应用场景：

① 智能投顾与个性化理财：智能投顾系统利用机器学习和深度学习技术，分析投资者的财务状况、风险偏好和投资目标，提供个性化的资产配置建议。

② 信用风险评估与信贷审批：AI 技术通过深度学习和大数据分析，处理和分析海量的非传统数据（如社交媒体活动、消费习惯、网络行为等），更全面地评估借款人的信用风险。

③ 欺诈检测与风险管理：AI 系统能够实时监测金融交易数据，发现异常交易行为和模式，并及时发出警报。

④ 智能客服与自动化服务：聊天机器人作为一种智能客服系统，能够 24 小时不间断地为客户提供服务。通过自然语言处理技术，聊天机器人可以理解客户的语义和情感，为客户提供准确、及时的回答和解决方案。

⑤ 高频交易与自动化交易：AI 系统通过实时数据分析和预测，可以在极短的时间内做出交易决策，实现快速买卖和盈利。

⑥ 合规管理与监管科技：AI 可以自动执行监控和报告要求，确保金融机构遵守相关法律法规。通过自然语言处理技术，AI 可以分析合同和法规文本，识别潜在的合规风险。此外，AI 还可以通过分析交易数据，识别潜在的洗钱行为，提高反洗钱的效率和准确性。

1.4.4 工业制造

人工智能在工业制造领域的应用非常广泛，涵盖了多个关键环节，具体包括以下几方面：

① 智能分拣与物流：通过引入智能机器人和自动化设备，实现生产线的高度自动化，减少对人力的依赖。同时，人工智能还能优化物流路径规划，降低运输成本，提高物流效率。

② 设备健康管理与预测性维护：人工智能可以收集设备运行数据，运用机器学习算法进行模式识别与预测，实现设备的健康管理。它能够在设备故障发生之前进行预测，及时发出警报，并提前制订维护计划，降低因故障导致的停机时间。

③ 生产线自动化与优化：人工智能能够分析生产现场数据，识别生产线瓶颈，提出优化建议，如调整设备布局、改进工艺流程等，从而提高生产效率。例如，某些汽车制造商已经利用人工智能技术实现了生产线的智能化改造，不仅提高了生产效率，还降低了生产成本。

④ 质量检测与控制：利用深度学习算法和计算机视觉技术，人工智能可以自动识别产品外观缺陷、尺寸偏差等质量问题，实现精准分类。这不仅提高了检测效率，还确保了产品质量的稳定性。此外，人工智能还能根据历史数据和实时反馈调整生产参数，进一步优化产品质量。

⑤ 智能供应链与库存管理：通过大数据分析和机器学习，人工智能可以预测市场需求和供应趋势，帮助企业制订合理的采购计划和库存策略。同时，利用物联网技术实现货物追踪和信息共享，提高供应链的透明度和协同效率。

1.5 面临的挑战与问题

1.5.1 伦理道德困境

1. 责任与情感

在无人驾驶车辆的突发情况急刹车等场景中，人工智能的决策可能引发责任归属的伦理问题。同时，随着人工智能的类人化程度越来越高，甚至可能产生自主意识，人类与人工智能之间的情感关系也将引发新的伦理问题。

2. 算法歧视

算法歧视也是一个显著的伦理问题。AI 系统是人设计的，算法模型和数据输入也都是由人来完成的，人类固有的偏见和歧视可能会影响算法决策的结果，从而引发算法歧视。这种歧视不仅存在于数据中的固有偏见，还可能在算法预测未来的过程中不断固化，形成“自我实现的歧视性反馈循环”。

1.5.2 数据隐私

AI 系统的训练依赖于大量数据，而这些数据往往包含敏感个人信息，而且容易出现个人信息泄露问题，个人信息一旦泄露不仅会引发信任危机人心浮动，还有可能发生一系列不可预估的后果。如何在收集和使用这些数据时保护个人隐私，成为一个亟待解决的问题。

1.5.3 安全隐患

人工智能面临的安全隐患涉及多个方面，具体如下：

1. 数据隐私与安全

AI 系统依赖于大量的数据进行训练，这些数据往往包含个人隐私信息。如果数据保护措施不到位，就可能存在泄露风险，对个人和机构的隐私和数据安全造成严重威胁。此外，数据投毒（data poisoning），即恶意篡改训练数据，也会影响模型的准确性和公正性。

2. 算法模型的不透明性

深度神经网络作为 AI 算法的核心，因其非线性、大规模的特点，在理论上难以完全证明其行为。这导致算法模型的决策过程如同“黑箱”，难以被外部审计或解释。一旦模型出现错误决策，很难追溯原因并进行修正。

3. 算法偏见

AI 系统的训练数据如果存在偏见，会导致系统在决策过程中对某些群体不公平。这种偏见不仅存在于数据本身，还可能源于算法设计的不完善。

4. 系统安全漏洞

AI 系统本身可能存在安全漏洞，这可能被恶意利用，导致系统被攻破或滥用。例如，黑客曾利用开源 AI 框架的安全漏洞，对数千家网络服务器发起攻击。

5. 失控风险

随着 AI 系统的复杂性和自主性增加，其可能超出人类的控制范围，做出不可预测的决策或行为。这种失控可能导致严重的后果，甚至对人类社会造成威胁。

6. 恶意使用

AI 技术可能被恶意利用，从事网络攻击、经济破坏等活动。例如，通过操纵宣传导致金融市场恐慌，或者将 AI 用在致命性自主武器上，通过自主识别攻击目标、远程自动化操作等，隐藏攻击者来源、建立对抗优势。

1.5.4 就业结构

自动化失业是另一个不容忽视的问题。随着 AI 技术的发展，大量传统工作岗位可能被 AI 取代，从而导致大规模的技术性失业，加剧人与 AI 的对立，甚至加剧社会不平等。因此，社会需要制定相应的政策来缓解这种转变带来的冲击，比如提供再培训项目，帮助劳动力转移到新的工作岗位。

1.6 未来展望

在过去的发展中，AI 取得了举世瞩目的成就，也渗透到了各行各业和生活的方方面面，AI 的未来发展趋势呈现出一幅充满机遇与挑战的图景。我们有理由相信 AI 将朝着以下几个方面发展：

- 自主性更强的 AI 系统；
- 跨领域的整合融合；
- 更为广泛的社会参与；
- 全球合作与竞争；
- 道德伦理与法律监管的强化。

总的来说，AI 的未来发展趋势是科技与人类社会深度融合的过程。AI 将在全球经济、文化、政治及道德伦理等领域产生深远影响。我们需要坚持技术创新、注重伦理责任、完善政策法规，确保 AI 的发展服务于全人类的福祉，构建一个更加智能、可持续的未来。

小　结

AI 和机器学习是当今科技领域风头正盛的研究方向。从早期的概念提出到如今的广泛应用，AI 技术已经取得了长足的进步。机器学习作为实现 AI 的关键技术，其发展历程同样引人注目。未来，随着技术的不断进步和创新，AI 和机器学习将继续改变人们的生活和工作方式，为人类社会带来更多的可能性和机遇。

思考与练习

一、选择题

1. AI 的定义中，专业人士更倾向于尼尔森的定义是因为（　　）。

A. 涉及更少未明确定义的概念　　B. 更强调机器的智能行为

C. 首次提出“知识工程”概念　　D. 直接关联神经科学研究

2. AI 发展的第三次浪潮主要得益于（　　）。

A. 专家系统的普及　　B. 深度学习的突破

C. 图灵测试的提出　　D. 强化学习的商业化

3. 机器学习的核心要素不包括（　　）。

A. 任务 T　　B. 性能指标 P

C. 经验 E　　D. 人工标注规则

二、填空题

1. 机器学习中，________学习通过与环境交互试错来优化策略。

2. AI 面临的伦理挑战包括________、数据隐私和算法偏见。

3. 1956 年的________会议标志着人工智能学科的诞生。

三、简答题

1. 什么是人工智能？人工智能目前的成就有哪些？
2. 简述人工智能的发展史。
3. 机器学习的分类有哪些？它们分别有什么特点？
4. 人工智能面临的挑战与问题有哪些？
5. 你如何看待人工智能的未来发展趋势？

第 2 章 编程语言

人工智能编程语言是指用于人工智能（AI）领域开发、实现各种 AI 算法、模型和应用的编程语言。这些语言具备一些特定的特性和功能，以满足 AI 领域复杂的计算和数据处理需求，常见的 AI 语言有 Python、Java、C++、R 语言、Lisp、Prolog 等，其中 Python 语言因其简洁易懂的语法、丰富多样的库资源和活跃繁荣的社区生态，应用最为广泛。本章将依次介绍 AI 编程语言的发展历程、常见的 AI 程序语言、AI 程序语言特点、Python 语言基础和基于 Python 语言的 AI 关键技术实现，为后续的理论学习奠定语言基础和工具基础。

学习目标

- **了解**：常见 AI 程序语言的种类、发展历程以及各自的基本特点。
- **理解**：Python 的灵活性与 Java 的稳定性、C++的高性能与 R 的统计分析能力之间的差异。
- **应用**：基于掌握的 Python 语言基础，包括基础语法、数据类型等，能够进行简单程序编写。
- **分析**：基于 Python 语言实现 AI 关键技术的相关库，能够根据应用场景选择对应的基础工具。
- **养成**：强化代码规范意识建立结构化程序设计的思维模式，养成持续学习能力。

2.1 AI 程序语言的发展历程

AI 程序语言的发展与人工智能的演进紧密相连，它是人工智能发展的基石，为人工智能从理论走向实际应用提供了强大的工具和手段。从早期简单的符号处理语言到如今功能强大、应用广泛的多种编程语言，AI 程序语言的发展历程见证了人工智能技术的不断突破和创新。

在人工智能发展的初期，Lisp（LISt processor）语言脱颖而出，成为 AI 领域的先锋。它由约翰·麦卡锡（John McCarthy）于 1958 年发明，作为最早的编程语言之一，Lisp 在处理符号和列表数据结构方面表现出色，能够简单自然地表示复杂数据，对递归的使用也使其非常适合解决当时人工智能领域中看重的搜索和符号处理问题。例如，在早期的专家系统开发中，Lisp 语言可以方便地定义和处理规则与事实，实现基于逻辑推理的决策过程。同时，Lisp 的交互式解释器（REPL，读入-求值-打印-循环）使得探索性编程更加容易，对于解决那些尚未完全理解的问题具有很大优势。然而，Lisp 也存在一些局限性，其函数编程风格相对复杂，学习门槛较高，这在一定程度上限制了它的广泛应用，也为新的编程语言范式的出现打开了大门。

随着时间的推移，逻辑编程范式逐渐兴起，Prolog 语言应运而生。1972 年，Prolog 语言以一阶逻辑为基础被引入，它的程序由事实和规则定义，通过接受查询并将规则应用于事实来产生结果。Prolog 在专家系统、自动规划系统以及自然语言处理等领域得到广泛应用。例如，在自然语言处理中，Prolog 可以利用其逻辑推理能力对句子进行语法分析和语义理解，判断句子结构是否符合语法规则，并推断出词汇之间的语义关系。在专家系统中，它能够依据已有的知识和规则进行推理，为用户提供专业的建议和决策支持。

到了 20 世纪 90 年代，随着计算机技术的不断发展，对人工智能编程语言的需求也日益多样化。Python 语言逐渐崭露头角，它最初被设计为一种强调代码可读性的通用语言，在早期作为教育语言用于编程教学，后来凭借其简洁的语法、丰富的库和强大的社区支持，在人工智能和机器学习领域得到了广泛应用。Python 拥有庞大的库集和工具包，如用于科学计算的 NumPy、SciPy，用于数据处理和分析的 Pandas，以及用于机器学习和深度学习的 Scikit-learn、TensorFlow、PyTorch 等。这些库和工具包极大地简化了人工智能应用的开发过程，使得开发者能够快速构建和部署复杂的模型。例如，使用 TensorFlow 或 PyTorch 可以方便地搭建神经网络模型，进行图像识别、语音识别等任务，而无须从头开始编写复杂的算法和实现底层的计算逻辑。

在这一时期，其他编程语言也在人工智能领域发挥着各自的作用。Java 凭借其"一次编写，处处运行"的跨平台特性、稳定性和可扩展性，在企业级人工智能应用中占据一席之地，特别是在构建大规模、分布式的 AI 系统时，Java 的优势得以充分体现。它拥有像 Weka、Apache OpenNLP 和 Deeplearning4j 等多样的库，支持机器学习、自然语言处理和深度学习等功能。C++由于其执行速度快和资源控制能力强的特性，经常用于性能敏感的 AI 应用，如在计算机视觉领域中对实时性要求较高的图像识别和处理任务，C++能够高效地处理大量的图像数据。

进入 21 世纪，随着大数据和云计算技术的发展，人工智能迎来了新的发展机遇，对编程语言的要求也更加多元化。R 语言作为一种专门用于统计分析和图形表示的编程语言，在数据分析和统计建模方面具有独特的优势，内置了大量的统计模型和分析工具，拥有强大的图形能力，通过 ggplot2、ggthemes、plotly 等包，用户能够轻松创建高质量的图表，这对于数据分析和结果解释非常有帮助，在数据密集型的 AI 项目中得到了广泛应用。此外，一些新兴的编程语言和技术也不断涌现，如 Julia 语言，它结合了 Python 的易用性和 C++的高性能，在科学计算和机器学习领域逐渐受到关注，尤其适用于对计算性能要求较高的场景。同时，随着人工智能应用场景的不断拓展，如物联网、移动应用等领域对 AI 的需求日益增长，一些传统编程语言也在不断演进和拓展，以适应新的需求。例如，JavaScript 在基于 Web 的 AI 应用开发中发挥着重要作用，通过与各种 AI 库和框架的结合，能够实现网页端的智能交互和数据分析等功能。

2.2 常见 AI 程序语言

在人工智能领域，多种程序语言凭借各自独特的优势，在不同的应用场景中发挥着关键作用，推动着人工智能技术的发展与创新。

1. Python

Python 以其简洁、易读、易上手的语法特点，在 AI 领域备受青睐。它拥有庞大且丰富的库和框架生态系统，如用于科学计算的 NumPy，提供了强大的多维数组对象和矩阵运算功能，是许多 AI 算法的基础；Pandas 则是强大的数据处理和分析工具，能够高效地对数据进行清洗、转换和分析，为后续的建模和训练提供高质量的数据支持。在机器学习和深度学习领域，Scikit-learn 提供了丰富的机器学习算法和工具，包括分类、回归、聚类等算法，方便开发者快速构建和评估模型；而 TensorFlow 和 PyTorch 这两个主流的深度学习框架，更是提供了构建、训练和部署神经网络的完整工具集，使得开发者能够轻松地实现复杂的深度学习模型。

以图像识别领域为例，利用 Python 和 TensorFlow 框架，可以快速搭建一个图像分类模型。通过加载预训练的卷积神经网络模型，如 VGG16、ResNet 等，并在自己的图像数据集上进行微调，就能够实现对不同类别的图像进行准确分类。在自然语言处理任务中，Python 的 NLTK 和 SpaCy 库提供了丰富的工具和算法，用于文本预处理、词性标注、命名实体识别、情感分析等任务。使用这些库，可以轻松地对大量的文本数据进行处理和分析，提取有价值的信息，为智能问答系统、机器翻译、文本生成等应用提供支持。

2. Java

Java 具有“一次编写，到处运行”的跨平台特性，这使得基于 Java 开发的 AI 应用可以在不同的操作系统上运行，无须进行大量的修改，大大降低了开发和部署的成本。其稳定性和可扩展性也使其在企业级 AI 系统开发中占据重要地位。在企业级应用中，数据的安全性和系统的稳定性至关重要，Java 的安全模型和强大的异常处理机制能够有效地保障系统的稳定运行，防止数据泄露和系统崩溃等问题的发生。

在智能客服系统的开发中，Java 可以利用其网络编程和多线程处理能力，实现与用户的实时交互。通过调用机器学习模型，对用户的问题进行理解和分析，并给出准确的回答。在大型数据处理和分析场景中，Java 可以与 Hadoop、Spark 等大数据处理框架集成，利用分布式计算的优势，对海量数据进行高效的存储、处理和分析。例如，在电商领域，通过对用户的购买行为数据、浏览记录等进行分析，可以实现精准的商品推荐，提高用户的购买转化率。

3. C++

C++具有高效的性能和对底层硬件的直接访问能力，这使得它在对性能要求极高的 AI 领域，如计算机视觉和机器人控制等方面，发挥着重要作用。在计算机视觉中，图像和视频数据的处理需要大量的计算资源和快速的处理速度，C++能够直接操作内存和硬件资源，实现对算法的高度优化，从而满足实时性的要求。

以自动驾驶系统的开发为例，C++可以用于处理传感器数据，如摄像头图像、雷达数据等，进行实时的目标检测、识别和跟踪。通过对这些数据的快速处理和分析，自动驾驶系统能够做出准确的决策，控制车辆的行驶方向和速度，确保行车安全。在机器人控制领域，C++可以实现对机器人的运动控制、路径规划等功能。机器人需要快速响应环境变化和用户指令，C++的高效性能能够保证系统的快速响应，实现机器人的精准控制。

4. R 语言

R 语言在数据分析和统计学习领域具有独特的优势，它内置了大量的统计模型和分析工具，如线性回归、逻辑回归、聚类分析等，能够方便地进行各种统计分析和建模。R 语言还拥有强大的图形能力，通过 ggplot2、lattice 等包，用户可以轻松创建高质量的图表，如柱状图、折线图、散点图、箱线图等，对数据进行可视化展示，从而更好地理解数据的特征和规律。

在生物信息学领域，R 语言被广泛应用于基因表达数据分析、基因组序列分析等任务。通过对基因表达数据的分析，可以研究基因的功能、调控机制以及与疾病的关系。在金融数据分析中，R 语言可以用于风险评估、投资组合优化等方面。通过对金融市场数据的分析和建模，投资者可以更好地了解市场趋势，制定合理的投资策略，降低投资风险。

5. Lisp

Lisp 具有强大的符号处理能力和灵活的编程风格，它以表达式为基本单位，通过对表达式的求值来实现程序的执行，这种代码即数据的理念使得 Lisp 在处理符号和列表数据结构方面表现出色。在早期的 AI 研究中，Lisp 被广泛用于开发专家系统和自然语言处理应用。例如，在专家系统中，Lisp 可以方便地表示和处理知识和规则，通过推理机制得出结论。在自然语言处理中，Lisp 可以用于语法分析、语义理解等任务。

虽然在现代 AI 开发中，Lisp 的应用不如 Python 等语言广泛，但在人工智能理论研究和教育领域，Lisp 仍然具有重要的地位。它独特的编程思想和方法，有助于研究人员深入理解人工智能的基本原理和算法，培养创新思维和解决问题的能力。在一些高校的人工智能课程中，Lisp 被作为重要的教学语言，用于讲解人工智能的基础概念和算法。

6. Prolog

Prolog 是一种基于逻辑的声明式编程语言，它的程序由事实和规则组成，通过逻辑推理来解决问题。Prolog 的声明式编程风格使得开发者只需描述问题的逻辑关系，而无须关注具体的执行过程，这使得程序的编写更加简洁和直观。其强大的逻辑推理能力在开发智能决策系统和专家系统中发挥着重要作用。

在智能决策系统中，Prolog 可以根据已有的事实和规则，对各种情况进行推理和判断，为决策者提供合理的建议。例如，在医疗诊断系统中，Prolog 可以将疾病的症状、诊断规则等知识表示为事实和规则，通过对患者症状的输入和推理，得出可能的诊断结果。在专家系统中，Prolog 能够模拟专家的思维过程，利用已有的知识和经验进行推理和决策，为用户提供专业的解决方案。

7. Julia

Julia 是一种新兴的编程语言，它在科学计算和 AI 领域展现出了巨大的潜力。Julia 结合了 Python 的简洁性和 C++的高效性，拥有自己的即时编译器，可以实现高效的代码执行。它的语法简洁明了，易于学习和使用，同时又具备强大的计算能力和性能表现。

在机器学习和深度学习领域，Julia 已经开始得到应用。例如，使用 Julia 的 Flux 库可以方便地构建和训练神经网络模型。Flux 库提供了丰富的神经网络层和函数，支持动态计算图，使得模型的构建和调试更加灵活和方便。在处理大规模数据和复杂计算任务时，Julia 的高性能优势能够得到充分体现，能够大大提高计算效率，缩短模型训练时间。

2.3　AI 程序语言的特点

2.3.1　符号处理能力

AI 程序语言具备强大的符号处理能力，这使其能够有效处理非数值数据，如文本、图像、音频等。与传统编程语言主要侧重于数值计算不同，AI 程序语言可以将这些非数值信息转化为符号形式进行表示和处理。在自然语言处理中，AI 程序语言能够将文本中的单词、句子等转化为符号序列，通过对这些符号的分析和处理，实现语法分析、语义理解、情感分析等任务。例如，使用 Python 的 NLTK 库，可以对文本进行分词、词性标注、命名实体识别等操作，将文本中的符号信息提取出来，为后续的自然语言处理任务提供基础。

这种符号处理能力在知识表示和推理中具有重要意义。知识表示是将人类知识以计算机能够理解和处理的形式进行表达，AI 程序语言可以利用符号来表示各种知识，如事实、规则、概念等。在专家系统中，通过将领域知识表示为符号形式的规则和事实，AI 程序语言能够根据输入的信息进行推理，得出相应的结论。例如，在一个医疗诊断专家系统中，将疾病的症状、诊断规则等知识表示为符号形式，当输入患者的症状信息时，系统能够利用这些符号知识进行推理，做出诊断。

2.3.2 结构化程序设计

AI 程序语言注重结构化程序设计，通过将复杂的系统分解为多个易于理解和处理的小单位，如函数、类、模块等，使得程序的开发和维护更加便捷。以 Python 语言为例，在开发一个大型的机器学习项目时，可以将数据预处理、模型训练、模型评估等功能分别封装在不同的函数或模块中。数据预处理模块负责对原始数据进行清洗、转换、特征提取等操作，将处理后的数据传递给模型训练模块；模型训练模块根据给定的算法和数据进行模型的训练，得到训练好的模型；模型评估模块则对训练好的模型进行评估，计算模型的准确率、召回率等指标。这样的结构化设计使得每个模块的功能单一、明确，便于开发人员进行编写、调试和维护。

结构化程序设计还提高了代码的可重用性。例如，在不同的机器学习项目中，可能会使用到相同的数据预处理方法或模型评估指标计算函数，通过将这些功能封装成独立的模块或函数，可以在多个项目中重复使用，减少了代码的重复编写，提高了开发效率。同时，当某个模块需要进行修改或优化时，只需要关注该模块内部的代码，而不会对其他模块产生影响，降低了系统的维护成本。

2.3.3 递归与回溯功能

递归功能是 AI 程序语言的一大特色，它允许函数调用自身，在解决一些复杂问题时具有独特的优势。递归的基本思想是将一个大问题分解为若干个与原问题相似但规模较小的子问题，通过解决这些子问题来最终解决原问题。以计算阶乘的问题为例，使用递归方法可以简洁地实现。在 Python 中，可以定义如下递归函数：

```
def factorial(n):
    if n == 0:
        return 1
    else:
        return n * factorial(n - 1)
```

在这个函数中，当 n 为 0 时，直接返回 1；否则，通过调用自身 factorial(n−1) 来计算 $n-1$ 的阶乘，再乘以 n 得到 n 的阶乘。这种递归的方式使得代码简洁明了，符合问题的逻辑结构，易于理解和实现。

回溯功能则在处理不确定性和搜索问题时发挥着重要作用。回溯算法是一种通过尝试所有可能的路径来寻找解的算法，当遇到无法继续前进的情况时，回溯到上一个状态，尝试其他路径。在八皇后问题中，需要在一个 8×8 的棋盘上放置 8 个皇后，使得它们互不攻击（即同一行、同一列和同一对角线上不能有两个皇后）。可以使用回溯算法来解决这个问题，从棋盘的第一行开始，依次尝试在每一列放置皇后，如果当前位置放置皇后会导致冲突，则回溯到上一行，尝试其他列的位置，直到找到所有可能的解。在 Python 中，可以通过递归和回溯相结合的方式实现八皇后问题的求解，代码如下：

```
def is_safe(board, row, col):
    # 检查列
    for i in range(row):
        if board[i][col] == 1:
            return False
    # 检查左上对角线
    for i, j in zip(range(row, -1, -1), range(col, -1, -1)):
        if board[i][j] == 1:
            return False
    # 检查右上对角线
    for i, j in zip(range(row, -1, -1), range(col, len(board))):
        if board[i][j] == 1:
            return False
    return True
def solve_n_queens(board, row):
    if row == len(board):
        # 找到一个解，打印棋盘
        for row in board:
            print(row)
        print()
        return True
    for col in range(len(board)):
        if is_safe(board, row, col):
            board[row][col] = 1
            if solve_n_queens(board, row + 1):
                return True
            board[row][col] = 0
    return False
# 初始化棋盘
n = 8
board = [[0] * n for _ in range(n)]
solve_n_queens(board, 0)
```

在这个代码中，is_safe( ) 函数用于检查当前位置是否可以放置皇后，solve_n_queens( ) 函数则通过递归和回溯的方式尝试在每一行放置皇后，找到所有可能的解。

2.3.4　人机交互能力

AI 程序语言具备良好的人机交互能力，能够实现与用户的有效交互，获取用户的信息和需求，并将处理结果反馈给用户。常见的人机交互方式包括命令行交互、图形界面交互和自然语言交互。在命令行交互中，用户通过在命令行中输入特定的命令与程序进行交互，程序根据用户的命令执行相应的操作，并将结果输出到命令行中。例如，在使用 Python 的 scikit-learn 库进行机器学习模型训练时，可以在命令行中输入相关的参数和命令，启动模型训练过程，并在命令行中查看训练进度和结果。

图形界面交互则通过图形化的界面元素，如按钮、文本框、菜单等，使用户能够更加直观地与程序进行交互。在开发 AI 应用时，可以使用 Python 的 Tkinter、PyQt 等库创建图形界面。例如，开发一个图像识别应用，用户可以通过图形界面选择要识别的图像文件，单击“识别”按钮，程序将图像数据输入到训练好的模型中进行识别，并在图形界面中显示识别结果。

自然语言交互是 AI 程序语言人机交互能力的高级形式，它允许用户使用自然语言与程序进行交流。智能语音助手就是自然语言交互的典型应用，用户可以通过语音向智能语音助手提出问题、下达指令，如“播放音乐”“查询天气”等，智能语音助手利用语音识别技术将用户的语音转换为文本，再通过自然语言处理技术理解用户的意图，并调用相应的功能模块进行处理，最后将结果通过语音或文字的方式反馈给用户。在 Python 中，可以使用 SpeechRecognition 库进行语音识别，结合 NLTK 等自然语言处理库理解用户的意图，实现简单的自然语言交互功能。

2.3.5 推理能力

AI 程序语言能够基于知识库和规则进行推理，解决复杂的问题。推理是从已知的事实和规则出发，推导出新的结论的过程。在基于规则的专家系统中，AI 程序语言将领域知识表示为一系列的规则和事实，当接收到输入的信息时，通过匹配规则和事实，进行推理得出结论。例如，在一个简单的动物识别专家系统中，有如下规则：

规则 1：如果动物有毛发，那么它是哺乳动物；

规则 2：如果动物是哺乳动物且吃肉，那么它是食肉动物；

规则 3：如果动物是食肉动物且有斑点，那么它是猎豹。

当输入“动物有毛发且吃肉且有斑点”的信息时，AI 程序语言可以根据这些规则进行推理，得出该动物是猎豹的结论。

在实际应用中，推理能力还可以与机器学习技术相结合。机器学习模型可以从大量的数据中学习到模式和规律，这些模式和规律可以作为推理的依据。在图像识别任务中，训练好的卷积神经网络模型可以识别出图像中的物体类别，当输入一张新的图像时，模型可以根据学习到的特征进行推理，判断图像中物体的类别。同时，AI 程序语言还可以利用深度学习模型的可解释性技术，对推理过程进行解释，让用户更好地理解模型的决策依据。

2.3.6 数据与控制模式匹配机制

AI 程序语言拥有独特的数据与控制模式匹配机制，能够根据输入的数据和程序的控制流，准确地识别和匹配相应的模式，从而确定程序的执行路径和操作。在自然语言处理中，模式匹配机制可以用于识别文本中的语法结构、语义模式等。例如，使用正则表达式可以匹配文本中的特定模式，如匹配邮箱地址、电话号码等。在 Python 中，可以使用 re 模块进行正则表达式的操作，如下代码可以匹配字符串中的邮箱地址：

```
import re
text = "我的邮箱是 example@example.com,你可以联系我。"
pattern = r'\b[A-Za-z0-9._%+-]+@[A-Za-z0-9.-]+\.[A-Z|a-z]{2,}\b'
match = re.search(pattern, text)
if match:
    print(match.group())
```

在这个例子中，通过定义一个正则表达式模式，re.search( )函数可以在文本中查找匹配该模式的字符串，即邮箱地址。

在程序控制方面，模式匹配机制可以根据不同的条件和状态，选择不同的执行路径。在一个基于规则的推理系统中，当接收到输入数据时，程序会根据数据的特征和预先定义的规则模式进行匹配，选择相应的规则进行推理和处理。这种模式匹配机制使得 AI 程序语言能够灵活地应对各种复杂的情况，根据不同的输入和条件做出准确的决策，确保程序的高效执行和正确运行。

2.4　Python 语言基础

Python 作为一种广泛应用于人工智能领域的编程语言，具有简洁、易读、功能强大等特点，其丰富的库和模块为 AI 开发提供了极大的便利。以下将从基础语法、数据类型、控制结构、函数与模块等方面对 Python 语言进行详细介绍。

2.4.1　基础语法

Python 的语法以简洁明了著称，采用缩进表示代码块，这使得代码的结构更加清晰易读。例如，定义一个简单的函数计算两个数的和。代码如下：

```
def add_numbers(a, b):
    result = a + b
    return result
sum_result = add_numbers(3, 5)
print(sum_result)
```

在这个例子中，def 关键字用于定义函数，函数名 add_numbers 后面的括号内是参数 a 和 b，函数体通过缩进表示，return 语句用于返回计算结果。

Python 中的注释以“#”开头，单行注释可以对代码进行解释说明，提高代码的可读性。例如：

```
#这是一个单行注释,用于说明下面代码的功能
print("Hello, Python!")
```

多行注释则使用三个单引号（'''）或三个双引号（"""）将注释内容括起来，常用于对函数、类或一段代码的详细说明。例如：

```
'''
这是一个多行注释
可以跨越多行
对代码进行更详细的解释
'''
def multiply_numbers(x, y):
    return x * y
```

2.4.2　数据类型

Python 拥有丰富的数据类型，包括数值类型（整数、浮点数、复数）、字符串、列表、元组、集合和字典等。

整数类型（int）用于表示整数，例如：

```
num1 = 10
num2 = -5
```

浮点数类型（float）用于表示带有小数部分的数字，例如：

```
pi = 3.14
```

字符串类型（str）用于表示文本数据，用单引号、双引号或三引号括起来。例如：

```
name1 = 'Alice'
name2 = "Bob"
message = """这是一个
多行字符串"""
```

列表（list）是一种有序的可变序列，可以包含不同类型的元素，用方括号括起来，元素之间用逗号分隔。例如：

```
fruits = ['apple', 'banana', 'cherry'  ]
```

元组（tuple）也是一种有序的序列，但它是不可变的，一旦创建就不能修改，用圆括号括起来。例如：

```
coordinates = (10, 20)
```

集合（set）是一个无序的、不包含重复元素的集合，用花括号括起来。例如：

```
numbers = {1, 2, 3, 2}            # 集合会自动去重,最终集合为 {1, 2, 3}
```

字典（dict）是一种无序的键值对集合，用于存储和查找数据，用花括号括起来，每个键值对之间用冒号分隔。例如：

```
person = {'name': 'Alice', 'age': 30, 'city': 'New York'}
```

2.4.3 控制结构

Python 的控制结构包括顺序结构、分支结构和循环结构，用于控制程序的执行流程。

顺序结构是最简单的控制结构，代码按照从上到下的顺序依次执行。例如：

```
print("第一步")
print("第二步")
```

分支结构根据条件的真假来选择性地执行不同的代码块，使用 if、elif 和 else 关键字。例如，判断一个数是否为正数：

```
num = 5
if num > 0:
    print(f"{num}是正数")        # f 为格式化字符串的语法，允许用户在字符串中采用{}嵌入
表达式，{}中的内容在运行时被其值所替换
elif num == 0:
    print("这个数是 0")
else:
    print(f"{num}是负数")
```

循环结构用于重复执行一段代码，Python 提供了 for 循环和 while 循环。for 循环通常用于遍历可迭代对象，如列表、元组、字符串等。例如，遍历列表并打印每个元素：

```
fruits = ['apple', 'banana', 'cherry']
for fruit in fruits:
    print(fruit)
```

while 循环则根据条件的真假来决定是否继续执行循环体，只要条件为真，就会一直循环执行。例如，计算 1 到 10 的累加和：

```
sum_num = 0
i = 1
while i <= 10:
    sum_num += i
    i += 1
print(f"1 到 10 的累加和是：{sum_num}")
```

2.4.4　函数与模块

函数是组织好的、可重复使用的代码块，用于实现特定的功能。在 Python 中，使用 def 关键字定义函数，函数可以接受参数并返回值。例如，定义一个函数来计算圆的面积：

```
import math
def calculate_area(radius):
    area = math.pi * radius ** 2
    return area
radius_value = 5
circle_area = calculate_area(radius_value)
print(f"半径为 {radius_value} 的圆的面积是：{circle_area}")
```

模块是 Python 代码的组织单元，一个模块可以包含函数、类、变量等。通过导入模块，可以使用其他模块中定义的功能。Python 有许多内置模块，如 math 模块用于数学计算，random 模块用于生成随机数等。例如，使用 math 模块的 sqrt( ) 函数计算平方根：

```
import math
result = math.sqrt(16)
print(result)
```

也可以从模块中导入特定的函数或类，例如：

```
from math import sqrt
result = sqrt(25)
print(result)
```

此外，还可以自定义模块，将相关的功能代码封装在一个模块中，方便在其他程序中使用。

2.5 基于 Python 语言的 AI 关键技术实现

2.5.1 机器学习

机器学习是人工智能的核心领域之一，Python 凭借其丰富的库和强大的功能，为机器学习的实现提供了便捷高效的途径。以 Scikit-learn 库为例，它提供了丰富的机器学习算法和工具，涵盖了分类、回归、聚类、降维等方面。在实际应用中，使用 Scikit-learn 进行简单的线性回归分析时，首先需要导入相关的库和模块：

```
import numpy as np
from sklearn.linear_model import LinearRegression
from sklearn.model_selection import train_test_split
from sklearn.metrics import mean_squared_error
# 生成一些示例数据
X = np.random.randn(100, 1)
y = 2 * X + 1 + np.random.randn(100, 1)
# 将数据分为训练集和测试集
X_train, X_test, y_train, y_test = train_test_split(X, y, test_size=0.2, random_
state=42)
# 创建线性回归模型
model = LinearRegression()
# 训练模型
model.fit(X_train, y_train)
# 进行预测
y_pred = model.predict(X_test)
# 评估模型
mse = mean_squared_error(y_test, y_pred)
print(f"均方误差: {mse}")
```

在这段代码中，首先生成了一些随机数据，然后使用 train_test_split( ) 函数将数据分为训练集和测试集，接着创建线性回归模型并使用训练集进行训练，最后使用测试集进行预测并计算均方误差来评估模型的性能。

在分类任务中，以鸢尾花数据集为例，使用 Scikit-learn 的决策树分类器进行分类：

```
from sklearn.datasets import load_iris
from sklearn.tree import DecisionTreeClassifier
from sklearn.model_selection import train_test_split
from sklearn.metrics import accuracy_score
# 加载鸢尾花数据集
iris = load_iris()
X = iris.data
y = iris.target
# 将数据分为训练集和测试集
X_train, X_test, y_train, y_test = train_test_split(X, y, test_size=0.3, random_
state=42)
# 创建决策树分类器
```

```
model = DecisionTreeClassifier()
# 训练模型
model.fit(X_train, y_train)
# 进行预测
y_pred = model.predict(X_test)
# 评估模型
accuracy = accuracy_score(y_test, y_pred)
print(f"准确率: {accuracy}")
```

这段代码加载了鸢尾花数据集，将其分为训练集和测试集，然后使用决策树分类器进行训练和预测，最后计算准确率来评估模型的分类效果。

2.5.2 深度学习

深度学习在人工智能领域取得了巨大的成功，Python 中的 TensorFlow 和 PyTorch 等框架成为深度学习开发的重要工具。以 TensorFlow 为例，构建一个简单的多层感知机（MLP）用于手写数字识别任务：

```
import tensorflow as tf
from tensorflow.keras.datasets import mnist
from tensorflow.keras.models import Sequential
from tensorflow.keras.layers import Dense
from tensorflow.keras.utils import to_categorical
# 加载 MNIST 数据集
(train_images, train_labels), (test_images, test_labels) = mnist.load_data()
# 数据预处理
train_images = train_images.reshape((-1, 28 * 28)).astype('float32') / 255.0
test_images = test_images.reshape((-1, 28 * 28)).astype('float32') / 255.0
train_labels = to_categorical(train_labels)
test_labels = to_categorical(test_labels)
# 构建模型
model = Sequential([
    Dense(512, activation='relu', input_shape=(28 * 28,)),
    Dense(10, activation='softmax')
])
# 编译模型
model.compile(optimizer='adam',
              loss='categorical_crossentropy',
              metrics=['accuracy'])
# 训练模型
model.fit(train_images, train_labels, epochs=5, batch_size=128)
# 评估模型
test_loss, test_acc = model.evaluate(test_images, test_labels)
print(f"测试准确率: {test_acc}")
```

在这个示例中，首先加载了 MNIST 手写数字数据集，然后对数据进行预处理，将图像数据展平并归一化，将标签数据进行独热编码。接着构建了一个包含两个全连接层的多层感知机模型，使用 adam 优化器和交叉熵损失函数进行编译，最后使用训练数据进行训练，并在测试数据上评估模型的性能。

在使用 PyTorch 实现同样的手写数字识别任务时，代码如下：

```
import torch
import torch.nn as nn
import torch.optim as optim
from torchvision import datasets, transforms
from torch.utils.data import DataLoader
# 数据预处理
transform = transforms.Compose([
    transforms.ToTensor(),
    transforms.Normalize((0.1307,), (0.3081,))
])
# 加载 MNIST 数据集
train_dataset = datasets.MNIST(root='./data', train=True,
                               download=True, transform=transform)
test_dataset = datasets.MNIST(root='./data', train=False,
                              download=True, transform=transform)
# 创建数据加载器
train_loader = DataLoader(train_dataset, batch_size=64, shuffle=True)
test_loader = DataLoader(test_dataset, batch_size=64, shuffle=False)
# 定义模型
class Net(nn.Module):
    def __init__(self):
        super(Net, self).__init__()
        self.fc1 = nn.Linear(28 * 28, 512)
        self.relu = nn.ReLU()
        self.fc2 = nn.Linear(512, 10)
    def forward(self, x):
        x = x.view(-1, 28 * 28)
        x = self.fc1(x)
        x = self.relu(x)
        x = self.fc2(x)
        return x
# 创建模型实例
model = Net()
# 定义损失函数和优化器
criterion = nn.CrossEntropyLoss()
optimizer = optim.Adam(model.parameters(), lr=0.001)
# 训练模型
for epoch in range(5):
    running_loss = 0.0
    for i, data in enumerate(train_loader, 0):
        inputs, labels = data
        optimizer.zero_grad()
        outputs = model(inputs)
        loss = criterion(outputs, labels)
        loss.backward()
        optimizer.step()
        running_loss += loss.item()
    print(f'Epoch {epoch + 1}, Loss: {running_loss / len(train_loader)}')
# 评估模型
```

```
correct = 0
total = 0
with torch.no_grad():
    for data in test_loader:
        images, labels = data
        outputs = model(images)
        _, predicted = torch.max(outputs.data, 1)
        total += labels.size(0)
        correct += (predicted == labels).sum().item()
print(f'Accuracy of the network on the test images: {correct / total}')
```

在 PyTorch 的实现中，首先定义了数据预处理的步骤，然后使用 torchvision 库加载 MNIST 数据集并创建数据加载器。接着定义了一个继承自 nn.Module 的神经网络模型，在模型中定义了前向传播的过程。之后定义了损失函数和优化器，通过循环进行训练，在训练过程中计算损失并更新模型参数。最后在测试集上评估模型的准确率。

2.5.3 自然语言处理

Python 在自然语言处理领域也有着广泛的应用，NLTK 和 SpaCy 等库提供了丰富的工具和算法，用于文本预处理、词性标注、命名实体识别、情感分析等任务。以 NLTK 库为例，进行简单的文本分词和词性标注：

```
import nltk
from nltk.tokenize import word_tokenize
from nltk.corpus import stopwords
from nltk.stem import WordNetLemmatizer
from nltk.corpus import wordnet
import nltk.stem.snowball
# 下载所需的 NLTK 数据
nltk.download('punkt')
nltk.download('stopwords')
nltk.download('wordnet')
nltk.download('averaged_perceptron_tagger')
# 示例文本
text = "This is an example sentence. It contains some words that we will process."
# 分词
tokens = word_tokenize(text)
# 去除停用词
stop_words = set(stopwords.words('english'))
filtered_tokens = [token for token in tokens if token.lower() not in stop_words]
# 词形还原
lemmatizer = WordNetLemmatizer()
lemmatized_tokens = [lemmatizer.lemmatize(token) for token in filtered_tokens]
# 词性标注
pos_tags = nltk.pos_tag(lemmatized_tokens)
print("分词结果:", tokens)
print("去除停用词后的结果:", filtered_tokens)
print("词形还原后的结果:", lemmatized_tokens)
print("词性标注结果:", pos_tags)
```

在这段代码中，首先下载 NLTK 所需的数据，然后对示例文本进行分词，接着去除停用词，再对剩余的词进行词形还原，最后进行词性标注，并打印各个步骤的结果。

在情感分析任务中，使用 TextBlob 库可以快速实现简单的情感分析：

```
from textblob import TextBlob
# 示例文本
text = "I love this product! It's amazing."
# 创建 TextBlob 对象
blob = TextBlob(text)
# 进行情感分析
sentiment = blob.sentiment.polarity
if sentiment > 0:
    print("积极情感")
elif sentiment < 0:
    print("消极情感")
else:
    print("中性情感")
```

这段代码创建了一个 TextBlob 对象，对给定的文本进行情感分析，根据情感极性判断文本表达的情感是积极、消极还是中性。

2.5.4 计算机视觉

Python 在计算机视觉领域同样表现出色，OpenCV 和 Scikit-Image 等库提供了丰富的图像处理和计算机视觉算法。以 OpenCV 库为例，实现简单的图像读取、显示和灰度转换：

```
import cv2
# 读取图像
image = cv2.imread('example.jpg')
# 显示原始图像
cv2.imshow('Original Image', image)
# 转换为灰度图像
gray_image = cv2.cvtColor(image, cv2.COLOR_BGR2GRAY)
# 显示灰度图像
cv2.imshow('Gray Image', gray_image)
# 等待按键
cv2.waitKey(0)
# 关闭所有窗口
cv2.destroyAllWindows()
```

在这个示例中，首先使用 cv2.imread( ) 函数读取图像，然后使用 cv2.imshow( ) 函数显示原始图像，接着使用 cv2.cvtColor( ) 函数将图像转换为灰度图像，并再次使用 cv2.imshow( ) 函数显示灰度图像，最后使用 cv2.waitKey( ) 函数等待按键输入，使用 cv2.destroyAllWindows( ) 函数关闭所有窗口。

在目标检测任务中，使用 OpenCV 和 Haar 级联分类器可以实现简单的人脸检测：

```
import cv2
# 加载 Haar 级联分类器
face_cascade = cv2.CascadeClassifier(cv2.data.haarcascades + 'haarcascade_frontalface_default.xml')
```

```
    # 读取图像
    image = cv2.imread('group_photo.jpg')
    # 转换为灰度图像
    gray = cv2.cvtColor(image, cv2.COLOR_BGR2GRAY)
    # 检测人脸
    faces = face_cascade.detectMultiScale(gray, scaleFactor=1.1, minNeighbors=5,
minSize=(30, 30))
    # 在图像上绘制矩形框标记人脸
    for (x, y, w, h) in faces:
        cv2.rectangle(image, (x, y), (x + w, y + h), (0, 255, 0), 2)
    # 显示结果图像
    cv2.imshow('Face Detection', image)
    # 等待按键
    cv2.waitKey(0)
    # 关闭所有窗口
    cv2.destroyAllWindows()
```

这段代码加载了 Haar 级联分类器，读取图像并将其转换为灰度图像，然后使用 detectMultiScale( ) 函数检测图像中的人脸，最后在图像上绘制矩形框标记出检测到的人脸，并显示结果图像。

小　结

本章聚焦 AI 程序语言，全面梳理其发展历程，介绍了 Python、Java、C++等常见语言及其基本特点。同时深入讲解了 Python 语言基础，涵盖语法、数据类型等内容。此外，还阐述了基于 Python 语言实现 AI 关键技术（如机器学习、自然语言处理等）的相关知识。通过本章学习，读者应了解 AI 程序语言的整体脉络，掌握 Python 基础编程，熟悉 Python 在 AI 领域的应用工具，为后续深入学习奠定基础。

思考与练习

一、选择题

1. Python 在人工智能领域广泛应用的主要原因是（　　）。

   A. 执行速度快　　　　B. 丰富的库和活跃的社区

   C. 强类型语言　　　　D. 适合系统级编程

2. 在 Python 中，用于科学计算的核心库是（　　）。

   A. Pandas　　　　B. TensorFlow

   C. NumPy　　　　D. Scikit-learn

3. 以下语言中，（　　）是基于逻辑的声明式编程语言。

   A. Python　　　　B. Prolog

   C. C++　　　　D. R

二、填空题

1. Lisp 语言是由________在 1958 年发明的。

2. Python 中用于深度学习的主流框架包括 TensorFlow 和________。

三、简答题

1. 阐述 Python 在人工智能领域应用广泛的原因。
2. 对比 Java 和 C++在人工智能开发中的特点和适用场景。
3. 简述 AI 程序语言具备的符号处理能力在知识表示和推理中的作用。
4. 结合所学内容，说明 Python 语言基础中控制结构（顺序、分支、循环）的作用及应用场景。
5. 举例说明基于 Python 语言在深度学习中的应用流程。
6. 简述自然语言处理中使用 NLTK 和 SpaCy 等库进行文本预处理的主要步骤。
7. 解释 AI 程序语言的数据与控制模式匹配机制，并举例说明其在程序执行中的作用。

四、编程题

1. 使用 Python 和 Scikit-learn 实现简单线性回归模型，预测房价。
2. 使用深度学习模型识别 MNIST 手写数字数据集（0~9），通过卷积神经网络（CNN）实现高准确率分类。

五、分析题

1. R 语言在金融数据分析领域的优势及具体应用场景。
2. 如何利用 Python 语言结合相关库实现一个简单的图像识别项目，请简述步骤。

第3章 数学基础

人工智能的快速发展离不开数学的支撑。本章将介绍人工智能中常用的数学知识，包括线性代数、概率统计、优化方法和图论等。这些数学工具为机器学习、深度学习等AI技术提供了理论基础和算法支持。掌握这些数学知识，有助于更好地理解和应用人工智能技术。

学习目标

- **了解：** 人工智能中常用的数学概念，包括线性代数、概率统计、优化方法和图论等，以及这些数学工具在机器学习、深度学习等AI技术中的基础作用。
- **理解：** 矩阵和向量的表示及其在深度学习中的应用，特征值和特征向量的计算方法及其在数据降维中的作用。掌握概率统计中的随机变量、期望、方差、最大似然估计、贝叶斯定理等核心概念及其在机器学习中的应用。
- **应用：** 能够运用线性代数中的矩阵运算、特征值分解、奇异值分解等技术解决实际问题，如数据降维、推荐系统等。掌握概率统计中的贝叶斯推断、蒙特卡罗方法、马尔可夫链等工具，应用于医疗诊断、推荐系统等领域。
- **分析：** 通过学习本章提供的案例，学会分析不同数学工具在人工智能中的优缺点，并能够根据具体问题选择合适的数学方法。
- **养成：** 对数学在人工智能中的应用产生兴趣和热情，主动学习、积极探索的学习习惯，团队合作精神和沟通能力，树立正确的科技伦理观和社会责任感。

3.1 常用的代数知识

在机器学习、深度学习、自然语言处理等领域，诸如矩阵运算、线性变换、特征空间等代数知识被广泛应用。矩阵是多维数据的核心表示方式，通过矩阵运算，AI系统能够快速处理大量信息，提取出有价值的特征。同时，代数中的线性代数工具帮助我们理解和优化模型的行为，确保在高维空间中有效地进行学习和推理。下面是人工智能中常用的代数概念。

3.1.1 矩阵和向量

向量是一个有序的数值集合，可以看作一个 $n\times1$ 的矩阵。向量在深度学习中通常用来表示数据样本、特征或模型的权重。

例如，$\boldsymbol{v}=\begin{pmatrix}2\\3\\5\end{pmatrix}$，这里，$\boldsymbol{v}$ 是一个三维列向量，当这个向量写为一行的时候，记为 $\boldsymbol{v}^{\mathrm{T}}=(2,3,5)$。

在文本处理中，可以将一个文档表示为一个词向量。假设有一个词汇表包含 1 000 个单词，那么一个文档可以用一个 100 维的向量来表示。向量的每个元素表示相应单词在文档中出现的频率或者经过更复杂的统计指标衡量的值。这样，文档之间的相似性就可以通过向量之间的距离（如欧几里得距离，即 n 维空间中两点距离）来衡量，这对于文本分类、信息检索等任务非常有用。

矩阵是一个二维的数值阵列，通常用来表示多个样本或特征。深度学习中，输入数据、权重矩阵和输出都可以用矩阵表示。

例如，$\boldsymbol{W}=\begin{pmatrix}0.5 & 0.2\\0.3 & 0.8\\0.1 & 0.4\end{pmatrix}$，$\boldsymbol{W}$ 是一个 3×2 的矩阵，可能表示一个层的权重，其中每一列对应一个神经元的权重。

在神经网络中，权重通常以矩阵的形式存储。例如，在一个简单的全连接神经网络层中，如果输入层有 n 个神经元，输出层有 m 个神经元，那么连接这两层的权重可以用一个 $m\times n$ 的矩阵来表示。当输入一个 n 维向量时，通过矩阵乘法可以得到输出层的 m 维向量。这是神经网络进行前向传播的基本操作，用于将输入数据转换为输出数据。

3.1.2 特征值和特征向量

给定一个方阵 $\boldsymbol{A}$，如果存在一个非零向量 $\boldsymbol{v}$ 和一个标量 λ，使得

$$\boldsymbol{A}\boldsymbol{v}=\lambda\boldsymbol{v} \tag{3-1}$$

那么 λ 称为特征值，$\boldsymbol{v}$ 称为特征向量。

例如，要找出 $\boldsymbol{A}=\begin{pmatrix}4 & 1\\2 & 3\end{pmatrix}$ 的特征值，需要解以下特征方程：

$$\det(\boldsymbol{A}-\lambda\boldsymbol{I})=0 \tag{3-2}$$

得到的特征值为 $\lambda_1=5$ 和 $\lambda_2=2$。对应的特征向量可以通过求解 $(\boldsymbol{A}-\lambda\boldsymbol{I})\boldsymbol{v}=\boldsymbol{0}$来得到。这里关于行列式和方程组的求解可以参考线性代数的行列式计算和方程组求解部分，具体过程不再赘述。

在数据降维技术（如 PCA）中，计算数据协方差矩阵的特征值和特征向量是关键步骤。协方差矩阵的最大特征值的特征向量代表了数据变化最大的方向，通过选择较大特征值对应的特征向量来构建新的空间，可以将数据投影到这个空间中，实现降维的目的。同时，在一些机器学习算法的稳定性分析中，特征值也能帮助理解矩阵（如 Hessian 矩阵）的性质，从而判断算法的收敛性等特性。

3.1.3 矩阵运算矩阵乘法

假设有两个矩阵 $\boldsymbol{A}\in\mathbf{R}^{m\times n}$和 $\boldsymbol{B}\in\mathbf{R}^{n\times p}$，它们的乘积 $\boldsymbol{C}=\boldsymbol{A}\boldsymbol{B}$ 是一个 $m\times p$ 的矩阵。

例如，$\boldsymbol{A}=\begin{pmatrix}1 & 2\\3 & 4\end{pmatrix}$，$\boldsymbol{B}=\begin{pmatrix}5 & 6\\7 & 8\end{pmatrix}$，

$$C = AB = \begin{pmatrix} 1\times 5 + 2\times 7 & 1\times 6 + 2\times 8 \\ 3\times 5 + 4\times 7 & 3\times 6 + 4\times 8 \end{pmatrix} = \begin{pmatrix} 19 & 22 \\ 43 & 50 \end{pmatrix}$$

矩阵转置：一个矩阵的转置是将其行和列互换。

3.1.4 谱半径和奇异值分解

谱半径是一个矩阵的特征值的绝对值的最大值。对于一个 $n\times n$ 的矩阵 $\boldsymbol{A}$，其谱半径 $\rho(\boldsymbol{A})$ 定义为：

$$\rho(\boldsymbol{A}) = \max_i\{|\lambda_i|：\lambda \text{ 是 } \boldsymbol{A} \text{ 的特征值}\} \tag{3-3}$$

例 3.1 求矩阵 $\boldsymbol{A} = \begin{pmatrix} 1 & 2 \\ 3 & 4 \end{pmatrix}$ 的特征值。

解 计算特征多项式：$|\boldsymbol{A} - \lambda\boldsymbol{E}| = 0$ 得到特征方程 $\lambda^2 - 5\lambda - 2 = 0$。

解得特征值为 $\lambda_1 \approx 5.414$，$\lambda_2 \approx -0.414$，因此，谱半径为：

$$\rho(\boldsymbol{A}) = \max\{|5.414|, |-0.414|\} = 5.414$$

奇异值分解（singular value decomposition，SVD） 奇异值分解是将一个矩阵 $\boldsymbol{A}$ 分解为三个矩阵的乘积的过程，即

$$\boldsymbol{A} = \boldsymbol{U\Sigma V}^{\mathrm{T}} \tag{3-4}$$

其中，$\boldsymbol{U}$ 是一个 $m\times m$ 的正交矩阵，其列是 $\boldsymbol{A}$ 的左奇异向量。$\boldsymbol{\Sigma}$ 是一个 $m\times n$ 的对角矩阵，对角线上的元素是 $\boldsymbol{A}$ 的奇异值，且按降序排列。$\boldsymbol{V}^{\mathrm{T}}$ 是一个 $n\times n$ 的正交矩阵，其列是 $\boldsymbol{A}$ 的右奇异向量。

例 3.2 设矩阵 $\boldsymbol{A} = \begin{pmatrix} 1 & 2 \\ 3 & 4 \end{pmatrix}$，求 $\boldsymbol{A}$ 的奇异值分解。

解

$$\boldsymbol{A}^{\mathrm{T}}\boldsymbol{A} = \begin{pmatrix} 1 & 3 \\ 2 & 4 \end{pmatrix}\begin{pmatrix} 1 & 2 \\ 3 & 4 \end{pmatrix} = \begin{pmatrix} 10 & 14 \\ 14 & 20 \end{pmatrix}$$

计算特征多项式 $|\boldsymbol{A}^{\mathrm{T}}\boldsymbol{A} - \lambda\boldsymbol{E}| = 0$

$$\begin{vmatrix} 10-\lambda & 14 \\ 14 & 20-\lambda \end{vmatrix} = (10-\lambda)(20-\lambda) - 196 = 0$$

解得特征值为 $\lambda_1 \approx 29.854$，$\lambda_2 \approx 0.146$。

计算奇异值：奇异值是特征值的平方根，即

$$\sigma_1 = \sqrt{29.854} \approx 5.47, \quad \sigma_2 = \sqrt{0.146} \approx 0.38$$

得到 $\boldsymbol{U}$ 和 $\boldsymbol{V}$：计算特征向量，并归一化得到 $\boldsymbol{U}$ 和 $\boldsymbol{V}$，即

$$\boldsymbol{U} \approx \begin{pmatrix} -0.404 & 0.914 \\ -0.914 & -0.404 \end{pmatrix}, \quad \boldsymbol{V} \approx \begin{pmatrix} -0.576 & 0.817 \\ -0.817 & -0.576 \end{pmatrix}$$

最终得到了矩阵 $\boldsymbol{A}$ 的奇异值分解，即

$$\boldsymbol{A} = \begin{pmatrix} 1 & 2 \\ 3 & 4 \end{pmatrix} \approx \boldsymbol{U\Sigma V}^{\mathrm{T}}$$

其中：

$$\boldsymbol{U} \approx \begin{pmatrix} -0.404 & 0.914 \\ -0.914 & -0.404 \end{pmatrix}, \quad \boldsymbol{\Sigma} \approx \begin{pmatrix} 5.47 & 0 \\ 0 & 0.38 \end{pmatrix}, \quad \boldsymbol{V} \approx \begin{pmatrix} -0.576 & 0.817 \\ -0.817 & -0.576 \end{pmatrix}$$

通过以上分解，可以将矩阵 $\boldsymbol{A}$ 表示为这三个矩阵的乘积，即

$$A \approx U\Sigma V^{T}$$

在推荐系统中，SVD 可以用于处理用户-物品评分矩阵。通过对评分矩阵进行 SVD 分解，能够识别出用户和物品之间的潜在特征，从而进行个性化推荐。

SVD 被广泛用于图像压缩和去噪。通过保留主要的奇异值，可以生成一个近似原始图像的低秩矩阵，从而压缩存储需求并去除一些噪声。

在文本挖掘中，SVD 可以用于主题建模和潜在语义分析。潜在语义分析是基于奇异值分解的技术，用于提取文本数据中的潜在主题或语义结构。通过将文档-词语矩阵进行 SVD 分解，可以找到文档之间的相似性，以及词语之间的关系。在文本分类中，使用 SVD 可以降低特征空间的维度，进而提高分类算法的效率和准确性。在聚类任务中，SVD 帮助识别文档之间的相似性，从而更好地进行聚类。

在信息检索系统中，SVD 可以用于改进查询结果的相关性。通过降低维度，系统可以更有效地处理和匹配用户查询与文档之间的相似性。

3.2 概率统计的常用知识

概率用于量化事件发生的可能性，随机变量则是将随机实验结果映射为数值的函数。分布描述随机变量的取值及其概率分布情况，样本是从总体中抽取的数据集合。估计通过样本数据推断总体参数，而假设检验则用于检验理论假设与实际数据的一致性。

3.2.1 随机变量

随机变量是一个从样本空间到实数集的函数。可以是离散型（取有限或者可数无限个）或连续型（取某个区间内的任意值）。

随机变量是指在某个实验中，我们无法预测每次实验的结果，但可以根据一定的概率规律来描述结果的可能性。它是“随机”的，因为每次试验的结果可能不同，但它又是“变量”的，因为它可以取不同的值。

例如，如果你抛一枚硬币，结果可能是“正面”或“反面”，但是你每次抛硬币时并不能确定具体是哪一面，这就体现了“随机”。

在这个例子中，“抛硬币的结果”就是一个随机变量。你可以将“正面”记作 1，“反面”记作 0。这个随机变量的取值是 0 或 1，且每个取值的概率是 50%。

3.2.2 事件独立

两个事件 A 和 B 是独立的，如果事件 A 的发生不影响事件 B 的发生，数学上表示为

$$P(A \cap B) = P(A)P(B) \tag{3-5}$$

事件独立的核心是它们之间概率上互不影响，知道一个事件的结果不会对另一个事件的概率产生影响。在人工智能中，这一概念被广泛应用于简化模型的设计和提高计算效率。例如，朴素贝叶斯分类器假设特征之间是独立的，这种独立性假设极大地简化了模型的计算过程，使得其能够高效地进行分类和预测。

3.2.3 期望和方差

随机变量的平均值，表示该随机变量的集中趋势离散型计算公式为

$$E(X) = \sum_{i=1}^{n} x_i p_i \tag{3-6}$$

连续型计算公式为

$$E(X) = \int_{-\infty}^{+\infty} x f(x)\,\mathrm{d}x \tag{3-7}$$

式中，X 表示随机变量；$f(x)$ 表示随机变量对应的密度函数。

方差是随机变量与其期望值的偏差的平方的期望值，反映数据的分散程度，计算式为

$$\mathrm{Var}(X) = E[(X - E(X))^2] \tag{3-8}$$

例如，掷骰子的期望值为 $(1+2+3+4+5+6)/6=3.5$，方差为 $[(1-3.5)^2+(2-3.5)^2+\cdots+(6-3.5)^2]/6 \approx 2.92$。

在评估机器学习模型的性能时，期望和方差可以帮助理解模型预测的准确性和稳定性。

3.2.4　最大似然估计

最大似然估计（MLE）指选择能够最大化观测数据出现概率的参数值。

最大似然估计核心思想：给定一组观测数据，希望找到一个模型的参数，使得在这个参数下，观测到的数据的“可能性”最大。它在许多机器学习算法中都有应用，如高斯混合模型、逻辑回归、隐马尔可夫模型等。在人工智能中，MLE 帮助我们更好地理解和建模数据的分布，从而做出更准确的预测和决策。

3.2.5　贝叶斯定理

贝叶斯定理的表达式：

$$P(A \mid B) = \frac{P(B \mid A)P(A)}{P(B)} \tag{3-9}$$

$P(A \mid B)$：后验概率，即在观察到事件 B 发生后，事件 A 发生的概率。

$P(B \mid A)$：似然概率，即在事件 A 发生的条件下，事件 B 发生的概率。

$P(A)$：先验概率，即事件 A 发生的概率。

$P(B)$：边际概率，即事件 B 发生的概率。

贝叶斯定理的核心思想是利用新的证据（事件 B）来更新对事件 A 的信息。

例 3.3　某疾病在人群中的发病率为 0.001，诊断测试的准确率：对于患病者，测试呈阳性的概率为 0.99；对于健康人，测试呈阴性的概率为 0.95。现在一个人的测试结果呈阳性，试计算此人实际患病的概率是多少？

解　设 A 患病；B 测试呈阳性。

$P(A) = 0.001$（先验概率，疾病发病率）；$P(\bar{A}) = 0.999$

$P(B \mid A) = 0.99$（似然概率，患病者测试呈阳性的概率）；$P(B \mid \bar{A}) = 1 - 0.95 = 0.05$

$P(B) = P(B \mid A) \cdot P(A) + P(B \mid \bar{A}) \cdot P(\bar{A}) = 0.99 \times 0.001 + 0.05 \times 0.999 = 0.050\,94$

现在可以计算后验概率：$P(A \mid B) = \dfrac{P(B \mid A)P(A)}{P(B)} = \dfrac{0.99 \times 0.001}{0.050\,94} \approx 0.019\,4$

贝叶斯推断是一种利用新信息来更新已有信息的方法，它基于贝叶斯定理，将先验知识与观测数据结合，得出后验概率。

想象你在猜一个朋友最喜欢的颜色。一开始，你可能认为每种颜色的可能性都是相等的。

但随着观察到她经常穿蓝色衣服，会逐渐调整你的猜测，认为蓝色的可能性更高。这就是贝叶斯推断的过程。贝叶斯推断应用举例如下：

医疗诊断：根据症状和检查结果更新疾病概率。

推荐系统：根据用户行为更新物品偏好。

3.2.6 蒙特卡罗方法

蒙特卡罗方法是一类基于随机采样的计算算法。

想象你要估计一个不规则形状物体的面积。你可以把它放在一个正方形纸上，随机撒点，然后计算落在物体内的点的比例。这就是蒙特卡罗方法的基本思想。

例 3.4 应用蒙特卡罗方法估计 π 值。

解 画一个边长为 1 的正方形，内切一个 1/4 圆。在正方形内随机生成大量点。计算落在 1/4 圆内的点的比例。这个比例乘以 4 就近似于 π。

蒙特卡罗方法应用举例如下：

强化学习：蒙特卡罗树搜索（如 AlphaGo）。

物理模拟：粒子系统、光线追踪。

金融：风险评估、期权定价。

人工智能：概率图模型的推断。

3.2.7 马尔可夫链

马尔可夫链是一种特殊的随机过程，其未来状态仅依赖于当前状态，而与过去状态无关。一般表达式为

$$P(X_{n+1}=x \mid X_n=x_n, X_{n-1}=x_{n-1}, \cdots, X_1=x_1)=P(X_{n+1}=x \mid X_n=x_n) \tag{3-10}$$

想象你在玩一个棋盘游戏，每一步的移动只取决于当前位置和骰子点数，而不考虑之前的移动历史。这就是马尔可夫链的基本思想。

例如，天气预报模型假设天气状态有“晴”“阴”“雨”三种，可以用马尔可夫链建模预测天气状态的概率。

应用马尔科夫链建模求解过程如下：

1. 给出状态定义

状态 1：晴天（S）；状态 2：多云（C）；状态 3：雨天（R）。

假设有以下观察数据（状态转移矩阵）：

$$\boldsymbol{P}=\begin{pmatrix}0.7 & 0.2 & 0.1\\ 0.4 & 0.4 & 0.2\\ 0.2 & 0.3 & 0.5\end{pmatrix}$$

该矩阵的含义是：如果今天是晴天，明天仍是晴天的概率为 0.7，变成多云的概率为 0.2，变成雨天的概率为 0.1；如果今天是多云，明天是晴天的概率为 0.4，仍是多云的概率为 0.4，变成雨天的概率为 0.2；如果今天是雨天，明天是晴天的概率为 0.2，变成多云的概率为 0.3，仍是雨天的概率为 0.5。初始状态：假设知道今天是晴天，那么初始状态向量为

$$\boldsymbol{\pi}_0=(1 \quad , \quad 0 \quad , \quad 0)$$

2. 预测未来天气

可以使用状态转移矩阵来预测未来两天的天气概率。

明天的天气概率：

$$\boldsymbol{\pi}_1=\boldsymbol{\pi}_0\boldsymbol{P}=(1,0,0)\begin{pmatrix}0.7&0.2&0.1\\0.4&0.4&0.2\\0.2&0.3&0.5\end{pmatrix}=(0.7,0.2,0.1)$$

后天的天气概率：

$$\boldsymbol{\pi}_2=\boldsymbol{\pi}_1\boldsymbol{P}=(0.7,0.2,0.1)\begin{pmatrix}0.7&0.2&0.1\\0.4&0.4&0.2\\0.2&0.3&0.5\end{pmatrix}=(0.61,0.24,0.15)$$

长期预测：如果继续这个过程，最终会达到一个稳定状态，不管初始状态如何。这个稳定状态称为平稳分布。

要找到平稳分布，需要解方程：$\boldsymbol{\pi}\boldsymbol{P}=\boldsymbol{\pi}$

在这个示例中，平稳分布约为

$$\boldsymbol{\pi}=(0.5385,0.2821,0.1794)$$

马尔可夫链应用举例如下：

- 天气预报：预测未来几天的天气概率。
- 农业规划：根据天气预测安排种植和收割时间。
- 旅游规划：选择最佳旅游时间。
- 能源管理：预测太阳能或风能的可用性。

3.3 优化常用知识

在人工智能中，优化是提高模型性能和效率的关键过程。常用概念包括目标函数、约束条件、优化算法和局部最优与全局最优。目标函数是需要最小化或最大化的指标，约束条件则限制了可行解的范围。优化算法如梯度下降、牛顿算法等，旨在寻找最佳解。局部最优指在某一邻域内的最佳解，而全局最优则是整个解空间中的最佳解。优化在机器学习、深度学习和运筹学等领域中广泛应用，帮助解决复杂问题，提升决策效率。

3.3.1 链式法则

链式法则是一个计算复合函数导数的方法。如果 $y=f(u)$ 且 $u=g(x)$，那么

$$\frac{\mathrm{d}y}{\mathrm{d}x}=\frac{\mathrm{d}y}{\mathrm{d}u}\cdot\frac{\mathrm{d}u}{\mathrm{d}x} \tag{3-11}$$

想象一个由多个齿轮组成的机器。当你转动第一个齿轮时，最后一个齿轮的转速取决于所有中间齿轮的转速比。链式法则就像是计算这个最终的转速比。

例如，神经网络中的反向传播假设有一个简单的神经网络，输入 x，经过权重 w 和激活函数 f，输出 $y=f(w\cdot x)$。计算损失 L 对 w 的导数

$$\frac{\partial L}{\partial w}=\frac{\partial L}{\partial y}\cdot\frac{\partial y}{\partial(wx)}\cdot\frac{\partial(wx)}{\partial w} \tag{3-12}$$

链式法则的几个典型应用如下：

- 深度学习：反向传播算法的核心。
- 自动微分：用于计算复杂模型的梯度。
- 强化学习：策略梯度方法中计算梯度。

3.3.2 泰勒展开

泰勒展开是将函数表示为无限项的多项式级数。

泰勒展开的通俗描述：就像用一系列直线、抛物线等简单函数来近似描述一个复杂的曲线。函数$f(x)$在定义域 D 具有任意次导数时，对于 D 内一点 a 和 x，$f(x)$在 a 点的泰勒展开表达式为

$$f(x)=f(a)+f'(a)(x-a)+\frac{f''(a)}{2!}(x-a)^2+\frac{f'''(a)}{3!}(x-a)^3+\cdots \tag{3-13}$$

例如，牛顿法中的二阶泰勒展开表达式为

$$f(x)\approx f(x_0)+f'(x_0)(x-x_0)+\frac{1}{2}f''(x_0)(x-x_0)^2 \tag{3-14}$$

泰勒展开几个典型应用如下：

- 优化算法：如牛顿法、拟牛顿法。
- 机器学习：在许多模型中用于函数近似。
- 深度学习：在某些网络架构设计中使用。

3.3.3 梯度下降法

对于可微函数$f(\boldsymbol{x})$，这里$\boldsymbol{x}=(x_1,x_2,\cdots,x_n)$，其在点 $\boldsymbol{x}$ 处的梯度为

$$\nabla f(\boldsymbol{x})=\left(\frac{\partial f}{\partial x_1},\frac{\partial f}{\partial x_2},\cdots,\frac{\partial f}{\partial x_n}\right) \tag{3-15}$$

梯度下降法是一种迭代优化算法，用于找到多元函数的局部最小值。它通过沿着函数在当前点的负梯度方向迭代地移动，以逐步接近函数的极小值点。

通俗描述：想象你在一个山谷中，目标是找到最低点。梯度下降就像是闭着眼睛，每一步都朝着当前最陡的方向走一小步，直到到达山谷底部。

一般表达式：对于目标函数$f(\boldsymbol{\theta})$，参数更新规则为

$$\theta_{t+1}=\theta_t-\eta\nabla f(\theta_t) \tag{3-16}$$

式中，η 是学习率；$\nabla f(\theta_t)$是在 θ_t 处的梯度。

例 3.5 假设有数据点(x_i,y_i)，求解最佳的 w 和 b，使得 $y=wx+b$。

解 求解步骤如下：

① 定义损失函数：

$$L(w,b)=\frac{1}{2n}\sum_{i=1}^{n}(y_i-(wx_i+b))^2$$

② 计算梯度：

$$\begin{cases}\dfrac{\partial L}{\partial w}=-\dfrac{1}{n}\displaystyle\sum_{i=1}^{n}x_i(y_i-(wx_i+b))\\[2ex]\dfrac{\partial L}{\partial b}=-\dfrac{1}{n}\displaystyle\sum_{i=1}^{n}(y_i-(wx_i+b))\end{cases}$$

③ 更新参数：

$$w_{k+1}=w_k-\eta\frac{\partial L}{\partial w},\quad b_{k+1}=b_k-\eta\frac{\partial L}{\partial b}$$

重复步骤②~③直至收敛。

梯度法应用广泛，举例如下：

- 深度学习：在神经网络训练中，反向传播算法本质上是梯度下降的一种应用。
- 自然语言处理：在词嵌入模型（如 Word2Vec）的训练中使用。
- 计算机视觉：用于训练卷积神经网络，优化图像分类、目标检测等任务。
- 推荐系统：优化矩阵分解模型，预测用户对项目的评分。
- 强化学习：用于优化策略网络，如在 DQN（deep q-network）中。

3.3.4 拉格朗日乘数法

拉格朗日乘数法是一种在约束条件下寻找多元函数极值的数学方法。它通过引入拉格朗日乘数，将有约束优化问题转化为无约束问题。对于目标函数 $f(x,y)$ 和约束条件 $g(x,y)=c$，拉格朗日函数表达式为

$$L(x,y,\lambda)=f(x,y)-\lambda(g(x,y)-c) \tag{3-17}$$

然后求解如下方程组并结合极值条件（二阶导数符号）和已知条件判断最优解。

$$\begin{cases}\dfrac{\partial L}{\partial x}=0\\[2mm]\dfrac{\partial L}{\partial y}=0\\[2mm]\dfrac{\partial L}{\partial \lambda}=0\end{cases}$$

拉格朗日乘数法的核心思想是：在约束条件下寻找目标函数的极值点时，目标函数的梯度应该与约束函数的梯度在该点共线。

通俗理解：想象要在一个有特定形状的表面（如球面）上找到最高点。拉格朗日乘数法就像是在这个表面上画等高线，然后找到等高线与表面相切的点。

例如，在支持向量机（SVM）中，需要最大化间隔同时满足分类约束

$$\min_{\omega,b}\frac{1}{2}\|\omega\|^2$$

$$\text{s.t.}\quad y_i(\omega\cdot x_i+b)\geqslant 1,\quad i=1,2,\cdots,n$$

可构造如下拉格朗日函数：

$$L(\omega,b,\alpha)=\frac{1}{2}\|\omega\|^2-\sum_{i=1}^{n}\alpha_i[y_i(\omega x_i+b)-1]$$

拉格朗日乘数法应用举例如下：

- 机器学习：除 SVM 外，还用于最大熵模型、条件随机场等。
- 深度学习：在设计约束优化问题时使用，如 VAE（变分自编码器）的目标函数。
- 强化学习：在某些约束策略优化问题中应用。
- 计算机视觉：在图像配准、3D 重建等优化问题中使用。
- 自然语言处理：在某些结构化预测任务中应用。

3.3.5 牛顿法

海森矩阵是一个多元函数的二阶偏导数矩阵。对于一个具有 n 个变量的函数 $f(x_1,x_2,\cdots,x_n)$，其海塞矩阵（Hessian Matrix）$\boldsymbol{H}$ 是一个 $n\times n$ 的对称矩阵，定义为

$$\boldsymbol{H}(f)=\begin{pmatrix}\frac{\partial^2 f}{\partial x_1^2} & \frac{\partial^2 f}{\partial x_1\,\partial x_2} & \cdots & \frac{\partial^2 f}{\partial x_1\,\partial x_n}\\ \frac{\partial^2 f}{\partial x_2\,\partial x_1} & \frac{\partial^2 f}{\partial x_2^2} & \cdots & \frac{\partial^2 f}{\partial x_2\,\partial x_n}\\ \vdots & \vdots & & \vdots\\ \frac{\partial^2 f}{\partial x_n\,\partial x_1} & \frac{\partial^2 f}{\partial x_n\,\partial x_2} & \cdots & \frac{\partial^2 f}{\partial x_n^2}\end{pmatrix} \tag{3-18}$$

通俗描述：如果梯度描述了函数在各个方向上的斜率，那么海森矩阵描述了这些斜率是如何变化的。

例如，在牛顿法中使用海森矩阵来确定下一步的方向和步长。

牛顿法是一种使用函数的二阶导数来寻找函数根或极值的方法。

通俗来说，如果梯度下降法像是慢慢走下山，牛顿法就像是直接跳到山谷底部。它使用函数的曲率信息来决定每一步的大小和方向。

对于目标函数$f(x)$，参数更新规则为

$$x_{t+1}=x_t-[\boldsymbol{H}f(x_t)]^{-1}\nabla f(x_t) \tag{3-19}$$

式中，$\boldsymbol{H}_f(x_t)$是f在x_t处的海森矩阵。

在逻辑回归中，要最大化对数似然函数：

$$L(\theta)=\sum_{i=1}^{n}[y_i\ln(h_\theta(x_i))+(1-y_i)\ln(1-h_\theta(x_i))] \tag{3-20}$$

式中，$h_\theta(x)=\dfrac{1}{1+\mathrm{e}^{-\theta x}}$

计算梯度：$\nabla L(\theta)=\sum_{i=1}^{n}(y_i-h_\theta(x_i))x_i$

计算海森矩阵：$\boldsymbol{H}_L(\theta)=-\sum_{i=1}^{n}h_\theta(x_i)(1-h_\theta(x_i))x_ix_i^{\mathrm{T}}$

更新参数：$\theta_{\text{new}}=\theta_{\text{old}}-[H_L(\theta_{\text{old}})]^{-1}\nabla L(\theta_{\text{old}})$

牛顿法应用举例如下：

- 各种模型训练：如逻辑回归、神经网络等。
- 深度学习：在某些高级优化算法中使用，如 L-BFGS。
- 自然语言处理：在某些概率模型的参数估计中使用。
- 计算机视觉：在图像配准和 3D 重建中用于优化变换参数。
- 强化学习：在某些基于模型的方法中用于策略优化。

3.3.6 凸优化简介

凸优化是研究如何在凸集上最小化凸函数的数学分支。

想象一个光滑的碗，无论你从哪里开始滚一个球，它最终都会到达碗底的同一点。这就是凸优化问题的特性。

数学表达：最小化$f(x)$约束条件，即

$$g_i(x)\leqslant 0,\quad i=1,2,\cdots,m,\quad h_j(x)=0,\quad j=1,2,\cdots,n$$

式中，f和g_i都是凸函数；h_j是仿射函数。

凸优化应用举例如下：

• 机器学习：许多经典算法都可以形式化为凸优化问题，如线性回归、逻辑回归、SVM 等。

• 深度学习：在某些网络结构的设计和优化中应用，如卷积核的优化。

• 自然语言处理：在主题模型、词嵌入等任务中有应用。

• 计算机视觉：在图像去噪、压缩感知等任务中使用。

随着 AI 技术的不断发展，这些数学概念也在不断被拓展和应用到新的领域，推动着整个行业的进步。

3.4　图论中的常用知识

图论是数学中研究图的结构、性质及其相关问题的分支，图广泛应用于网络、路径规划、社交网络分析等领域。在人工智能中，图论用于表示和分析复杂的关系结构。

3.4.1　图的基本概念

图（graph）是由顶点（又称节点）和边组成的结构。边表示节点之间的关系。一个图可以是有向图或无向图。

表示法：图 $G=(V,E)$，其中 V 是节点的集合，E 是边的集合。

例如，社交网络中的朋友关系，节点是人，边是朋友关系；网页链接网络中的超链接，节点是网页，边表示网页之间的超链接；在社交网络分析、推荐系统中，用来表示用户及其关系。

① 加权图指边带有权重（或费用）的图。通俗地说，加权图就像一张标注了路程或费用的地图。如地图中城市（节点）之间的距离（边的权重）就可以看作加权图的权重。

② 子图（subgraph）是由原图的一部分顶点和边组成的图。通俗地说，子图就像从大地图中剪下的一小块区域。例如，一个社交网络中某个用户的好友圈可看作社交网络的一个子图。

③ 连通图指对于图中的任意两个顶点，总存在路径连接它们。通俗地说，连通图就像所有城市都能通过某些路线互相到达的地图。例如，电网系统中所有电站和电线的连接可看作连通图。

④ 树指无环且连通的无向图。通俗地说，树就像一个分支结构，像家谱或组织结构图。例如，树的概念应用在决策树算法、层次聚类中。

⑤ 同构图指两个图在某种意义上是相同的，即它们的结构可以通过重新标记顶点来一致。通俗地说，图同构就像通过重命名城市，可以使两张地图看起来一样。图同构常在图匹配、模式识别中使用。

⑥ 最小生成树指连通的无向加权图中，一棵树连接图中所有顶点且权重之和最小。通俗地说，最小生成树就像连接所有城市的最短总路线。电网设计中最短的电线布设可看作最小生成树。

3.4.2　常用相关算法

路径指从一个顶点到另一个顶点的顶点序列，其中每对连续顶点之间存在边。在一个加权图中，最短路径是指从一个起点到终点的路径，使得路径上的边权和最小。

> **提示：**
> 常用于推荐系统、导航系统等。例如，百度地图中的路径规划就是寻找最短路径问题。

求解最短路径问题是图论中的一个经典问题，尤其在网络路由、地图导航等领域中具有广泛的应用。根据问题的不同性质（如图是否有负权边、是否有负权环等）可以选择不同的最短路径算法。以下是几种常见的最短路径算法及其核心思想。

1. Dijkstra 算法

Dijkstra 算法是一种贪心算法，适用于图中所有边的权重都为非负值的情况。其基本思想是逐步扩展已知最短路径的顶点集合，利用贪心策略，每次选择当前未处理的、最短路径已确定的顶点 u，然后更新与之相邻的顶点的最短路径。

2. A* 算法

A* 算法是 Dijkstra 算法的扩展，适用于图中有启发式信息的情况（如地图导航中的距离估计）。A* 算法在选择下一个最短路径时不仅考虑已知的最短路径代价，还考虑到目标点的估计距离，从而优先选择可能更接近目标的路径。

图遍历是访问图中所有节点的过程，常用的遍历方法有广度优先搜索（BFS）和深度优先搜索（DFS）。

下面简述 BFS 和 DFS 算法。

BFS 从一个起始节点开始，首先访问该节点的所有邻接节点，然后依次访问这些邻接节点的邻接节点，依此类推。BFS 的特点是层层推进，即按层次访问所有节点。

DFS 从起始节点出发，尽可能深入每个分支，直到该分支无法继续为止（到达叶子节点或没有未访问的邻接节点）。然后回溯到上一个节点继续搜索，直到所有节点都被访问。

> **提示：**
> 图遍历用于搜索图中的特定结构，比如社交网络中的社区发现、知识图谱的构建等。

图论在人工智能中的应用非常广泛，从基本的数据结构表示到复杂的网络分析、优化问题求解等，都能看到它的身影。通过上述概念及其应用，可以更好地理解和利用图论来解决实际问题。

3.5 信息论相关知识

信息论是研究信息的量度、传输和处理的数学理论，在人工智能中扮演着重要角色。核心概念包括信息熵、互信息和编码。信息熵量化了不确定性，反映了信息的平均量；互信息则衡量两个变量之间的信息共享程度，揭示了它们的依赖关系。信息论在机器学习领域中应用广泛，为理解和改进算法提供了理论基础。

3.5.1 信息量

定义 1 信息量是对事件“意外性”或“不确定性”的量化，通常用熵的反比来表示。

给定一个事件 x 的概率 $P(x)$，其信息量 $I(x)$ 定义为

$$I(x) = -\log(P(x)) \tag{3-21}$$

这里的对数通常是以 2 为底，即单位是比特（bit）。

通俗描述：信息量（information content）越大，事件越不可能发生，也就越“出乎意料”。例如，掷硬币得到“正面”的信息量小（因为正面和反面的概率相等），而掷骰子得到某个特定数字的概率较小，因此信息量较大。

3.5.2　信息熵

信息熵（entropy）是信息论中的一个核心概念，由 Claude Shannon 在 1948 年提出。信息熵用来度量信息源的不确定性或信息量。它描述了一个随机变量的结果的不可预测性程度。信息熵的计算公式为

$$H(X) = -\sum_{i=1}^{n} P(x_i)\log_2 P(x_i) \tag{3-22}$$

式中，$H(X)$ 是随机变量 X 的熵；$P(x_i)$ 是随机变量 X 取值为 x_i 的概率。

为了更好地理解信息熵的概念，下面看一个简单的示例。

例 3.6　抛硬币。假设我们有一枚公平的硬币，抛硬币有两个可能的结果，即正面（H）或反面（T），每个结果的概率都是 0.5。求抛掷硬币的信息熵。

解　计算每个结果的概率

$$P(H) = 0.5,\quad P(T) = 0.5$$

计算信息熵

$$H(X) = -[P(H)\log_2 P(H) + P(T)\log_2 P(T)]$$

代入数值可得

$$H(X) = -[0.5\log_2 0.5 + 0.5\log_2 0.5] = 1$$

硬币抛掷的熵为 1 比特，这意味着每次抛硬币所获得的信息量是 1 比特。

例 3.7　不公平的骰子。假设我们有一个不公平的骰子，有 6 个面，但每个面出现的概率不同。具体来说，假设 1 点的概率是 0.1，2 点的概率是 0.2，3 点的概率是 0.2，4 点的概率是 0.2，5 点的概率是 0.2，6 点的概率是 0.1。求骰子的熵。

解　计算每个结果的概率

$$P(1)=0.1,\quad P(2)=0.2,\quad P(3)=0.2,\quad P(4)=0.2,\quad P(5)=0.2,\quad P(6)=0.1$$

计算信息熵

$$H(X) = -\sum_{i=1}^{6} P(x_i)\log_2 P(x_i)$$

代入数值

$$H(X) = -[0.1\log_2 0.1 + 0.2\log_2 0.2 + \cdots + 0.1\log_2 0.1] = 2.52$$

不公平骰子的熵为 2.52 比特，这意味着每次掷骰子所获得的信息量是 2.52 比特。

通过这些示例可以看到，信息熵越高，系统的不可预测性就越大，所包含的信息量也就越大。对于一个完全随机的系统（如公平硬币），信息熵是最大的；而对于一个确定性很强的系统，信息熵则较小。

3.5.3 交叉熵

交叉熵（cross-entropy）是信息论中另一个重要概念，通常用于衡量两个概率分布之间的差异。它的核心思想是计算一个真实分布和一个预测分布之间的“距离”，并且广泛应用于机器学习中，尤其是在分类问题中用于评估模型的性能。

定义 2 交叉熵是两个概率分布 P 和 Q 之间的差异度量，表示在用分布 Q 来近似分布 P 时所需要的额外信息量。其数学公式为

$$H(P,Q)=-\sum_{i=1}^{n}P(x_i)\log Q(x_i) \tag{3-23}$$

式中，$P(x_i)$是真实分布中 x_i 的概率（通常是目标标签的真实分布），$Q(x_i)$是预测分布中 x_i 的概率（通常是模型输出的预测概率）。

交叉熵的应用背景如下：在机器学习中，交叉熵常常用于分类问题的损失函数，尤其是在多分类和二分类问题中。模型的预测概率 $Q(x_i)$越接近真实的概率分布 $P(x_i)$，交叉熵的值就越小，表示模型越准确。

例 3.8 设我们在进行一个二分类任务，目标是预测一个样本是“猫”还是“狗”，其真实标签为“猫”，模型预测的概率如下：

$$\text{预测“猫”的概率 } Q(\text{cat})=0.7,$$
$$\text{预测“狗”的概率 } Q(\text{dog})=0.3。$$

设真实分布 P 是：

$$P(\text{cat})=1 \quad (\text{即真实标签是“猫”}),$$
$$P(\text{dog})=0 \quad (\text{即真实标签不是“狗”})$$

求关于 P、Q 的交叉熵。

解 交叉熵的计算方式为

$$H(P,Q)=-[P(\text{cat})\cdot\log_2 Q(\text{cat})+P(\text{dog})\cdot\log_2 Q(\text{dog})]$$

代入真实概率和预测概率：

$$H(P,Q)=-[1\times\log_2 0.7+0\times\log_2 0.3]\approx 0.155$$

> **提示：**
>
> ① 如果模型的预测 $Q(\text{cat})=1$完全正确，则交叉熵为 0，表示没有误差。
>
> ② 如果模型的预测 $Q(\text{cat})=0.5$（比如完全随机的预测），则交叉熵会较大，表示模型的预测不准确。
>
> ③ 交叉熵越小，表示模型的预测越接近真实标签。反之，交叉熵越大，表示模型的预测越不准确。
>
> ④ 叉熵衡量的是通过预测分布来代替真实分布所增加的“额外信息量”。在分类任务中，通过最小化交叉熵来优化模型的预测能力，使其尽可能准确地逼近真实分布。

3.5.4 KL 散度

KL 散度（Kullback-Leibler divergence）又称相对熵（relative entropy），是信息论中的一个重要概念，用于衡量两个概率分布之间的差异。KL 散度从概率论的角度量化了一个分布相对于另一个分布的信息损失。

定义 3 给定两个概率分布 P 和 Q，其中 P 和 Q 定义在同一个概率空间上，KL 散度 $D_{\mathrm{KL}}(P \parallel Q)$ 为

$$D_{\mathrm{KL}}(P \parallel Q) = \sum_{x} P(x) \log \frac{P(x)}{Q(x)} \tag{3-24}$$

对于连续分布，定义为

$$D_{\mathrm{KL}}(P \parallel Q) = \int_{-\infty}^{+\infty} p(x) \log \frac{p(x)}{q(x)} \mathrm{d}x \tag{3-25}$$

式中，P 是真实的分布（或者说目标分布）；Q 是近似的分布（或者说模型分布）；$p(x)$ 和 $q(x)$ 分别是 P 和 Q 的概率密度函数。

KL 散度可以理解为在使用分布 Q 来近似分布 P 时，所丢失的信息量。它度量了使用 Q 来描述 P 的“有效性”。KL 散度总是非负的，即 $D_{\mathrm{KL}}(P \parallel Q) \geqslant 0$，并且只有当 P 和 Q 完全相同时，KL 散度才为零。

例 3.9 假设我们有两个离散的概率分布：

$P=\{0.9, 0.1\}$，表示某个事件发生概率为 90% 和不发生的概率为 10%；

$Q=\{0.8, 0.2\}$，表示另一个事件发生概率为 80% 和不发生的概率为 20%。

求 $D_{\mathrm{KL}}(P \parallel Q)$。

解 用 1 表示事件发生，0 表示事件不发生。

$$D_{\mathrm{KL}}(P \parallel Q) = P(1) \log_2 \frac{P(1)}{Q(1)} + P(0) \log_2 \frac{P(0)}{Q(0)}$$

代入具体的数值，

$$D_{\mathrm{KL}}(P \parallel Q) = 0.9 \times \log_2 \frac{0.9}{0.8} + 0.1 \times \log_2 \frac{0.1}{0.2}$$

计算每一项得

$$D_{\mathrm{KL}}(P \parallel Q) \approx 0.1059 - 0.0693 = 0.0366$$

这个结果表示，在使用 Q 来近似 P 时，会有大约 0.036 6 的信息损失。KL 散度的值越大，表示两个分布之间的差异越大。

小　结

本章系统介绍了人工智能中常用的数学基础，涵盖了线性代数、概率统计、优化方法和图论等核心概念。通过学习，读者可掌握矩阵和向量的表示及其在深度学习中的应用，理解了特征值和特征向量在数据降维中的关键作用。同时，本章详细讲解了概率统计中的随机变量、期望、方差、最大似然估计、贝叶斯定理等工具，以及它们在机器学习中的广泛应用。此外，优化方法如梯度下降、拉格朗日乘数法和牛顿法等，帮助我们在模型训练中寻找最优解。图论中的最短路径、图遍历、最小生成树等概念，为网络分析和路径规划提供了理论基础。通过本章的学习，我们能够运用这些数学工具解决实际问题，并具备分析算法优缺点的能力，为进一步探索人工智能领域奠定了坚实的数学基础。

思考与练习

一、选择题

1. 在深度学习中，向量通常用来表示（　　）。

A. 数据样本　　B. 特征

C. 模型的权重　　D. 以上都是

2. 矩阵乘法中，若矩阵 $\boldsymbol{A}$ 的维度为 $m\times n$，矩阵 $\boldsymbol{B}$ 的维度为 $n\times p$，则结果矩阵 $\boldsymbol{C}$ 的维度为（　　）。

A. $m\times p$　　B. $n\times n$

C. $p\times m$　　D. $m\times n$

3. 在 PCA（主成分分析）中，计算数据协方差矩阵的特征值和特征向量的主要目的是（　　）。

A. 数据降维　　B. 数据压缩

C. 数据可视化　　D. 以上都是

4. 奇异值分解（SVD）在推荐系统中的应用主要是为了（　　）。

A. 识别用户和物品之间的潜在特征　　B. 压缩图像

C. 去噪　　D. 文本分类

5. 贝叶斯定理的核心思想是（　　）。

A. 利用新的证据来更新已有信息　　B. 最大化观测数据的概率

C. 最小化误差　　D. 计算随机变量的期望

6. 蒙特卡罗方法的基本思想是（　　）。

A. 通过随机采样来估计数值结果　　B. 通过梯度下降来优化模型

C. 通过矩阵分解来降维　　D. 通过贝叶斯推断来更新概率

7. 马尔可夫链的核心特性是（　　）。

A. 未来状态仅依赖于当前状态　　B. 未来状态依赖于所有过去状态

C. 未来状态是随机的　　D. 未来状态是确定的

8. 梯度下降法的主要作用是（　　）。

A. 寻找函数的局部最小值　　B. 寻找函数的全局最小值

C. 计算矩阵的特征值　　D. 计算概率分布

9. 拉格朗日乘数法的主要应用场景是（　　）。

A. 在约束条件下寻找多元函数的极值　　B. 计算矩阵的奇异值

C. 估计随机变量的期望　　D. 计算概率分布

10. 牛顿法的主要特点是（　　）。

A. 使用函数的二阶导数来寻找极值　　B. 使用随机采样来估计数值结果

C. 使用梯度下降来优化模型　　D. 使用矩阵分解来降维

二、填空题

1. 在深度学习中，矩阵通常用来表示________、________和________。

2. 特征值和特征向量在数据降维技术（如 PCA）中的作用是________。

3. 奇异值分解（SVD）将矩阵 $\boldsymbol{A}$ 分解为三个矩阵的乘积，分别是________、________

和________。

4. 贝叶斯定理的公式为________。

5. 蒙特卡罗方法通过________来估计数值结果。

6. 马尔可夫链的未来状态仅依赖于________，而与________无关。

7. 梯度下降法通过沿着函数的________方向迭代地移动，以逐步接近函数的极小值点。

8. 拉格朗日乘数法通过引入________，将有约束优化问题转化为无约束问题。

9. 牛顿法使用函数的________来寻找函数的极值。

10. 在信息论中，信息熵用来度量________。

三、计算题

1. 给定矩阵 $\boldsymbol{A}=\begin{pmatrix}4 & 1\\ 2 & 3\end{pmatrix}$，求其特征值和对应的特征向量。

2. 给定矩阵 $\boldsymbol{A}=\begin{pmatrix}1 & 2\\ 3 & 4\end{pmatrix}$和 $\boldsymbol{B}=\begin{pmatrix}5 & 6\\ 7 & 8\end{pmatrix}$，计算矩阵乘积 $\boldsymbol{AB}$。

3. 给定矩阵 $\boldsymbol{A}=\begin{pmatrix}3 & 1\\ 1 & 3\end{pmatrix}$，计算其谱半径。

4. 给定矩阵 $\boldsymbol{A}=\begin{pmatrix}4 & 0\\ 3 & -5\end{pmatrix}$，求其奇异值分解 $\boldsymbol{A}=\boldsymbol{U\Sigma V}^{\mathrm{T}}$。

5. 设事件 A 和 B 满足 $P(A)=0.5$，$P(B)=0.6$，且 $P(A\cap B)=0.2$，判断 A 和 B 是否独立。

6. 设随机变量 X 的概率分布为：$P(X=1)=0.2$，$P(X=2)=0.3$，$P(X=3)=0.5$，求 X 的期望值和方差。

7. 设一封邮件是垃圾邮件的先验概率为20%，如果邮件包含“免费”这个词，它是垃圾邮件的概率为80%，是正常邮件的概率为10%。如果收到一封包含“免费”的邮件，求它是垃圾邮件的后验概率。

8. 使用蒙特卡罗方法估计 π 的值。假设在一个边长为2的正方形内随机撒点，求落在内切圆内的点的比例，并估计 π。

9. 设天气状态有“晴”“阴”“雨 ”三种，状态转移矩阵为 $\boldsymbol{P}=\begin{pmatrix}0.7 & 0.2 & 0.1\\ 0.4 & 0.4 & 0.2\\ 0.2 & 0.3 & 0.5\end{pmatrix}$。

如果今天是晴天，求明天和后天的天气概率分布。

10. 设函数 $f(x)=\mathrm{e}^x$，在 $x=0$ 处进行二阶泰勒展开，并写出展开式。

11. 设目标函数 $f(x,y)=x^2+y^2$，约束条件为 $g(x,y)=x+y-1=0$，请构造拉格朗日函数，并求解极值点。

12. 设事件 A 发生的概率为 $P(A)=0.25$，计算事件 A 的信息量（以比特为单位）。

13. 设随机变量 X 和 Y 的联合概率分布如下：

$P(X=0,Y=0)=0.2$，$P(X=0,Y=1)=0.3$，$P(X=1,Y=0)=0.1$，$P(X=1,Y=1)=0.4$，计算 X 和 Y 的互信息 $I(X;Y)$。

14. 设真实分布 P 和预测分布 Q 如下：

$P(X=0)=0.5$，$Q(X=0)=0.4$，$P(X=1)=0.5$，$Q(X=1)=0.6$，计算交叉熵 $H(P,Q)$。

15. 设真实分布 P 和近似分布 Q 如下：

$P(X=0)=0.7$，$Q(X=0)=0.6$，$P(X=1)=0.3$，$Q(X=1)=0.4$，计算KL散度 $D_{\mathrm{KL}}(P\parallel Q)$。

四、简答题

1. 简述最大似然估计的核心思想。
2. 简述什么是图，并说明一个图可以有哪些类型（如有向图、无向图）。
3. 简述 Dijkstra 算法的核心思想和应用场景。
4. 简述 BFS 和 DFS 的区别及适用场景。
5. 简述加权图的概念及其应用。举一个加权图的实际例子。
6. 简述图同构的概念，并举一个具体的例子。
7. 简述树的定义及其特点。树结构在实际生活中有哪些应用场景？

第4章 机器学习

机器学习作为人工智能的核心技术分支，旨在通过数据驱动的算法使计算机系统能够自主学习和改进，从而解决复杂的预测和决策问题。本章将系统介绍机器学习的基本概念、发展历程、评估指标以及常见的算法类型。首先，探讨机器学习解决的主要问题，如分类、回归、聚类和异常检测等，并阐述其所需的基础知识和核心理论。随后，本章将回顾机器学习从早期神经网络到现代深度学习的演进历程，展示其在不同领域的广泛应用。接着，详细介绍监督学习、无监督学习、半监督学习和强化学习等基本类型，并深入探讨常见的分类、回归、聚类和降维算法。通过本章的学习，读者将掌握机器学习的基本原理和应用方法，为进一步探索人工智能领域奠定坚实基础。

学习目标

- **了解：** 机器学习的基本概念、发展历程、评估指标以及常见的算法类型。理解机器学习解决的主要问题，如分类、回归、聚类和异常检测等，并掌握其所需的基础知识和核心理论。
- **理解：** 监督学习、无监督学习、半监督学习和强化学习的基本原理及应用场景。掌握常见的分类、回归、聚类和降维算法（如逻辑回归、K-Means、PCA 等）的工作原理和适用场景。
- **应用：** 能够应用机器学习算法解决实际问题，如医疗诊断、金融预测等。掌握数据预处理、模型训练和评估的基本流程，并能使用常见的机器学习工具和库（如 Scikit-learn、TensorFlow、PyTorch）。
- **分析：** 通过学习本章提供的案例，学会分析不同机器学习算法的优缺点，并能够根据具体问题选择合适的算法。
- **养成：** 对机器学习领域的兴趣和热情，主动学习、积极探索的学习习惯，团队合作精神和沟通能力，树立正确的科技伦理观和社会责任感。

4.1 机器学习概述

4.1.1 机器学习解决的问题

机器学习主要解决以下几类问题：

分类问题：将数据点分配到预定义类别中，如垃圾邮件检测（将电子邮件标记为“垃圾邮件”或“正常邮件”）。

回归问题：通过输入特征与目标变量之间的关系，构建模型以预测新数据的输出值，如房价预测（根据面积、位置等特征预测房价）。

聚类问题：将数据分组为相似的子集，而无须预先定义类别，如客户细分（根据购买行为将客户分为不同群体）。

异常检测：识别不符合一般模式的数据点，如信用卡欺诈检测（识别可疑的交易活动）。

推荐系统：根据用户的历史行为和偏好推荐产品或服务，如 Netflix 或 Amazon 的电影和商品推荐。

序列预测：预测时间序列数据中的未来值，如天气预测和股票价格预测。

4.1.2 机器学习所需的基础

机器学习的理解和应用通常需要以下基础知识：

线性代数：矩阵运算、向量空间等；概率论与统计：概率分布、期望值、方差、假设检验等；微积分：函数的导数和优化问题。

编程技能：熟悉至少一种编程语言（如 Python、R、Java），并能够使用相关的机器学习库（如 Scikit-learn、TensorFlow、PyTorch）。

数据预处理：数据清洗、数据变换、特征工程和数据可视化的技能，以便在模型训练之前处理和分析数据。

基本的机器学习理论：理解基本的机器学习概念，包括监督学习、无监督学习、过拟合与欠拟合、模型评估和选择等。

4.1.3 机器学习的概念

机器学习是让计算机通过分析数据来学习和改进自己的一种技术。类似于教孩子如何学习，我们不是直接给孩子每一个问题的答案，而是教他们如何观察和思考，从而找到解决问题的方法。同样，机器学习并不是告诉计算机每一步该怎么做，而是让计算机从大量的数据中自主学习，找出解决问题的方式。

举个简单的例子，如果我们希望计算机能够识别猫和狗的图片，我们不会写一大堆规则告诉它如何区分这两种动物。相反，我们会给计算机许多已经标注好的猫和狗的图片，让它通过观察这些图片来学习。计算机会分析这些图片，发现哪些特征表明这是猫，哪些特征表明这是狗，从而能够自动识别出这两种动物。

从专业的角度来看，机器学习是人工智能的一个分支，主要研究如何通过算法和统计模型，让计算机系统能够从数据中自动学习并提升其性能。机器学习的核心理念是让计算机根据已有的数据，自主建立模型，以便解决新的问题。

计算机科学家汤姆·米切尔（Tom M. Mitchell）曾给机器学习下过一个定义：“一个计算机程序在完成某类任务 T 时，如果它的性能 P 在经验 E 的基础上有所提高，那么我们就说它从这些经验中学习。”这个定义强调了三个重要的因素，即任务 T、性能 P 和经验 E。计算机程序通过学习经验 E 来改善任务 T 的性能 P。

机器学习算法首先会使用训练数据（经验）来训练一个模型，而这个模型则用于完成特定的任务，如分类（将数据分为不同类别）、回归（预测数值）或聚类（将相似的数据分在一起）。我们会用一些指标（如准确率、召回率等）来评估模型在任务上的表现。随着我们积累更多的数据，模型的性能通常也会得到提升。

机器学习的过程可以看作通过不断地用数据训练模型，使得模型在评估指标上表现越来越好。在这个过程中，给模型提供有效的反馈非常重要，而模型也需要根据这些反馈不断调整自己。只有这个学习过程顺利进行，计算机才能真正“学习”到有用的知识。

4.1.4　机器学习发展历程

机器学习的发展历史可以追溯到 20 世纪 40 年代，经历了多个关键阶段和突破性进展。

1. 早期探索

机器学习的雏形可以追溯到 1943 年，沃伦·麦卡洛克（Warren McCulloch）和沃尔特·皮茨（Walter Pitts）提出了首个神经网络模型，模拟神经元的工作方式。1950 年，艾伦·麦席森·图灵（Alan Mathison Turing）提出了“图灵测试”，探讨机器是否能够表现出智能行为。1957 年，弗兰克·罗森布拉特（Frank Rosenblatt）发明了感知机（perceptron），这是最早的神经网络模型之一，尽管功能有限，但为后续研究奠定了基础。

2. 符号主义与专家系统

20 世纪 60 年代至 80 年代，符号主义方法主导了人工智能研究，机器学习主要通过逻辑推理和规则系统进行。专家系统在这一时期兴起，通过人工编写的规则解决特定领域的问题。然而，符号主义方法的局限性逐渐显现，尤其是在处理复杂、模糊的问题时表现不佳。

3. 统计学习与复兴

20 世纪 80 年代末，统计学习方法开始兴起。1986 年，杰弗里·辛顿（Geoffrey Hinton）等人提出了反向传播算法（backpropagation），使得多层神经网络的训练成为可能。1995 年，瓦普尼克（Vapnik）和科尔特斯（Cortes）提出了支持向量机（SVM），成为当时最强大的分类算法之一。这一时期的机器学习逐渐从符号主义转向数据驱动的方法。

4. 深度学习革命

21 世纪初，随着计算能力的提升和大数据的兴起，深度学习迎来了爆发式发展。2006 年，Hinton 等人提出了深度信念网络（DBN），开启了深度学习的新时代。2012 年，AlexNet 在 ImageNet 图像识别竞赛中取得突破性成绩，标志着深度学习在计算机视觉领域的成功。随后，深度学习在自然语言处理、语音识别等领域也取得了显著进展。

5. 现代发展

近年来，机器学习继续快速发展，强化学习、生成对抗网络（GAN）、Transformer 等模型相继出现。2016 年，AlphaGo 击败围棋世界冠军，展示了强化学习的强大能力。2018 年，BERT 模型的提出显著提升了自然语言处理任务的性能。如今，机器学习已广泛应用于医疗、金融、自动驾驶等领域，成为推动技术进步的重要力量。

总之，机器学习从早期的理论探索到现代的广泛应用，经历了多次范式转变和技术突破，逐渐成为人工智能的核心驱动力。

4.1.5　评估指标

机器学习模型的性能评估是一个重要的过程，常用的评估指标主要包括以下几种。不同类型的任务（如分类、回归等）会使用不同的指标。下面是一些常用的指标及其公式。

1. 准确率

准确率（accuracy）是指模型正确预测的样本数占总样本数的比例，表达式为

$$\text{accuracy} = \frac{\text{TP} + \text{TN}}{\text{TP} + \text{TN} + \text{FP} + \text{FN}} \tag{4-1}$$

式中，TP（true positive）是真正例，正确预测为正例的数量；TN（true negative）是真负例，正确预测为负例的数量；FP（false positive）是假正例，错误预测为正例的数量；FN（false negative）是假负例，错误预测为负例的数量。

2. 精确率

精确率（precision）是指所有被预测为正例的样本中，实际为正例的比例，表达式为

$$\text{precision} = \frac{\text{TP}}{\text{TP} + \text{FP}} \tag{4-2}$$

3. 召回率

召回率（recall）是指所有实际为正例的样本中，被正确预测为正例的比例，表达式为

$$\text{recall} = \frac{\text{TP}}{\text{TP} + \text{FN}} \tag{4-3}$$

4. F1 值

F1 值（F1 score）是精确率和召回率的调和平均数，适用于不均衡数据的情况，表达式为

$$\text{F1} = 2 \times \frac{\text{precision} \times \text{recall}}{\text{precision} \times \text{recall}} \tag{4-4}$$

5. ROC 曲线和 AUC

ROC（receiver operating characteristic curve）曲线和 AUC（area under curve）是以假正率（FPR）为横轴，以真正率（TPR，即召回率）为纵轴绘制的曲线，AUC 值表示模型的整体性能，值越接近 1 表示模型越好，表达式为

$$\text{FPR} = \frac{\text{FP}}{\text{FP} + \text{TN}}, \quad \text{TPR} = \frac{\text{TP}}{\text{TP} + \text{FN}} \tag{4-5}$$

4.2 机器学习的基本类型

机器学习是一种人工智能的分支，通过分析和学习数据进行预测、分类和决策。根据学习方式和数据类型的不同，机器学习可以分为以下几种基本类型。

4.2.1 监督学习

监督学习是指通过使用已标记的数据集来训练模型，每个输入数据都有一个对应的输出标签，模型通过学习这些输入输出对进行预测。

想象一下你在学习数学，老师给你一系列的题目和答案，你不断练习，直到你能够自己解答类似的问题。在监督学习中，模型就像是这个学生，学习如何从输入（问题）推导出输出（答案）。

监督学习在人工智能中应用举例如下：

① 图像识别：如人脸识别、物体识别等，模型通过大量标记图像学习如何识别新图像。

② 自然语言处理：如情感分析，通过标记文本（如正面或负面）训练模型来预测新文本的情感。

③ 金融预测：使用历史数据（如股票价格变化）来预测未来的市场趋势。

4.2.2 无监督学习

无监督学习使用没有标记的数据进行训练，模型试图找到数据中的模式和结构，而不需要预先提供输出标签。

无监督学习就像你在一个新城市中探索，没有地图和指南，完全依靠自己的观察来发现哪些地方是热闹的，哪些地方是安静的，无监督学习的模型同样在数据中寻找隐藏的结构。

无监督学习在人工智能中应用举例如下：

① 聚类：将客户分组以便于市场细分，比如根据购买行为将客户分为不同群体。

② 降维：将高维数据（如图像）转换为低维表示，保留数据的主要特征，常用于数据可视化。

③ 异常检测：识别与众不同的数据点，比如信用卡欺诈检测。

4.2.3 半监督学习

半监督学习结合了监督学习和无监督学习的优点，使用少量标记数据和大量未标记数据进行训练。

想象你在学习新语言，老师只教了你少数几个单词，而你通过阅读许多未翻译的图书来理解其余的内容，半监督学习通过少量的指导和大量的自主学习来提高效果。

半监督学习在人工智能中应用举例如下：

① 文本和图像分类：在标记数据稀缺的情况下，利用未标记数据提升模型的准确性。

② 医学影像分析：在医学领域，标签数据往往昂贵且难以获得，半监督学习可以利用大量未标记的影像数据来提升诊断能力。

4.2.4 强化学习

强化学习是一种通过与环境交互学习的方式，模型根据行动的结果获得奖励或惩罚，从而优化其策略。

可以想象成训练一只狗，狗在执行某个动作后，如果得到了零食（奖励），它就会更倾向于重复这个动作；反之，如果受到惩罚，它就会避免这个动作强化学习中的模型通过试错来学习。

强化学习在人工智能中应用举例如下：

① 游戏：如 AlphaGo 通过强化学习自我对弈，学习如何在围棋中取胜。

② 机器人控制：用于训练机器人在复杂环境中自主导航和操作。

③ 自动驾驶：通过与环境的实时反馈，训练车辆的驾驶决策。

无监督学习用于发现数据中的隐藏模式，半监督学习在标签数据稀缺的情况下依然能够利用大量未标记数据，而强化学习则通过与环境的互动优化决策策略，这些技术在各个领域都得到了广泛的应用，推动了智能化的发展。

4.3 机器学习中的分类算法

机器学习中的分类算法种类繁多，每种算法都有其独特的概念、表达式、应用场景和优势。下面详细介绍几种常见的分类算法。

4.3.1 逻辑回归

逻辑回归（logistic regression）是一种用于二分类问题的模型，通过逻辑函数（Sigmoid 函数）将线性回归的输出映射到 0 到 1 之间，从而得到类别概率。逻辑回归的模型为

$$P(y=1\mid x)=\frac{1}{1+\mathrm{e}^{-(\omega x+b)}} \tag{4-6}$$

式中，w 是权重向量；x 是输入特征向量；b 是偏置项。

逻辑回归就像一个聪明的裁判，通过给每个可能的结果打分，最终选择得分最高的那个作为最终结果。下面结合 Sigmoid 函数来说明逻辑回归分类方法。

Sigmoid 函数是一种常用的激活函数。它的一般表达式为

$$\sigma(x)=\frac{1}{1+\mathrm{e}^{-x}} \tag{4-7}$$

式中，$\sigma(x)$是 Sigmoid 函数的输出；x 是输入值。

逻辑回归函数相关性质如下：

① 输出范围：Sigmoid 函数的输出值在 0 和 1 之间（$0<\sigma(x)<1$），使其适用于概率预测。

② 单调性：Sigmoid 函数是单调递增的，这意味着随着输入值 x 的增加，输出值也会增加。

③ 导数：Sigmoid 函数的导数可以通过其输出值计算，公式为

$$\sigma'(x)=\sigma(x)(1-\sigma(x))$$

图 4-1 给出了 Sigmoid 函数在不同坐标尺度下的两条曲线图。当 x 为 0 时，Sigmoid 函数值为 0.5，随着 x 的增大，对应的 Sigmoid 值将逼近于 1；而随着 x 的减小，Sigmoid 值将逼近于 0。如果横坐标刻度足够大，Sigmoid 函数看起来很像一个阶跃函数。因此，为了实现 Logstic 回归分类器，可以在每个特征上都乘以一个回归系数，然后把所有的结果值相加，将这个总和代入 Sigmoid 函数中，进而得到一个范围在(0,1)之间的数值。任何大于 0.5 的数据被分入 1 类，小于 0.5 即被归入 0 类。所以，Logsitc 回归也可以看作一种概率估计。

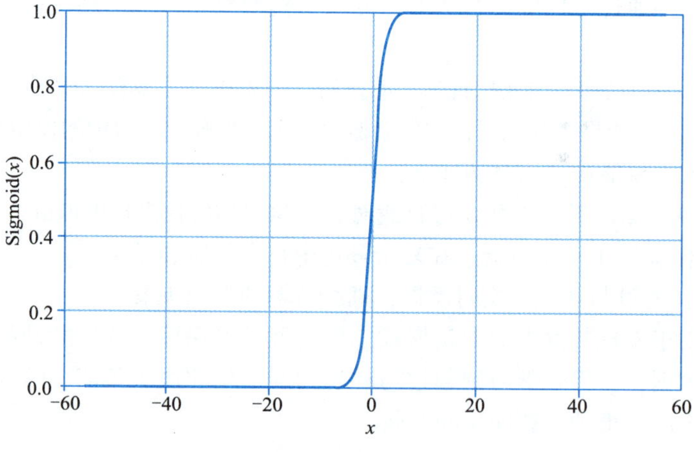

图 4-1 Sigmoid 函数

逻辑回归广泛应用于医学、市场营销、金融等领域，尤其适用于线性可分问题。在医疗诊断中，预测病人是否患有某种疾病。在市场营销中，预测客户是否会购买某产品。

4.3.2　支持向量机

支持向量机（support vector machine，SVM）通过找到一个最佳的超平面，将不同类别的数据点分开。它在高维空间中进行分类，并最大化类别之间的边界。从几何意义来看，就是图 4-2 中的直线。

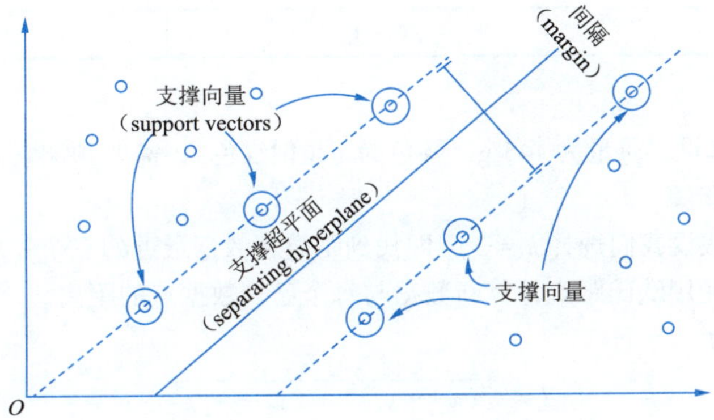

图 4-2　SVM

SVM 就像一个有力的裁判，尽量把不同队伍的选手分隔开，并且保证选手之间的间距最大。

示例：现有图 4-2 所示的二维平面，平面上有两种不同的数据。由于这些数据是线性可分的，所以可以用一条直线将这两类数据分开，这条直线相当于一个超平面，超平面一边的数据点所对应的 y 全是 -1，另一边所对应的 y 全是 1。这个超平面可以用分类函数表示，当 $f(x)$ 等于 0 时，x 便是位于超平面上的点，而 $f(x)$ 大于 0 的点对应 $y=1$ 的数据点，$f(x)$ 小于 0 的点对应 $y=-1$ 的点。

接下来的问题是：如何确定这个超平面呢？从直观上而言，这个超平面应该是最适合分开两类数据的直线。而判定“最适合”的标准就是这条直线离直线两边的数据的间隔最大（容忍性好、健壮性高、泛化能力强）。所以，需要寻找有最大间隔的超平面。

SVM 在高维空间中表现良好，适用于图像识别、文本分类等复杂领域。

图像分类：识别手写数字或分类图像对象。

文本分类：垃圾邮件检测、情感分析。

4.3.3　*k*-近邻算法

k-近邻算法（k-nearest neighbors，KNN）是一种基于实例的学习方法，通过计算新数据点与已知数据点的距离，选择最近的 k 个邻居进行投票决定分类。

KNN 就像一个新来的学生，根据周围同学的喜好决定自己喜欢什么。

例 4.1　设有一个简单数据集，包含两种水果：苹果和橙子。每个水果有两个特征：①质量（单位：g）；②颜色用数值表示：0 表示偏绿色，1 表示偏红色）。目标是根据已知数据，预测一个新水果是苹果还是橙子。

解　(1) 数据集

已知数据如下：

质量/g	颜　色	类　别
150	0	橙子
170	0	橙子
140	1	苹果
130	1	苹果
160	0	橙子
155	1	苹果

（2）新数据

现在有一个新水果，质量为 145 g，颜色为 1（偏红色）。需要预测它是苹果还是橙子。

（3）KNN 算法步骤

① 选择 k 值：假设我们选择 $k=3$，即找到距离新数据最近的三个邻居。

② 计算距离：使用欧氏距离计算新数据与每个已知数据点的距离。

欧氏距离公式为

$$d=\sqrt{(x_2-x_1)^2+(y_2-y_1)^2}$$

例如，新数据(145,1)与第一个数据点(150,0)的距离为

$$d=\sqrt{(150-145)^2+(0-1)^2}=\sqrt{25+1}=\sqrt{26}\approx 5.1$$

③ 找出最近的 k 个邻居。

计算所有距离后，找出距离最近的三个数据点：

(140,1)：类别为苹果，距离≈5.0

(155,1)：类别为苹果，距离≈10.0

(150,0)：类别为橙子，距离≈5.1

④ 投票决定类别：

- 最近的三个邻居中，有两个是苹果，一个是橙子。
- 根据多数投票，预测新水果为苹果。

提示：

KNN 算法的核心思想是"物以类聚"，通过计算新数据与已知数据的距离，找到最近的 k 个邻居，然后根据邻居的类别进行预测。在这个例子中，$k=3$，新水果被预测为苹果。

KNN 适用于数据量较小、特征空间不太复杂的场景，如推荐系统和简单模式识别。

推荐系统：根据用户的历史行为推荐电影或商品。

模式识别：手写数字识别、人脸识别。

4.3.4 决策树

决策树（decision tree）是一种树状结构模型，通过对特征进行分裂，将数据逐步划分成不同的类别。每个内部节点表示一个特征，每个叶节点表示一个类别。

决策树就像一个聪明的决策者，根据一系列问题和答案来最终决定结果。决策树通过递归选择最佳特征进行数据划分，使用信息增益或基尼指数等指标评估分裂质量。

例 4.2 设有一个简单的数据集，包含两种水果：苹果和橙子。每个水果有两个特征：①质量（单位：g）；② 颜色（用数值表示，0 表示偏绿色，1 表示偏红色）。目标是根据已知

数据，构建一个决策树模型，用于预测一个新水果是苹果还是橙子。

已知数据如下：

质量/g	颜　色	类　别
150	0	橙子
170	0	橙子
140	1	苹果
130	1	苹果
160	0	橙子
155	1	苹果

为了求解例 4.2，先给决策树构建步骤和信息增益计算方法。

① 决策树的构建过程包括以下步骤：

选择划分特征：根据某种准则（如信息增益或基尼不纯度）选择最佳特征来划分数据。

递归划分：对每个子集重复上述过程，直到满足停止条件（如节点纯度达到阈值或数据量过小）。

② 信息增益计算。信息增益是基于信息熵的常用特征选择准则。

信息熵的公式为

$$H(S) = -\sum_{i=1}^{c} p_i \log_2 p_i \tag{4-8}$$

式中，s 是当前数据集；c 是类别数（这里是 2：苹果和橙子）；p_i 是类别 i 在数据集 S 中的比例。

信息增益的公式为

$$\text{信息增益}(S,A) = H(S) - \sum_{v \in \text{Values}(A)} \frac{|S_v|}{|S|} H(S_v) \tag{4-9}$$

式中，A 是某个特征（如“质量”或“颜色”）；Values(A)是特征 A 的所有可能取值；S_v 是特征 A 取值为 v 的子集。

对于例 4.2，可以采用下述方法选择哪种特征进行划分，解答如下：

（1）划分特征选取。

对于颜色 0：

样本：150（橙子）、170（橙子）、160（橙子）

类别分布：橙子=3，苹果=0

信息熵：$H(S_{\text{颜色}=0}) = -1\log_2 1 = 0$

对于颜色=1：

样本：140（苹果）、130（苹果）、155（苹果）

类别分布：橙子=0，苹果=3

信息熵：$H(S_{\text{颜色}=1}) = -1\log_2 1 = 0$

总信息增益为：

$$\text{信息增益}(S,\text{颜色}) = H(S) - \left(\frac{3}{6} \times 0 + \frac{3}{6} \times 0\right) = H(S)$$

由于颜色特征信息增益最大，故选取颜色特征划分数据集。

（2）构建决策树。根据上述计算，可以构建如下决策树：

根节点：颜色，如果颜色=0，则类别为橙子。如果颜色=1，则类别为苹果。

（3）预测新数据：

现在有一个新水果，质量为 145 g，颜色为 1（偏红色）。

根据决策树：颜色=1，因此预测为苹果。

案例总结：

① 决策树通过递归划分数据集，选择最佳特征进行分类。

② 信息增益是常用的特征选择准则，基于信息熵计算。

③ 该例子展示了如何构建一个简单的决策树并进行预测。

应用背景决策树在解释性和决策规则生成方面非常有用，广泛应用于金融、医疗和市场分析。

信用评分：评估贷款申请人的信用风险。

医疗诊断：根据病症和测试结果诊断疾病。

4.3.5 随机森林

随机森林（random forest）是一种集成学习方法，由多棵决策树组成。每棵树在训练时随机选择特征和样本，通过投票机制决定最终分类结果。

随机森林就像一个专家团队，每个专家给出自己的意见，最后通过多数投票决定结果。

随机森林适用于高维数据和复杂分类问题，具有较高的准确性和健壮性，常用于金融、医疗和生物信息学。例如，金融预测中股票价格预测、信用评分；生物信息学中基因表达数据分类、疾病预测。

4.3.6 神经网络

神经网络（neural network）是由多个神经元（节点）组成的网络，通过层与层之间的连接和权重调整来学习数据复杂模式。常用于深度学习的多层神经网络称为深度神经网络（DNN）。

神经网络通过前向传播计算输出 $h=\sigma(\boldsymbol{W}\boldsymbol{x}+\boldsymbol{b})$，$\boldsymbol{W}$ 是权重矩阵，$\boldsymbol{x}$ 是输入向量，$\boldsymbol{b}$ 是偏置向量，σ 是激活函数。训练通过反向传播算法调整权重。

神经网络就像一个强大的学习机器，通过模拟人脑的工作方式，从大量数据中学习并识别复杂的模式。神经网络在处理复杂模式识别任务方面表现出色，广泛应用于计算机视觉、自然语言处理和语音识别等领域。例如，图像识别中人脸识别、物体检测；自然语言处理中机器翻译、语音识别。

机器学习分类算法种类丰富，每种算法都有其独特的优势和适用场景。选择合适的算法需要考虑数据的特性、问题的复杂度以及计算资源等因素。通过合理地选择和应用这些算法，可以在各个领域实现高效和准确的分类任务。

4.4 机器学习中的回归算法

机器学习中的回归算法常用于预测连续值。以下是常见回归算法的介绍。

4.4.1 线性回归

线性回归（linear regression）是一种基本的回归方法，用于预测目标变量与一个或多个特

征之间的线性关系。模型表达式为

$$y=\beta_0+\beta_1x_1+\beta_2x_2+\cdots+\beta_nx_n,\quad n\in\mathbf{N} \tag{4-10}$$

式中，x_i 是变量；β_i 是待定系数；i 是从 0~n 之间的整数。后面其他模型的参数含义类似，不再声明。

例如，假设需要根据房子的大小和房间数量来预测房价，即可用线性回归找到一个回归方程，即房价=大小系数×大小+房间数量系数×房间数量+常数项。

例 4.3　用如下数据集来预测某商品的销量（y）与广告费用（x）之间的关系。

广告费用（x）	销量（y）
5	10
15	20
25	30
35	40
45	50

试用线性回归找到一个线性关系，即

$$y=\beta_0+\beta_1x$$

通过最小二乘法来求解 β_0 和 β_1。

解

（1）损失函数（平方误差）：

$$L(\beta_0,\beta_1)=\sum_{i=1}^{n}(y_i-(\beta_0+\beta_1x_i))^2$$

（2）求导数并令其为零：

$$\frac{\partial L}{\partial\beta_1}=-2\sum_{i=1}^{n}x_i(y_i-\beta_0-\beta_1x_i)=0$$

（3）解方程组，得到 β_0 和 β_1：

$$\beta_1=\frac{n\sum_{i=1}^{n}x_iy_i-\sum_{i=1}^{n}x_i\sum_{i=1}^{n}y_i}{n\sum_{i=1}^{n}x_i^2-\left(\sum_{i=1}^{n}x_i\right)^2}$$

$$\beta_0=\bar{y}-\beta_1\bar{x}$$

计算得到：

$$\bar{x}=\frac{5+15+25+35+45}{5}=25$$

$$\bar{y}=\frac{10+20+30+40+50}{5}=30$$

$$\beta_1=\frac{5\times(5\times10+15\times20+\cdots+45\times50)-(5+15+25+35+45)\times(10+20+30+40+50)}{5\times(5^2+15^2+25^2+35^2+45^2)-(5+15+25+35+45)^2}=1$$

$$\beta_0=\bar{y}-\beta_1\bar{x}=30-1\times25=5$$

因此，回归方程为

$$y = 5 + x$$

注释：

① 数据准备：准备一个简单的数据集，包含广告费用和对应的销量。

② 模型建立：通过最小二乘法求解线性回归模型参数 β_0 和 β_1。

③ 模型应用：使用回归方程 $y = 5 + x$ 来预测新的广告费用下的销量。

线性回归适用于特征与目标变量之间存在线性关系的场景。例如，房价预测、销售额预测、股票价格预测。

4.4.2 多项式回归

多项式回归（polynomial regression）是线性回归的扩展，目标是适应非线性数据。模型表达式

$$y = \beta_0 + \beta_1 x + \beta_2 x^2 + \cdots + \beta_n x^n, \quad n \in \mathbf{N} \tag{4-11}$$

如果直线不能很好地拟合数据，可以尝试用曲线（多项式）来拟合，比如预测人口增长趋势，可以用二次或三次曲线来表示增长。

例如，使用一个简单的数据集来展示多项式回归算法。

例 4.4 设有以下数据集，求二次回归曲线。

特征（x）	目标（y）
1	2.1
2	2.9
3	3.7
4	5.1
5	7.3

解 模型设为，$y=\beta_0+\beta_1 x+\beta_2 x^2$。

（1）列出目标函数（最小化平方误差）：

$$L(\beta_0, \beta_1, \beta_2) = \sum_{i=1}^{n} (y_i - (\beta_0 + \beta_1 x_i + \beta_2 x_i^2))^2$$

（2）求解参数：需要找到参数 β_0、β_1、β_2，使得目标函数最小化。这可以通过构建矩阵方程来解决。令 $\boldsymbol{X} = \begin{pmatrix} 1 & x_1 & x_2^1 \\ 1 & x_2 & x_2^2 \\ 1 & x_3 & x_2^3 \\ 1 & x_4 & x_2^4 \\ 1 & x_5 & x_2^5 \end{pmatrix}$，$\boldsymbol{y} = \begin{pmatrix} y_1 \\ y_2 \\ y_3 \\ y_4 \\ y_5 \end{pmatrix}$，$\boldsymbol{\beta} = \begin{pmatrix} \beta_0 \\ \beta_1 \\ \beta_2 \end{pmatrix}$

目标函数可以表示为

$$L(\boldsymbol{\beta}) = (\boldsymbol{y} - \boldsymbol{X\beta})^2$$

（3）最小化误差：通过最小二乘法，得

$$\boldsymbol{\beta} = (\boldsymbol{X}^{\mathrm{T}}\boldsymbol{X})^{-1}\boldsymbol{X}^{\mathrm{T}}\boldsymbol{y}$$

计算得

$$X = \begin{pmatrix} 1 & 1 & 1 \\ 1 & 2 & 4 \\ 1 & 3 & 9 \\ 1 & 4 & 16 \\ 1 & 5 & 25 \end{pmatrix}, \quad y = \begin{pmatrix} 2.1 \\ 2.9 \\ 3.7 \\ 5.1 \\ 7.3 \end{pmatrix}$$

$$\beta = (X^{\mathrm{T}}X)^{-1}X^{\mathrm{T}}y$$

$$\beta \approx \begin{pmatrix} 1.52 \\ -0.23 \\ 0.52 \end{pmatrix}$$

因此，回归方程为

$$y = 1.52 - 0.23x + 0.52x^2$$

步骤总结：

① 数据准备：准备一个简单的数据集，包含特征和对应的目标值。

② 模型建立：通过二次多项式拟合数据，得到回归模型的参数 β_0、β_1、β_2。

③ 模型应用：使用回归方程 $y = 1.52 - 0.23x + 0.52x^2$ 预测新的特征值下的目标值。

多项式回归适用于特征与目标变量之间存在非线性关系的场景。如人口增长预测、疾病传播模型、市场趋势分析。

4.4.3　岭回归

岭回归（ridge regression）是线性回归的一种变体，通过对回归系数进行 L_2 正则化来避免过拟合，L_2 正则化也就是模型中加入了一个平方约束项。岭回归的目标是通过最小化以下损失函数找到回归系数 β：

$$J(\beta) = \sum_{i=1}^{n} (y_i - \hat{y}_i)^2 + \lambda \sum_{j=1}^{p} \beta_j^2 \tag{4-12}$$

式中，$\hat{y} = x_i^{\mathrm{T}}\beta$ 是线性回归的预测值，λ 是正则化参数，β 是回归系数，y_i 是目标值，x_i 是特征向量，n 是样本数量，p 是特征的维度。

在房价预测中，如果特征数量多且相关性强，岭回归通过增加惩罚项来抑制不重要特征，以防止模型过拟合。

例 4.5　设有如下数据集：

特征（x）	目标（y）
1	2.0
2	2.8
3	3.6
4	4.5
5	5.5

求线性岭回归方程。

解　构建一个简单的线性回归模型：

$$y = \beta_0 + \beta_1 x$$

同时，加入正则化项：

$$J(\beta_0,\beta_1)=\sum_{i=1}^{n}(y_i-(\beta_0+\beta_1 x_i))^2+\lambda(\beta_1^2) \tag{4-13}$$

假设选择正则化参数 $\lambda=0.5$，通过最小化损失函数找到最优的回归系数。岭回归中的损失函数不仅考虑数据点的误差，还加上了回归系数的惩罚项，即

$$J(\beta_0,\beta_1)=\sum_{i=1}^{n}(y_i-(\beta_0+\beta_1 x_i))^2+\lambda\beta_1^2$$

这个正则化项 $\lambda\beta_1^2$ 会减少 β_1 的取值范围，从而控制模型的复杂度。

通过岭回归拟合过程，得到最优的回归系数 β_0、β_1，设通过最小化损失函数得到的系数为

$$\beta_0=1.2,\quad \beta_1=0.7$$

则最终的岭回归模型为

$$\hat{y}=1.2+0.7x$$

通过岭回归，我们不仅通过拟合模型来预测输出值，而且通过正则化控制回归系数的大小，减少过拟合的风险。在本例中，我们通过加上正则化项，使得模型的复杂度得到了有效控制，从而避免了过拟合现象。岭回归适用于特征数量多且可能存在多重共线性的场景，如高维数据回归、图像处理中的超分辨率。

4.4.4 拉索回归

拉索回归（lasso regression）是线性回归的另一种变体，通过对回归系数进行 L_1 正则化进行特征选择。L_1 正则化就是加入类似于绝对值的项作为约束，一般表达式为

$$y=\beta_0+\beta_1x_1+\beta_2x_2+\cdots+\beta_nx_n+\lambda\sum_{i=1}^{n}|\beta_i| \tag{4-14}$$

拉索回归适用于特征数量多且希望进行特征选择的场景。例如，在房价预测中，拉索回归不仅抑制不重要特征，还能将系数变为零，从而实现特征选择，简化模型。适用于特征数量多且希望进行特征选择的场景。

4.5 常用的聚类算法

聚类算法是一种无监督学习方法，旨在将数据集中的样本划分为若干组（簇），使得同一簇内的样本相似度高，而不同簇之间的样本相似度低。聚类算法不依赖预先标注的标签，而是通过数据的内在结构进行分组，广泛应用于数据挖掘、图像分割、市场细分等领域。常见的聚类算法包括 K-Means 聚类、层次聚类、DBSCAN 等，每种算法各有优缺点，适用于不同的数据特性和应用场景。

4.5.1 K-Means 聚类

K-Means 聚类是一种将数据集分成 k 个簇（clusters）的算法，每个簇通过最小化簇内样本的平方误差来定义。目标函数为最小化所有点到其所属簇中心的距离平方和。

$$J=\sum_{i=1}^{K}\sum_{x\in\mu_{C_i}}\|x-\mu_i\|^2 \tag{4-15}$$

式中，C_i 是第 i 个簇；μ_i 是第 i 个簇的中心。

提示：

K-Means 可以理解为将数据分成 k 个组，尽量让每组内部的数据点尽可能接近彼此，而不同组的数据点尽可能远离。

K-Means 聚类是一种常见的无监督学习算法，用于将数据集划分为 k 个不同的簇，每个簇由一个中心点（质心）表示。该算法的目标是最小化每个数据点与其所属簇的质心之间的距离。K-Means 算法步骤如下：

① 初始化：随机选择 k 个初始质心。

② 分配步骤：将每个数据点分配到距离其最近的质心所属的簇中。

③ 更新步骤：根据每个簇内的数据点计算新的质心，更新质心位置。

④ 重复：重复分配和更新步骤，直到质心不再发生变化或达到预定的迭代次数。

给定数据集$\{x_1, x_2, \cdots, x_n\}$和簇数 k，K-Means 的目标是最小化以下目标函数：

$$J = \sum_{i=1}^{n} \sum_{j=1}^{k} I(C_i = j) \| x_i - \mu_i \|^2 \tag{4-16}$$

式中，x_i 是数据点，C_i 是数据点 x_i 所属于的簇，μ_i 是第 i 簇的质心。

例 4.6 设有一个二维数据集如下：

特征（x_1）	特征（x_2）
1	2
2	3
3	3
6	6
7	7
8	8

使用 K-Means 聚类算法将数据分为两个簇（$k=2$）。

解 随机选定两个初始质心 $\mu_1=(2,2)$ 和$\mu_2=(7,7)$，然后按照 K-Means 算法进行迭代。

（1）初始质心和数据点分配：

$$质心\ \mu_1=(2,2),\quad \mu_2=(7,7)$$

数据点$(1,2)$、$(2,3)$、$(3,3)$属于质心 μ_1，数据点$(6,6)$、$(7,7)$、$(8,8)$属于质心 μ_2。

（2）更新质心：

计算每个簇的均值作为新的质心：

$$\mu_1=\left(\frac{1+2+3}{3},\frac{2+3+3}{3}\right)=(2,2.67)$$

$$\mu_2=\left(\frac{6+7+8}{3},\frac{6+7+8}{3}\right)=(7,7)$$

（3）迭代更新：

继续执行分配和更新步骤，直到质心不再发生变化或达到预定的迭代次数。

（4）可视化。可以通过 pgfplots 包绘制聚类结果。

K-Means 聚类通过反复分配数据点到质心并更新质心，最终将数据集划分为 k 个簇。该算法适用于大规模数据集，并且计算效率较高。通过正确定义目标函数，K-Means 可以有效地执行聚类任务。K-Means 常用于需要简单、快速且可扩展的聚类任务，适合处理大规模数据。例如：

客户分群：根据购买行为将客户分成不同类别，以便实施有针对性的营销策略；

图像压缩：将图像的颜色减少到 k 种，通过颜色聚类降低存储需求。

4.5.2 层次聚类

层次聚类（hierarchical clustering）通过创建聚类的层次结构来递归地合并或分割数据点。

层次聚类可以理解为构建一个树状结构，从所有数据点各自独立的状态开始，不断将最近的点合并成簇，直到形成一个完整的树。

层次聚类适用于对数据层次结构有兴趣的情况，如生物信息学、社会网络分析等。基因表达数据分析中，通过聚类基因表达模式，识别功能相关的基因。社交网络分析中，识别网络中的社区结构。

4.5.3 DBSCAN

DBSCAN（density-based spatial clustering of applications with noise）是一种基于密度的聚类方法，可以发现任意形状的簇，并能识别出噪声点。

DBSCAN 可以理解为找到密度较高的区域，并将这些区域中的点归为一个簇，密度不足的点被视为噪声。

DBSCAN 适用于数据分布不规则且包含噪声的情况，特别在地理信息系统（GIS）、天文数据分析等领域常用。在地理空间数据分析中，如地震数据的聚类分析；图像处理中，如图像分割、纹理分析。

4.5.4 均值漂移

均值漂移（mean shift）是一种基于核密度估计的聚类方法，通过迭代，将点移动到高密度区域实现聚类。迭代公式为

$$m(x)=\frac{\sum_{x_i\in N(x)}K(x_i-x)x_i}{\sum_{x_i\in N(x)}K(x_i-x)} \tag{4-17}$$

式中，$N(x)$是点 x 的邻域；K 是核函数。

均值漂移可以理解为让每个点逐步向数据密度大的地方移动，最后移动到密度最大的位置，形成簇。

均值漂移常用于不需要预先指定簇的数目、对形状复杂的簇有较好处理能力的场景。图像处理中如图像分割、目标跟踪；移动通信中如基站选择和资源分配。

4.5.5 高斯混合模型

高斯混合模型（gaussian mixture model，GMM）假设数据由多个高斯分布混合而成，通过期望最大化（EM）算法进行参数估计。GMM 可以理解为将数据看成由多个不同的正态分布生成的，通过找到这些分布的参数来进行聚类。

高斯混合模型适用于数据呈现出多模态分布的情况，特别在图像处理、信号处理等领域有广泛应用。图像识别中如背景建模、脸部识别；语音识别中如声音信号的特征提取和分类。

这些聚类算法在各自的应用背景下各具优势，选择合适的算法可以有效地解决实际问题。

4.6 常用的降维算法

降维算法旨在减少数据集的特征数量，同时保留其主要信息，以解决高维数据带来的计算复杂性和“维度灾难”问题。通过降维，可以提升计算效率、可视化数据以及去除噪声和冗余特征。常见的降维算法包括主成分分析（PCA）、多维尺度分析（MDS）、自编码器等，广泛应用于图像处理、文本挖掘、生物信息学等领域。

4.6.1 主成分分析

主成分分析（principal component analysis，PCA）是一种线性降维方法，通过找到数据中方差最大的方向（主成分），将高维数据投影到低维空间。PCA 通过计算数据协方差矩阵的特征值和特征向量进行降维。

PCA 就像是找出数据分布最广的方向，并沿着这些方向将数据投影到低维空间，从而减少数据维度，同时保留尽可能多的信息。

PCA 常用于需要降维来简化数据、提高计算效率或可视化高维数据的领域，如数据挖掘、图像处理等。图像处理中，如人脸识别中的特征提取；数据预处理中如在机器学习中降低特征维度以减少计算成本。

如通过主成分分析（PCA）将二维数据降维到一维，同时最大程度保留原始数据的信息。

例 4.7 设有一个二维数据集，每个点代表某些特征的值。通过 PCA 找到数据的主方向，并将数据从二维降维到一维，使得信息损失最小。数据集如下：

$$\boldsymbol{X}=\begin{pmatrix}2 & 3\\ 3 & 3\\ 3 & 4\\ 5 & 6\\ 6 & 6\end{pmatrix}$$

每一行代表一个数据点，第一列是 x 轴坐标，第二列是 y 轴坐标。

解 （1）数据标准化。PCA 的第一步是对数据进行标准化，即让每个特征的均值为 0，标准差为 1。计算每个特征的均值：

$$\mu_x=\frac{2+3+3+5+6}{5}=3.8$$

$$\mu_y=\frac{3+3+4+6+6}{5}=4.4$$

然后对数据进行零均值化（每个元素减去均值）：

$$\boldsymbol{X}'=\boldsymbol{X}-\begin{pmatrix}\mu_x & \mu_y\\ \mu_x & \mu_y\\ \vdots & \vdots\\ \mu_x & \mu_y\end{pmatrix}=\begin{pmatrix}-1.8 & -1.4\\ -0.1 & -1.4\\ -0.8 & -0.4\\ 1.2 & 1.6\\ 2.2 & 1.6\end{pmatrix}$$

（2）计算协方差矩阵：

协方差矩阵用于衡量变量之间的相关性，其公式为

$$\mathrm{Cov}=\frac{1}{n}\boldsymbol{X}'^{\mathrm{T}}\boldsymbol{X}'$$

（3）计算特征值和特征向量对协方差矩阵进行特征值分解：

$$\lambda_1=4.27,\quad \lambda_2=0.19$$

对应的特征向量：

$$\boldsymbol{v}_1=(0.72\quad 0.69)^{\mathrm{T}},\quad \boldsymbol{v}_2=(-0.69\quad 0.72)^{\mathrm{T}}$$

选择较大的特征值对应的特征向量 $\boldsymbol{v}_1$ 作为主成分方向。

（4）数据降维后的数据 z 是原始数据在主成分方向上的投影：

$$z=\boldsymbol{X}\boldsymbol{v}_1$$

PCA 计算出的主成分方向是（0.72，0.69）。数据投影到主成分方向后，原二维数据成功降维到一维。通过 PCA，可以在尽可能保留数据结构的情况下降低数据的复杂度。

4.6.2 多维尺度分析

多维尺度（multidimensional scaling，MDS）分析是一种非线性降维方法，通过保留数据点之间距离的相似性进行降维。MDS 目标是最小化数据点之间的距离与其在低维空间的差异，即

$$\mathrm{stress}(X,Y)=\sum_{i<j}(d_{ij}-d'_{ij})^2 \tag{4-18}$$

式中，d_{ij}是高维空间中的距离；d'_{ij}是低维空间中的距离。

MDS 就像是把高维数据点放在低维空间中，尽量保持它们之间的相对距离不变，从而实现降维。MDS 主要用于需要保留样本间距离或相似性的应用，如社会科学、生物信息学等。社会科学中，如对问卷调查数据的分析和可视化；生物信息学中，如基因表达数据的可视化。

4.6.3 自编码器

自编码器（auto encoder）是一种神经网络，通过训练一个编码器将输入数据压缩到低维表示，再通过解码器重建原始数据，实现降维。自编码器由编码器 f 和解码器 g 组成，优化目标是最小化重建误差。

自编码器可以看作一个学习压缩和解压数据的神经网络，它能把高维数据压缩到低维，再通过另一个网络反向重建。

自编码器广泛应用于数据压缩、去噪、自监督学习等领域，特别是深度学习相关的任务。图像去噪中，如去除图像中的噪声；数据压缩中，高维数据的压缩存储。

这些降维算法在各自的应用背景下各具优势，选择合适的算法可以有效地简化数据，提高计算效率，或实现数据可视化。

小　结

本章系统介绍了机器学习的基本概念、发展历程、评估指标及常见算法类型。通过学习，读者可掌握分类、回归、聚类和降维等核心问题的解决方法，理解了监督学习、无监督学习、半监督学习和强化学习的基本原理及应用场景。同时，本章还详细讲解了

逻辑回归、支持向量机、K-Means、PCA 等常见算法的工作原理和适用场景。通过案例分析和实践，读者能够应用机器学习算法解决实际问题，并具备分析算法优缺点的能力，为进一步探索人工智能领域奠定了坚实基础。

思考与练习

一、选择题

1. 机器学习的核心思想是（　　）。

A. 直接编写规则解决问题　　B. 通过数据训练模型自主学习

C. 依赖专家系统进行逻辑推理　　D. 仅适用于线性问题

2. 以下选项中，（　　）属于分类问题。

A. 房价预测　　B. 客户细分

C. 垃圾邮件检测　　D. 股票价格预测

3. 监督学习与无监督学习的主要区别在于（　　）。

A. 是否需要人工干预　　B. 是否使用标记数据

C. 是否处理高维数据　　D. 是否涉及优化算法

二、填空题

1. 机器学习的三个核心要素是________、________和________。
2. 逻辑回归通过________函数将线性输出转换为概率值。
3. KNN 算法的核心思想是________。

三、思考题

1. 简述什么是机器学习，并描述其核心思想。
2. 简述机器学习的发展历程，并列举每个阶段的关键技术或突破。
3. 解释准确率、精确率和召回率的区别，并说明它们在分类问题中的应用。
4. 比较监督学习和无监督学习的异同点。
5. 什么是强化学习？举例说明其工作原理。
6. 解释支持向量机（SVM）的核心思想，并说明其在高维空间中的应用。
7. 选择一个实际应用场景（如医疗诊断），说明决策树算法在该场景中的应用。
8. 比较岭回归和拉索回归的正则化方式及其效果。
9. 解释层次聚类的工作原理，并说明其与 K-Means 的区别。
10. 选择一个实际应用场景（如人脸识别），说明 PCA 在该场景中的应用。

四、简答题

1. 列举三个机器学习可以解决的分类问题，并简要说明其应用场景。
2. 机器学习需要哪些数学基础？列举并简要说明其作用。
3. 简述机器学习的几种基本类型。
4. 列举两个半监督学习的应用场景，并说明其优势。
5. 什么是监督学习？举例说明其应用场景。
6. 简述机器学习中的分类算法。
7. 什么是逻辑回归？简要说明其工作原理。
8. 给定一个简单的数据集，使用 KNN 算法进行分类，并解释其步骤。

9. 简述机器学习中的回归算法。
10. 什么是线性回归？简要说明其数学模型。
11. 给定一个简单的数据集，使用最小二乘法求解线性回归模型的参数。
12. 解释多项式回归与线性回归的区别，并说明其适用场景。
13. 选择一个实际应用场景（如房价预测），说明岭回归在该场景中的作用。
14. 什么是 K-Means 聚类？简要说明其工作原理。
15. 给定一个简单的数据集，使用 K-Means 算法进行聚类，并解释其步骤。
16. 常用的降维算法有哪些？
17. 什么是主成分分析（PCA）？简要说明其工作原理。
18. 给一个简单的二维数据集，使用 PCA 进行降维，并解释其步骤。

第 5 章

自然语言处理

自然语言是人类在日常生活中使用的语言，如汉语、英语等，是人类交流、传递知识、表达思想的主要工具。而拥有“智能”的人工智能体，也应当具有理解、处理自然语言的能力。本章将带领读者走进自然语言处理的世界，了解如何让计算机理解、生成和处理人类语言。我们将从基础概念出发，逐步深入到核心技术和前沿应用，并结合案例，帮助学生建立起对自然语言处理的全面认识。

学习目标

- **了解：** 自然语言的定义、特点、自然语言处理的概念、发展历程、应用领域等基本概念，自然语言处理面临的挑战和机遇。
- **理解：** 自然语言处理核心技术的原理、方法和应用场景，自然语言处理前沿技术的特点和发展趋势。
- **应用：** 掌握自然语言处理工具和平台的基本使用方法，并能使用所学知识解决简单的自然语言处理问题。
- **分析：** 通过学习本章提供的案例，学会分析不同自然语言处理技术的优缺点。
- **养成：** 对自然语言处理领域的兴趣和热情，主动学习、积极探索的学习习惯，团队合作精神和沟通能力，树立正确的科技伦理观和社会责任感。

5.1 自然语言处理概述

5.1.1 自然语言与自然语言处理

1. 自然语言的定义与特点

想象一下，你和朋友聊天、发短信、刷微博、看新闻……这些日常生活中使用的语言，如汉语、英语、日语等，都是自然语言。它是人类在长期社会实践中自然形成的，用来表达思想、交流感情的工具。

与自然语言相对的是人工语言，比如计算机编程语言、数学符号等，它们是人为设计的，具有严格的语法规则和明确的语义。

自然语言拥有以下特点：

(1) 自然性

自然语言是人类自然形成的，而非人为设计。

(2) 复杂性

自然语言包含丰富的语法、语义和语用规则，能够表达复杂的思想和情感。

(3) 多样性

全球有数千种自然语言，每种语言都有其独特的结构和表达方式。

(4) 动态性

自然语言随社会发展不断演变，新词汇和表达方式不断出现。

(5) 歧义性

自然语言常存在歧义，同一句话在不同语境下可能有不同含义。

2. 自然语言处理的概念与发展历程

自然语言处理（NLP）是人工智能的一个重要分支，它研究如何让计算机理解、生成和处理自然语言。例如：

(1) 机器翻译

当你使用翻译软件——有道词典将中文“你今天吃饭了吗?”翻译成英文时，背后就是自然语言处理技术在发挥作用。

(2) 语音助手

当你对天猫精灵说“天猫精灵，播放音乐，歌曲名是王菲的《世界赠予我的》”时，语音助手会识别你的语音指令并执行相应操作，这也是自然语言处理的应用。

(3) 搜索引擎

当你在百度搜索引擎中输入“DeepSeek 是什么”时，它会返回相关的网页结果，这背后也离不开自然语言处理技术。

自然语言处理的发展历程可以追溯到 20 世纪 50 年代，1954 年美国乔治敦大学与 IBM 公司合作，在 IBM 701 计算机上将俄语翻译成英语，进行了第一次机器翻译实验。后来，自然语言处理又先后经历了规则驱动、统计学习、深度学习等阶段。近年来，语料库规模和硬件计算力的大幅提升，促进了自然语言处理的迅速发展。尤其是 2022 年底，以 ChatGPT 为代表的生成式人工智能涌现，自然语言处理技术有了新的突破。

3. 自然语言处理的应用领域

自然语言处理的应用已经渗透人们生活的方方面面，例如：

(1) 机器翻译

打破语言障碍，促进跨语言交流。例如，有道词典 App 可以支持 108 种语言的互译，为用户的国际化学习生活提供极大便利。

(2) 语音识别与合成

实现人机语音交互，如语音助手、语音输入法等。

(3) 信息检索与问答系统

帮助用户快速获取所需信息，如搜索引擎、智能客服等。

(4) 文本分析与挖掘

从海量文本数据中提取有价值的信息，如舆情分析、情感分析等。

(5) 智能写作与创作

辅助人类进行文本创作，如自动生成新闻摘要、诗歌创作等。如图 5-1 所示，用 DeepSeek 创作一首描写春天的诗歌。

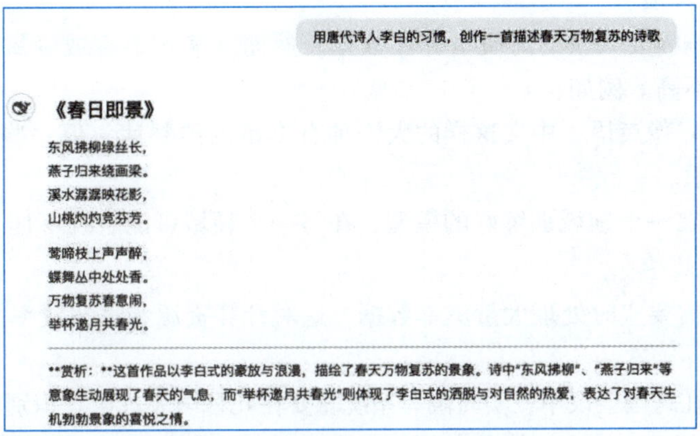

图 5-1　用 DeepSeek 创作诗歌

总结来说，自然语言是人类交流的重要工具，自然语言处理则是让计算机理解和使用自然语言的关键技术。随着人工智能技术的不断发展，自然语言处理将在更多领域发挥重要作用，为人们的生活带来更多便利和惊喜。

5.1.2　自然语言处理的挑战与机遇

尽管近年来 NLP 取得了显著进展，但它仍然面临许多挑战。与此同时，NLP 也孕育着巨大的机遇，正在改变我们与技术的互动方式。

1. 自然语言处理的挑战

提示：

想象一下，你和朋友聊天时说了一句“我去吃饭了”，这句简单的话，是不是有以下多种理解？

- 你真的要去吃饭了。
- 你只是找个借口结束对话。
- 你在暗示对方请你吃饭。

(1) 语言的多样性与复杂性

人类语言具有极高的多样性和复杂性。不同的语言、方言、俚语、缩写、隐喻等使得计算机难以准确理解和处理。例如：

① 多义词问题：同一个词在不同语境下可能有不同的含义。例如，“苹果”可以指水果，也可以指科技公司。

② 语法灵活性：人类语言并不总是遵循严格的语法规则。例如，“你吃饭了吗？”和“饭吃了吗你？”在语法上不完全正确，但人们都能理解。

(2) 上下文理解

理解语言需要结合上下文。计算机在处理单个句子时，往往难以捕捉到上下文信息。例如：

① 指代消解：在句子“小明去了商店，他买了一本书。”中，“他”指的是“小明”。计

算机需要理解上下文才能正确解析。

② 语境依赖：同一个词在不同语境下可能有不同的含义。例如，“bank”可以指金融机构，也可以指河岸。

(3) 数据稀缺与质量

NLP 模型的训练需要大量的高质量标注数据。然而，某些语言或领域的数据可能非常稀缺，或者数据质量不高。例如：

① 低资源语言：像英语、中文这样的大语种有丰富的语料库，但一些小语种或少数民族语言的数据非常有限。

② 领域适应：在一个领域训练好的模型，在另一个领域可能表现不佳。

(4) 实时性与效率

许多 NLP 应用需要实时处理大量文本数据，这对计算资源和算法效率提出了很高的要求。例如：

① 实时翻译：在跨国会议中，实时翻译系统需要在几秒内完成语音识别、翻译和语音合成。

② 大规模文本处理：社交媒体平台每天产生海量文本数据，NLP 系统需要高效地处理这些数据以进行情感分析、内容推荐等。

(5) 伦理与社会影响

自然语言处理技术的快速发展也带来了一些伦理和社会问题，例如：

① 算法偏见：自然语言处理模型可能会学习到训练数据中的偏见，从而导致不公平的结果。例如，某些 NLP 模型可能在性别、种族等方面表现出偏见。

② 隐私泄露：自然语言处理技术可能会被用于收集和分析用户的隐私数据。

③ 虚假信息传播：自然语言生成技术可能会被用于生成虚假信息，误导公众。

2. 自然语言处理的机遇

提示：

想象一下，寒假期间，你看到新闻上一个新的不认识的词汇“DeepSeek”，随口询问语音助手“Siri，DeepSeek 是什么呀？”听到满意的问答，是不是感觉很方便？

(1) 智能助手与聊天机器人

NLP 技术使得智能助手和聊天机器人能够与人类进行自然对话。例如：

① 语音助手：像 Siri、Alexa 和 Google Assistant 这样的语音助手可以帮助用户查询信息、设置提醒、控制智能家居设备等。

② 客服机器人：许多公司使用聊天机器人来处理客户咨询，提供 24/7 的服务，减少人工客服的压力。

(2) 机器翻译

NLP 技术极大地改善了机器翻译的质量，使得跨语言交流更加便捷。例如：

① 在线翻译工具：Google 翻译、百度翻译等工具可以帮助用户快速翻译网页、文档、邮件等。

② 实时翻译设备：一些设备，如 Rokid Glasses 眼镜，可以在跨国会议或旅行中提供实时语音翻译，打破语言障碍。

(3) 情感分析与舆情监控

NLP 技术可以分析文本中的情感倾向，帮助企业了解公众对其产品或服务的看法。例如：

① 社交媒体监控：公司可以通过分析社交媒体上的评论和帖子，了解消费者对新产品的情感反应。

② 舆情分析：政府或组织可以通过分析新闻报道和社交媒体内容，了解公众对某一事件或政策的看法。

(4) 文本生成与创作

NLP 技术可以自动生成文本内容，辅助人类进行创作。例如：

① 新闻创作：一些新闻机构使用 NLP 技术自动生成体育比赛结果、财经报道等新闻稿件。

② 内容创作：作家和营销人员可以使用 NLP 工具生成文章草稿、广告文案等，提高创作效率。

(5) 个性化推荐

NLP 技术可以分析用户的文本数据（如搜索历史、社交媒体动态等），提供个性化的内容推荐。例如：

① 电商推荐：电商平台可以根据用户的浏览和购买历史，推荐相关产品或服务。

② 内容推荐：新闻网站和视频平台可以根据用户的阅读和观看习惯，推荐感兴趣的文章或视频。

自然语言处理虽然面临诸多挑战，但其带来的机遇同样巨大。随着技术的不断进步，NLP 将在更多领域发挥重要作用，改变我们与技术的互动方式，提升生活质量和工作效率。作为当代大学生，理解 NLP 的挑战，抓住机遇并学会合理应用，将有助于我们在各自的领域取得更大的成就。

5.2　自然语言处理基础

5.2.1　语言学基础

要让计算机理解自然语言，首先需要了解语言本身的结构和规律。语言学就是研究语言的科学，它为自然语言处理提供了重要的理论基础。

1. 词法、句法与语义

想象一下，你正在阅读一本小说《我的阿勒泰》，假如看到里面“我从乌鲁木齐回来，给家人买回了两只小兔子，他们很开心”这句话，从语言学的角度，怎么分析呢？

(1) 词法

研究的是词语的构成和变化。例如，“开心”这个词由“开”和“心”两个语素组成，它的反义词是“难过”。

(2) 句法

研究的是句子的结构和成分。例如，“我给家人买回两只小兔子”这个句子中，“我”是主语，“买回”是谓语，“小兔子”是宾语。

(3) 语义

研究的是词语和句子的意义。例如，“他们很开心”这句话表达了家人对小兔子的喜爱之情。

2. 语言模型与概率图模型

为了让计算机理解自然语言，我们需要建立语言模型，用来计算一个句子出现的概率。例如，可以通过统计大量文本数据，计算出“我喜欢读书”这个句子出现的概率比“我读书喜欢”更高。

概率图模型是一种常用的语言模型，它可以表示词语之间的概率关系。例如，我们可以用概率图模型来表示“我”后面出现“喜欢”的概率比出现“讨厌”的概率更高。

可以通过如下生活实例来理解：

(1) 搜索引擎

当你输入关键词“钱学森 妻子”进行搜索时，搜索引擎会利用语言模型来理解你的搜索意图，并返回最相关的网页结果。

(2) 输入法

当你使用拼音输入法打字时，输入“qingh”后，输入法会利用语言模型来预测你想输入的词语，并给出候选词列表及排序，如“清华”“情怀”等。

(3) 机器翻译

当你使用翻译软件将“今天星期几”这句中文翻译成另一种语言（如英文）时，翻译软件会利用语言模型生成流畅、自然的翻译结果。

简而言之，语言学基础是自然语言处理的重要基石。理解词法、句法、语义等语言学知识，以及语言模型和概率图模型的原理，对于学习和应用自然语言处理技术至关重要。

5.2.2 机器学习基础

机器学习作为自然语言处理的核心技术之一，就像计算机的大脑，帮助计算机从语言数据中学习规律，并利用这些规律进行预测，例如听到“清华”这个词，猜测下一个可能出现的词。

1. 常用学习算法

自然语言处理的常用学习算法有如下三大类型：

(1) 监督学习

就像老师教学生一样，我们需要给监督学习算法提供带有标签的数据，例如，标注了情感倾向的影评数据。算法通过学习这些数据，可以预测新的影评的情感倾向。

(2) 无监督学习

就像学生自学一样，我们只给算法提供没有标签的数据，如大量的文本数据。算法可以自动发现数据中的规律，如将相似的词语聚类在一起。

(3) 强化学习

就像训练宠物一样，我们通过奖励和惩罚来引导算法学习。例如，可以训练一个聊天机器人，当它做出正确的回应时给予奖励，当它做出错误的回应时给予惩罚。

2. 特征工程与模型评估

为了让机器学习算法更好地学习，我们需要对数据进行特征工程，即提取出对任务有用的特征。例如，为了区分“苹果”和“梨”，颜色就是这两种水果的特征之一。

特征表示是将文本数据转换为计算机能够理解和处理的数值形式，常用的特征表示方法有词袋模型、TF-IDF 等。不同的特征表示方法适用于不同的任务和场景。在文本分类任务中，可以将文本转换为词袋模型、TF-IDF 等特征表示。

为了评估机器学习模型的性能，还需要使用模型评估方法，如准确率、召回率、F1 值等，来量化计算不同机器学习模型的效果，从而选中相同数据集下更好的算法模型。

这三类算法的实际应用，举例如下：

（1）垃圾邮件过滤

可以使用监督学习算法训练一个垃圾邮件过滤器，自动识别并过滤掉垃圾邮件。

（2）新闻分类

可以使用无监督学习算法对新闻文章进行聚类，自动将相似的新闻归类到一起。

（3）个性化推荐

可以使用强化学习算法训练一个推荐系统，根据用户的反馈不断优化推荐结果。

综上所述，机器学习是自然语言处理的核心技术之一，理解监督学习、无监督学习、强化学习等机器学习算法，以及特征工程和模型评估的方法，对于学习和应用自然语言处理技术至关重要。

5.2.3 深度学习基础

深度学习是机器学习的一个分支，它使用多层神经网络来学习数据的特征表示。深度学习在自然语言处理领域取得了巨大的成功，如机器翻译、文本生成、语音识别等。

1. 神经网络与反向传播算法

神经网络是一种模拟人脑神经元工作方式的数学模型。它由多个层组成，每一层包含多个神经元，神经元之间通过权重连接。

反向传播算法是训练神经网络的一种方法。它通过计算误差（损失函数）的梯度，来调整神经网络的权重，使得神经网络的输出更接近真实值，从而实现各种人工智能应用。

打个通俗的比喻，想象一下，你正在教一个小朋友画画。你希望他画出一只猫，但他一开始画得并不像。反向传播算法就像你教小朋友画画的过程：

① 前向传播：小朋友先画出一幅画（神经网络的输出）。

② 计算误差：你比较小朋友的画和真实的猫（计算损失函数），发现画得不像（误差很大）。

③ 反向传播：你告诉小朋友哪里画得不对，如耳朵画得太小、尾巴画得太短（计算梯度）。

④ 更新权重（调整参数）：小朋友根据你的反馈，调整他的画法，例如，把耳朵画大一点，把尾巴画长一点（更新权重）。

⑤ 重复过程（迭代）：小朋友继续画画，你继续反馈，直到他画出一只很像的猫（神经网络收敛）。

生活中有很多基于神经网络的常见应用，具体如下：

（1）图像识别

当你使用手机拍照时，手机可以自动识别照片中的人脸、物体等，这背后就是神经网络模型在发挥作用。

（2）语音助手

当你对手机说“播放歌曲世界赠予我的”时，语音助手会识别你的语音指令并执行相应操作，这也是基于神经网络的应用。

（3）推荐系统

当你在淘宝网站浏览商品时，网站会推荐你可能感兴趣的商品，这背后也离不开深度学习技术。

2. 词向量与分布式表示

想象一下，你正在玩一个词语接龙游戏。为了赢得游戏，你需要知道哪些词语是相关的，可以接在一起。比如：

- “苹果”可以接“果汁”，因为它们是相关的。
- “苹果”不能接“汽车”，因为它们不相关。

词向量就是一种让计算机理解词语之间关系的技术。它把每个词语表示成一个数字列表（向量），而这些数字可以捕捉词语的语义信息。准确地解释为，词向量是将词语表示为低维稠密向量的技术，它可以将语义相似的词语映射到向量空间中相近的位置。例如，可以用三个数字表示一个词语：

- 第一个数字表示“水果”的程度。
- 第一个数字表示“甜”的程度。
- 第一个数字表示“圆”的程度。

那么，“苹果”可以表示为(0.9,0.8,0.7)，因为它是水果、很甜且很圆。“香蕉”可以表示为(0.8,0.7,0.2)，因为它是水果、很甜、但不圆。“汽车”可以表示为(0.1,0.2,0.3)，因为它不是水果、不甜、也不圆。

词向量在现实生活中很常见：

(1) 搜索引擎

当你搜索“苹果”时，搜索引擎会利用词向量找到与“苹果”相关的网页，如“水果”“iPhone 手机”等。

(2) 机器翻译

当你翻译“苹果”时，机器翻译系统会利用词向量找到目标语言中与“苹果”语义最接近的词语。

(3) 推荐系统

当你在电商网站浏览“苹果”时，推荐系统会利用词向量推荐你可能会感兴趣的商品，如“香蕉”“橙子”等。

而分布式表示是类似词向量的技术，只是不限于词语，还包括句子和文档。这是因为单个词语的向量只能表示局部语义，而句子和文档的向量可以捕捉更复杂的语义信息，支持更复杂的任务。

分布式表示的核心思想是将任何语言单元（词语、句子、文档）映射到一个低维稠密的向量空间中，从而捕捉其语义信息。

例如，句子“我喜欢猫”的向量表示为(0.4,0.6,0.3)，“我爱狗”的向量表示为(0.5,0.5,0.4)，而“我讨厌汽车”的向量表示为(0.4,0.2,0.8)，语义相似的句子在向量空间中距离较近。也就是“我喜欢猫”和“我爱狗”的向量距离会比“我喜欢猫”和“我讨厌汽车”更近。

总而言之，深度学习是自然语言处理的核心技术之一，理解神经网络、反向传播算法、词向量和分布式表示等深度学习基础知识，对于学习和应用自然语言处理技术至关重要。

5.3 自然语言处理核心技术

5.3.1 文本预处理

在自然语言处理中，文本预处理是将原始文本数据转换为适合机器学习模型处理的格式的过程。就像做饭前需要洗菜、切菜一样，文本预处理是自然语言处理任务中不可或缺的一步。

1. 分词、词性标注与命名实体识别

(1) 分词

将连续的文本序列切分成一个个独立的词语。例如，将句子“我喜欢三国演义”分词为“我/喜欢/三国演义”。

(2) 词性标注

为每个词语标注其词性，如名词、动词、形容词等。例如，为句子“我喜欢三国演义”进行词性标注为“我/代词 喜欢/动词 三国演义/名词”。

(3) 命名实体识别

识别文本中具有特定意义的实体，如人名、地名、机构名等。例如，从句子“李华在北京大学读书”中识别出“李华”为人名，“北京大学”为机构名。

生活中运用上述技术预处理的应用场景很多，以百度搜索引擎为例，当你输入“钱学森的妻子是谁”进行搜索时，搜索引擎会对你的查询进行分词、词性标注等预处理，以便更好地理解你的搜索意图。

2. 句法分析与语义分析

(1) 句法分析

分析句子的语法结构，如主谓宾、定状补等。例如，分析句子“我喜欢三国演义”的句法结构为“我/主语 喜欢/谓语 三国演义/宾语”。

(2) 语义分析

分析句子的语义，如句子的主语、谓语、宾语之间的关系。例如，分析句子“我喜欢三国演义”的语义为“我”是“喜欢”这个动作的发出者，“三国演义”是“喜欢”这个动作的承受者。

提示：

生活中使用有道词典 App 将“我喜欢三国演义”翻译成其他语言（如英语）时，有道词典就会对输入的文本首先进行句法分析和语义分析，以便生成更准确、更流畅的翻译结果。

总结来说，文本预处理是自然语言处理任务中至关重要的一步。通过分词、词性标注、命名实体识别、句法分析、语义分析等预处理步骤，可以将原始文本数据转换为适合机器学习模型处理的格式，从而提高自然语言处理任务的性能。

5.3.2 语言模型

语言模型是自然语言处理的核心技术之一，它用来计算一个句子出现的概率，或者预测下一个单词是什么。简单来说，语言模型就是让计算机学会“说话”。

1. n-gram 模型与神经网络语言模型

(1) n-gram 模型

一种简单的语言模型，它假设一个单词的出现只与前面有限的几个单词有关。例如，2-gram 模型（bigram）假设一个单词的出现只与前面一个单词有关。

当使用输入法打字时，输入法会根据你输入的前几个单词，预测下一个可能出现的单词，如输入“清华”，预测出下一个可能的单词是“大学”，这就是 n-gram 模型的应用。

提示：

你还能想到哪些应用 n-gram 模型的生活实例吗？拼写纠错是不是 n-gram 模型的应用？

（2）神经网络语言模型

这是一种更强大的语言模型，它使用神经网络来捕捉词语之间的复杂关系，可以生成流畅文本。

想象一下，你正在教一个小朋友讲故事。你希望他能够根据前面的情节，预测接下来会发生什么。神经网络语言模型就像这个小朋友学习讲故事的过程：

① 输入。你给小朋友讲一个故事的开头，例如“从前有一只小猫……”。（将前面的词语输入到神经网络中）

② 学习。小朋友根据他以前听过的故事，学习故事中词语之间的关系，例如，“小猫”后面经常出现“喜欢”“鱼”等词语。（神经网络根据大量的文本数据，学习词语之间的关系）

③ 预测。你让小朋友根据他学到的知识，预测故事接下来会发生什么，例如，“小猫喜欢鱼，所以它可能会去钓鱼”。（神经网络根据学习到的知识，预测下一个可能出现的词语）

2. 语言模型的应用

语言模型在自然语言处理中有着广泛的应用，例如：

（1）文本生成

根据给定的主题或开头，生成连贯、流畅的文本，如自动生成新闻摘要、诗歌创作等。

（2）机器翻译

使用翻译软件将一种语言翻译成另一种语言时，翻译软件会利用语言模型生成流畅、自然的翻译结果。

（3）语音识别

将语音信号转换为文本，并识别出语音中的单词和句子。

（4）拼音纠错

输入一个错误的单词时，拼写纠错工具会根据上下文语境，推荐正确的单词。

总之，语言模型是自然语言处理的核心技术之一，它可以让计算机理解和生成自然语言。随着深度学习技术的发展，语言模型的性能不断提升，为自然语言处理带来了更多的可能性。

5.3.3 文本分类与情感分析

文本分类是将文本分配到预定义类别的任务，如新闻分类、垃圾邮件过滤等。情感分析是文本分类的一种特殊形式，它分析文本中表达的情感倾向，如积极、消极、中立等。常见的文本分类方法有两大类。

1. 传统机器学习方法

想象一下，你正在教一个小朋友识别水果。你告诉他“苹果通常是红色的、圆形的；香蕉通常是黄色的、弯曲的”，有一天，小朋友看到一个红色的、圆形的水果，他会根据你教给他的知识，判断这个水果很可能是苹果。

（1）朴素贝叶斯

朴素贝叶斯是一种基于概率统计的类似思想的分类方法，它假设文本中的词语之间是相互独立的，根据已知数据，计算不同类别的概率，并根据这些概率对新数据进行分类。

具体的计算举例如下：

① 已知数据：

10 个苹果，其中 8 个是红色的、圆形的，2 个是绿色的、圆形的。

10 个香蕉，其中 9 个是黄色的、弯曲的，1 个是绿色的、弯曲的。

② 新数据：一个红色的、圆形的水果。

③ 计算概率：

这个水果是苹果的概率 =（红色苹果的概率）×（圆形苹果的概率）=（8/10）×（10/10）= 0. 8。

这个水果是香蕉的概率 =（红色香蕉的概率）×（圆形香蕉的概率）=（0/10）×（1/10）= 0。

所以通过上述概率计算，这个水果是苹果的概率更高，所以将它分类为苹果。

生活中收到一封邮件时，邮件系统会根据邮件中的词语，自动判断这封邮件是否为垃圾邮件，这也是朴素贝叶斯分类器的应用。

（2）支持向量机

支持向量机是一种基于最大间隔的分类方法，它试图找到一个超平面（最佳分界线），将不同类别的数据分开。支持向量机可以使用核函数将数据映射到高维空间，从而处理非线性可分的数据。

支持向量机是一种强大的分类方法，广泛应用于图像分类、文本分类、生物信息学等领域。例如，使用搜索引擎搜索新闻时，搜索引擎会根据新闻中的词语，将新闻分类到不同的类别，如体育、娱乐、科技等，这就是支持向量机的应用。

2. 深度学习方法

（1）卷积神经网络（CNN）

CNN 是一种专门用于处理网格状数据的神经网络，如图像、文本等。

想象一下，你正在教一个小朋友识别动物。你给他看很多动物的图片，并告诉他每张图片中的动物是什么。卷积神经网络（CNN）就像这个小朋友学习识别动物的过程：

① 观察局部特征：小朋友会先观察动物的局部特征，如耳朵、眼睛、鼻子等。

② 组合局部特征：小朋友会将观察到的局部特征组合起来，形成对动物的整体认识。

③ 识别动物：小朋友根据对动物的整体认识，判断图片中的动物是什么。

卷积神经网络的关键步骤：

① 卷积层：使用卷积核提取图像的局部特征，如边缘、纹理等。

② 池化层：对提取的局部特征进行降维，减少计算量。

③ 全连接层：将提取的特征组合起来，进行分类。

卷积神经网络是一种强大的深度学习模型。它的神奇之处在于，一方面，局部连接，即卷积神经网络只关注图像的局部区域，这使得它能够有效地提取局部特征；另一方面，权值共享，即卷积神经网络使用相同的卷积核扫描整个图像，这使得它能够减少参数数量，提高计算效率。

卷积神经网络常用于处理图像数据，通过卷积层、池化层和全连接层的组合，卷积神经网络可以有效地提取图像的局部特征，并进行分类。可以用于医学影像分析，如癌症检测、病变区域分割等。

（2）循环神经网络（RNN）

RNN 是一种专门用于处理序列数据的神经网络，如文本、语音等。

想象一下，你正在教一个小朋友讲故事。你希望他能够根据前面的情节，预测接下来会发生什么。循环神经网络（RNN）就像这个小朋友学习讲故事的过程：

① 记忆：小朋友会记住前面讲过的情节。

② 预测：小朋友根据记住的情节，预测接下来会发生什么。

③ 更新记忆：小朋友将新发生的情节加入记忆中，以便预测更后面的情节。

循环神经网络的关键步骤：

① 输入：将当前的词语输入循环神经网络中。

② 记忆：循环神经网络会根据前面的词语，更新自己的记忆状态。

③ 预测：循环神经网络根据当前的词语和记忆状态，预测下一个可能出现的词语。

④ 输出：循环神经网络输出预测的词语，并将其作为下一个输入。

循环神经网络（RNN）是一种强大的深度学习模型。它的神奇之处在于，一个是记忆能力，即可以记住前面的信息，这使得它能够处理序列数据；另一个是上下文相关，即预测结果与前面的上下文相关，这使得它能够生成连贯、流畅的文本，如用于文本生成任务。

总结来说，文本分类与情感分析是自然语言处理的重要任务，它们可以帮助我们更好地理解和利用文本数据。随着深度学习技术的发展，文本分类与情感分析的性能不断提升，为各种应用场景提供了强大的支持。

5.3.4 信息抽取

信息抽取是从非结构化文本中提取出结构化信息的任务，例如，从新闻文章中提取出事件的时间、地点、人物等。信息抽取可以帮助我们更好地理解和利用文本数据。

1. 信息抽取的任务

其主要任务除了前述的命名实体识别外，还包括实体关系抽取和事件抽取。

（1）实体关系抽取

想象一下，你正在阅读一篇关于诗人李白的文章。文章中提到了以下信息："李白是我国唐代极具代表性的浪漫主义诗人，被誉为'诗仙'，李白的代表作包括：《静夜思》《望庐山瀑布》《将进酒》《蜀道难》《黄鹤楼送孟浩然之广陵》等。"

首先通过命名实体识别任务，可以识别出实体"李白""诗人""诗仙""《静夜思》""《望庐山瀑布》"等。

然后，实体关系抽取就是从这篇文章中提取出实体之间的关系，例如：

- 李白和唐代之间的关系是所属朝代。
- 李白和诗人之间的关系是身份。
- 李白和《静夜思》之间的关系是代表作。

实体关系抽取可以将非结构化的文本数据转换为结构化的信息，从而更好地理解和利用文本数据，帮助我们发现文本中隐藏的知识，例如，李白不仅是一位唐代诗人，还被誉为"诗仙"。当你使用搜索引擎搜索"李白"时，搜索引擎会显示"李白"的相关信息，例如，"所属朝代：唐代""身份：诗人""代表作：《静夜思》"，这就是实体关系抽取的应用。

（2）事件抽取

想象一下，你正在阅读一篇关于足球比赛的新闻报道。文章中提到了以下信息："2015 年 12 月 16 日晚，中国女足与美国女足在美国路易斯安那州新奥尔良市举行的'胜利之旅'足球比赛中展开交锋。最终，中国队以 1∶0 击败东道主美国队。"

事件抽取就是提取出事件的关键信息，从而分析事件之间的关系。例如，从这篇文章中可以发现：

- 事件类型：足球比赛
- 时间：2015 年 12 月 16 日晚
- 地点：美国路易斯安那州新奥尔良市
- 参与者：中国队、美国队
- 结果：中国队以 1∶0 战胜美国队

当你浏览新闻网站时，看到“根据中美双方达成的共识并应美方邀请，2023 年 9 月 27 日，外交部副部长孙卫东在华盛顿同美国亚太事务助理国务卿康达举行中美亚太事务磋商”，新闻网站会自动提取出新闻事件的关键信息，例如，“时间：2023 年 9 月 27 日；地点：华盛顿；事件：中美亚太事务磋商”，这就是事件抽取的应用。

2. 信息抽取的技术方法

信息抽取的方法有以下几类：

（1）规则匹配

使用预定义的规则来提取信息，例如，“时间:”后面的词语是时间，“地点:”后面的词语是地点。

（2）机器学习

使用机器学习算法来训练模型，自动学习如何提取信息。

（3）深度学习

使用深度学习模型来提取信息，例如，使用循环神经网络（RNN）或卷积神经网络（CNN）来识别实体和关系。

3. 信息抽取的应用场景

（1）知识图谱构建

信息抽取技术可以用于构建知识图谱，例如，从百科数据中提取出实体和关系，构建出结构化的知识库。

（2）舆情监控

信息抽取技术可以用于舆情监控，例如，从社交媒体的评论中提取出用户对某个事件或产品的看法。

（3）金融分析

信息抽取技术可以用于金融分析，例如，从新闻文章中提取出公司并购、股票涨跌等信息。

信息抽取是自然语言处理的重要任务，它可以帮助我们从非结构化文本中提取出有价值的信息。随着深度学习技术的发展，信息抽取的性能不断提升，为各种应用场景提供了强大的支持。

5.4　自然语言处理前沿技术

5.4.1　预训练语言模型

想象一下，你正在学习一项新技能，如弹钢琴。有两件事情，一个是掌握基本的乐理知识；另一件是学会弹奏一首特定的曲子。其中，掌握基本的乐理知识类似预训练模型，就是学习通用知识。那么就需要先完成第一件事情，就是预训练。

1. 预训练模型

预训练语言模型是一种通过在大规模文本数据上进行预训练，学习语言表示和语言规律的模型。它可以用于各种自然语言处理任务，如文本分类、机器翻译、问答系统等。

（1）BERT 预训练模型

BERT（bidirectional encoder representations from transformers）是一个“双向学习者”，它通过填空游戏（masked language model）学习词语的上下文关系。游戏规则是：给你一句话，其中缺少一个词，需要同时考虑词语的左右上下文，根据上下文猜出这个词是什么。适合需要理解上下文的任务，如问答系统、文本分类等。例如，当你问“李白有什么代表作”时，BERT 会同时看“李白”和“代表作”两边的信息，找到答案“《静夜思》”。

BERT 还会判断两个句子是否为连续的，例如，句子 A：“我喜欢吃苹果”，句子 B：“苹果是一种水果”，BERT 会判断这两个句子是连续的。

BERT 是一种强大的预训练语言模型，适合理解任务。

（2）GPT 预训练模型

GPT（generative pre-trained transformer）是一个“单向讲故事者”，它通过预测下一个词来学习语言规律。例如，看到句子“从前有一只小猫，它喜欢……”，它会预测下一个词可能是“鱼”或“玩耍”。GPT 模型输出预测的词语后，会将其作为下一个输入。

GPT 模型是一种强大的生成式预训练语言模型，适合生成任务。它通过在大规模文本数据上进行预训练，学习语言表示和语言规律，可以生成连贯、流畅的文本。

2. 微调模型（fine-tuning）

假设你已经完成了第一件事情，掌握了基本的乐理知识（预训练模型），现在需要开始第二件事情，就需要根据这首曲子的特点调整自己的演奏技巧（微调模型）。

fine-tuning 关键步骤中第一步就是加载预训练模型，然后：

① 准备特定任务的数据集：准备与特定任务相关的数据集，如文本分类数据集、机器翻译数据集等。

② 微调模型：在特定任务的数据集上对预训练模型进行微调，调整其参数以适应特定任务的需求。

③ 评估模型：评估微调后的模型在特定任务上的性能。

fine-tuning 利用了预训练模型在大规模文本数据上学到的知识，并将其迁移到特定任务上，这使得模型能够更快地学习特定任务；而且 fine-tuning 只需要在特定任务的数据集上进行少量的训练，就可以获得较好的性能，这大大减少了训练时间和计算资源。

预训练语言模型是自然语言处理领域的重要突破，它通过在大规模文本数据上进行预训练，学习语言表示和语言规律，为各种自然语言处理任务提供了强大的支持。

5.4.2 多模态自然语言处理

多模态自然语言处理是指同时处理和理解多种模态信息（如文本、图像、语音、视频等）的技术。它试图让计算机像人类一样，能够综合多种感官信息来理解世界。

1. 图像描述生成与视觉问答

（1）图像描述生成

图像描述生成是根据图像内容生成自然语言描述。例如，当你使用手机拍照时，手机可以自动生成照片的描述“一只可爱的小猫在草地上玩耍”，这就是图像描述生成的应用。

(2) 视觉问答

视觉问答是根据图像内容回答自然语言问题。例如，当你使用智能助手询问“这张照片中有几只猫?”时，智能助手会根据照片内容回答“有两只猫”，这就是视觉问答的应用。

2. 视频理解与多模态对话系统

(1) 视频理解

视频理解技术是理解视频内容，例如，识别视频中的物体、动作、场景等。例如，当你使用哔哩哔哩网站观看视频时，视频网站会通过识别出当前观看视频中的物体、场景等内容，自动推荐与你观看的视频内容相关的其他视频，这就是视频理解的应用。

(2) 多模态对话系统

多模态对话系统是能够理解和生成多种模态信息的对话系统，如文本、图像、语音等。例如，当你使用智能音箱时，你可以通过语音、图像等方式与智能音箱进行交互，这就是多模态对话系统的应用。

3. 其他应用

(1) 社交媒体

发布一条包含图片和文字的微博时，社交媒体会自动分析图片和文字的内容，并推荐相关的用户和话题，这是多模态自然语言处理的应用。

(2) 电商平台

浏览商品时，电商平台会根据商品的图片和描述，推荐相似的商品，这也是多模态自然语言处理的应用。

(3) 自动驾驶

自动驾驶汽车需要同时处理来自摄像头、雷达、激光雷达等传感器的信息，并做出决策，这也是多模态自然语言处理的应用。

总之，多模态自然语言处理是自然语言处理领域的重要发展方向，它试图让计算机像人类一样，能够综合多种感官信息来理解世界。随着深度学习技术的发展，多模态自然语言处理的性能不断提升，为各种应用场景提供了强大的支持。

5.4.3　自然语言生成

自然语言生成是指让计算机根据给定的信息，自动生成自然语言文本的任务。它可以用于各种场景，如文本摘要、机器翻译、对话系统等。

1. 文本摘要

根据长篇文章生成简短的摘要，概括文章的主要内容。例如，当你浏览新闻网站时，新闻网站会自动生成新闻摘要，方便你快速了解新闻的主要内容，这就是文本摘要的应用。

2. 对话生成

根据上下文语境，生成自然、流畅的对话。当你使用智能助手进行对话时，智能助手会根据你的问题，生成准确、流畅的回复，这就是对话生成的应用。

3. 内容创作

根据给定的主题或风格，生成指定的内容，包括自动生成新闻、故事、诗歌等。例如，使用诗歌创作工具时，它会根据你输入的主题或风格，生成一首优美的诗歌，这就是诗歌创作的应用；使用故事生成工具时，它会根据你输入的主题或开头，生成一个完整的故事，这就是故事生成的应用。

5.5 自然语言处理实践与应用

5.5.1 自然语言处理工具与平台

自然语言处理工具与平台为开发者提供了便捷的工具和资源，帮助用户快速构建和部署自然语言处理应用。

1. NLTK、spaCy 等开源工具

（1）NLTK（natural language toolkit）

NLTK 是一个用于自然语言处理的 Python 库，它提供了丰富的工具和资源，如分词、词性标注、句法分析等。使用 NLTK 进行文本分析时，可以轻松地对文本进行分词、词性标注等操作，从而提取出文本中的关键信息。

（2）spaCy

spaCy 是一个用于自然语言处理的 Python 库，它提供了高效的工具和资源，如实体识别、依存句法分析等。使用 spaCy 进行文本分析时，可以轻松地识别文本中的实体，如人名、地名、组织名等，从而构建知识图谱。

2. 百度 NLP、阿里云 NLP 等开放平台

（1）百度 NLP

百度 NLP 是一个提供自然语言处理服务的开放平台，它提供了丰富的 API 接口，如分词、词性标注、命名实体识别、情感分析等。使用百度 NLP 进行文本分析时，你可以轻松地调用 API 接口，对文本进行分词、词性标注、命名实体识别等操作，从而快速构建自然语言处理应用。

（2）阿里云 NLP

阿里云的 NLP 服务涵盖了多种自然语言处理任务，包括基础功能、语义理解、高级功能和行业定制四类。

基础功能包括分词与词性标注、NER。例如，将文本切分为词语，并标注每个词的词性（如名词、动词等），识别文本中的人名、地名、组织名等实体。

语义理解包括情感分析和文本分类功能。电商平台可以用它来分析用户评论的情感，了解用户对商品的满意度；企业可以用它来自动分类客户反馈，如“产品质量”“售后服务”等。

高级功能提供机器翻译、文本摘要、问答系统。跨境电商可以用它来翻译商品描述，方便全球用户理解；新闻平台可以用它来生成新闻摘要，方便用户快速浏览；智能客服可以用它来回答用户的常见问题。

自然语言处理工具与平台为开发者提供了便捷的工具和资源，帮助他们快速构建和部署自然语言处理应用。其中，开放平台 API 的使用，具体详见各公司官网。

5.5.2 应用与展望

自然语言处理应用是将自然语言处理技术应用于实际问题的过程。它可以帮助我们更好

地理解和利用文本数据，解决各种实际问题。本节内容作为一个开放性的实训扩展练习，同学们可结合自身兴趣开展。

提示：

开展步骤：选择一个感兴趣的应用场景→选择合适的数据集、模型、算法→对原始数据进行清洗、标注等预处理→模型训练→结果分析评估→撰写报告。

自然语言处理技术正在快速发展，未来将朝着更强大的预训练语言模型（更大规模、更通用、更高效）、更智能的多模态自然语言处理、更广泛的应用领域等方向演进。这些发展趋势将为人类社会带来更多的便利和福祉。

小　　结

自然语言处理是一个充满活力和挑战的领域，本章介绍了自然语言处理的基本概念、原理方法、核心技术和前沿进展。希望本章的学习能够激发大家对自然语言处理的兴趣，鼓励大家积极探索这个充满魅力的领域，为人工智能的发展贡献力量。

思考与练习

一、选择题

1. 自然语言是指人类在日常生活中使用的语言，如（　　）。

A. 汉语　　　　B. Python

C. 数学符号　　　　D. 以上都是

2. 自然语言处理的主要应用领域包括（　　）。

A. 机器翻译　　　　B. 语音识别

C. 文本分类　　　　D. 以上都是

二、填空题

1. 信息抽取的主要任务包括________。

2. 机器翻译的目标是将一种语言的文本自动翻译成________。

三、思考题

你认为自然语言处理技术在未来会如何改变我们的生活？

四、简答题

1. 什么是文本分类？举例说明其应用场景。

2. 什么是自然语言生成？它有哪些挑战？

五、编程题

使用 Python 和 NLTK 库，编写程序对一段文本进行分词、词性标注和命名实体识别。

六、分析题

选择一个感兴趣的自然语言处理应用（如智能客服、机器翻译、文本摘要等），分析其工作原理、技术难点和发展趋势。

第 6 章

计算机视觉

计算机视觉（computer vision，CV）是人工智能的核心领域之一，旨在赋予机器“看懂”图像和视频的能力。通过模拟人类视觉系统的信息处理机制，计算机视觉技术已渗透安防、医疗、自动驾驶等领域，成为推动社会智能化的关键驱动力。本章将系统梳理计算机视觉的发展脉络、核心技术及应用前景。

学习目标

- **了解**：计算机视觉的定义、人类视觉与计算机视觉的差异。
- **理解**：计算机视觉的算法演进逻辑、技术实现原理及挑战与局限性。
- **应用**：实践图像分类、目标检测语义分割等基础任务。
- **分析**：根据不同场景需求，进行计算机视觉案例分析，设计合理的解决方案。
- **养成**：参与工程项目实践，掌握数据集创建、管理和优化的实践方法，关注技术前沿发展，增强对行业动态的敏感度，培养探索精神和跨学科思考与协作的能力。

6.1 计算机视觉概述

计算机视觉是一门多学科交叉的前沿领域，融合了计算机科学、数学、物理学和生物学等知识。它致力于让计算机像人类视觉系统一样，能够“看懂”图像和视频，从视觉数据中获取信息、理解场景并做出决策。我们先来对比一下，人看图像与计算机看图像的区别（见图 6-1）。

人眼中的字母a

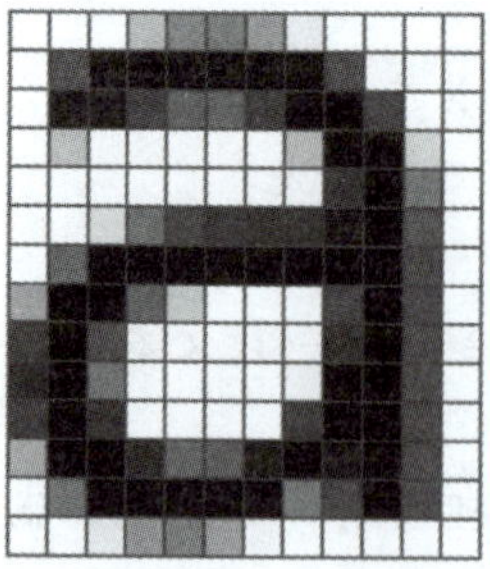

1.0	1.0	1.0	0.9	0.6	0.6	0.6	1.0	1.0	1.0	1.0	1.0
1.0	0.5	0.0	0.0	0.0	0.0	0.0	0.0	0.5	1.0	1.0	1.0
1.0	0.2	0.2	0.5	0.6	0.6	0.5	0.0	0.0	0.5	1.0	1.0
1.0	0.9	1.0	1.0	1.0	1.0	1.0	0.9	0.0	0.0	0.9	1.0
1.0	1.0	1.0	1.0	1.0	1.0	1.0	1.0	0.5	0.0	0.5	1.0
1.0	1.0	1.0	0.5	0.5	0.5	0.5	0.5	0.4	0.0	0.5	1.0
1.0	0.4	0.0	0.0	0.0	0.0	0.0	0.0	0.0	0.0	0.5	1.0
0.9	0.0	0.0	0.6	1.0	1.0	1.0	1.0	0.5	0.0	0.5	1.0
0.5	0.0	0.6	1.0	1.0	1.0	1.0	1.0	0.5	0.0	0.5	1.0
0.5	0.0	0.7	1.0	1.0	1.0	1.0	1.0	0.0	0.0	0.5	1.0
0.6	0.0	0.6	1.0	1.0	1.0	1.0	0.5	0.0	0.0	0.5	1.0
0.9	0.1	0.0	0.6	0.7	0.7	0.5	0.0	0.5	0.0	0.5	1.0
1.0	0.7	0.1	0.0	0.0	0.0	0.1	0.9	0.8	0.0	0.5	1.0
1.0	1.0	1.0	0.8	0.8	0.9	1.0	1.0	1.0	1.0	1.0	1.0

计算机眼中的字母a

图 6-1　人与计算机视觉的图像区别

人类的视觉可以一眼识别出字母 a，而对计算机视觉来说，字母 a 只是一串数字而已，需要理解这串数字的特征表达和语义理解。因此，计算机视觉两类核心问题就是如何对输入的图像进行特征表达和语义理解。基于特征表达和语义理解，计算机视觉常见的任务有图像分类、图像增强、图像生成、目标检测、目标定位、目标跟踪、语义分割、场景文字识别等。

6.2　计算机视觉的发展历程

从 20 世纪 50 年代开始至今，计算机视觉的发展大概可以分为以下四个主要历程：

1. 萌芽探索期

20 世纪 50 年代，计算机视觉随着计算机技术的兴起开始萌芽。当时，科研人员主要围绕简单的图像分析和模式识别展开研究，例如，通过计算机对一些简单的几何图形进行识别和分类。由于计算机硬件性能有限，处理能力较弱，这个阶段的研究进展缓慢，主要停留在理论探索和简单实验阶段，但为后续的发展奠定了基础。

2. 理论发展期

这一时期，计算机视觉在理论方面取得了重大突破。数学理论如线性代数、概率论与数理统计等被广泛应用到计算机视觉研究中，为图像特征提取、图像匹配等技术提供了坚实的理论支撑。同时，各种经典算法不断涌现，像 SIFT（尺度不变特征变换）算法等，这些算法能够更有效地提取图像特征，提高了计算机对图像的分析和理解能力，使得计算机视觉开始从简单的模式识别迈向更复杂的图像分析任务。

3. 技术应用拓展期

随着计算机硬件性能的大幅提升，计算机视觉技术开始在更多实际领域得到应用。在安防监控领域，出现了基于计算机视觉的运动目标检测和跟踪系统，能够实时监测监控画面中的异常情况；在工业检测中，利用计算机视觉技术对产品进行缺陷检测，提高了生产效率和产品质量。虽然这一时期计算机视觉技术取得了一定的应用成果，但在复杂场景下的准确性和适应性仍有待提高。

4. 深度学习驱动的爆发期

21 世纪初，深度学习技术的兴起给计算机视觉带来了革命性的变化。深度神经网络能够自动从大量数据中学习图像的特征表示，极大地提高了计算机视觉任务的准确性和效率。基于深度学习的目标检测、图像识别、图像分割等算法在性能上远超传统方法，在自动驾驶、医疗影像诊断、智能安防等领域得到广泛应用，推动计算机视觉进入快速发展的新阶段，不断拓展其应用边界和深度。

6.3　计算机视觉的主要任务

基于特征表达和语义理解，计算机视觉常见的任务有图像分类、图像增强、图像生成、目标检测、目标定位、目标跟踪、语义分割、场景文字识别等。下面简单介绍几种任务，感兴趣的读者请查看相关的文献深入研究。

6.3.1　图像分类

图像分类（image classification）是对输入图像的内容进行分类描述，是计算机视觉中重要的基础问题。后面提到的其他任务也是以它为基础的。例如，输入一张图像，判断该图像属于集合{cat,dog,hat,mug}中各个标签的概率（见图 6-2）。

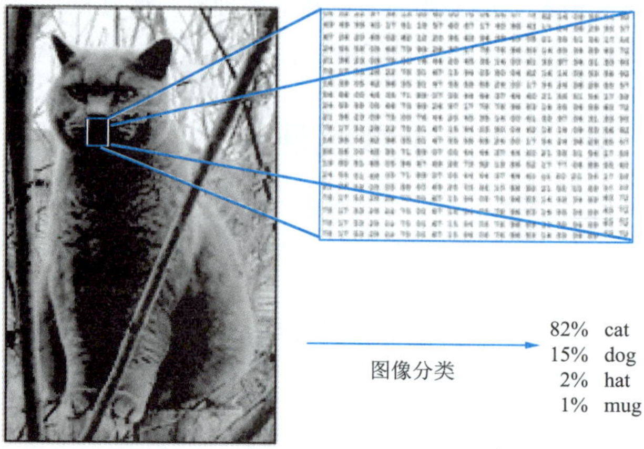

图 6-2　输入图像的识别

通用图像分类公开的标准数据集常用的有 CIFAR10、ImageNet、MNIST、COCO 等。用户可根据分类的对象选择相应的数据集进行训练。例如，CIFAR10 是一个更接近普适物体的彩色图像数据集，一共包含 10 个类别的 RGB 彩色图片（见图 6-3）：飞机（airplane）、汽车（automobile）、鸟类（bird）、猫（cat）、鹿（deer）、狗（dog）、蛙类（frog）、马（horse）、船（ship）和卡车（truck）。

图 6-3　CIFAR10 数据集

ImageNet 是根据 WordNet 层次结构组织的图像数据集（见图 6-4），目前该数据集主要应用于计算机视觉的图像分类（image classification）、目标定位（object localization）、目标检测（object detection）、视频目标检测（object detection from video）、场景分类（scene classification）、场景解析（scene parsing）等。

图 6-4　ImageNet 数据集

MNIST 是一个手写数字数据集（见图 6-5），包含一组 60 000 个示例的训练集和一个包含 10 000 个示例的测试集。

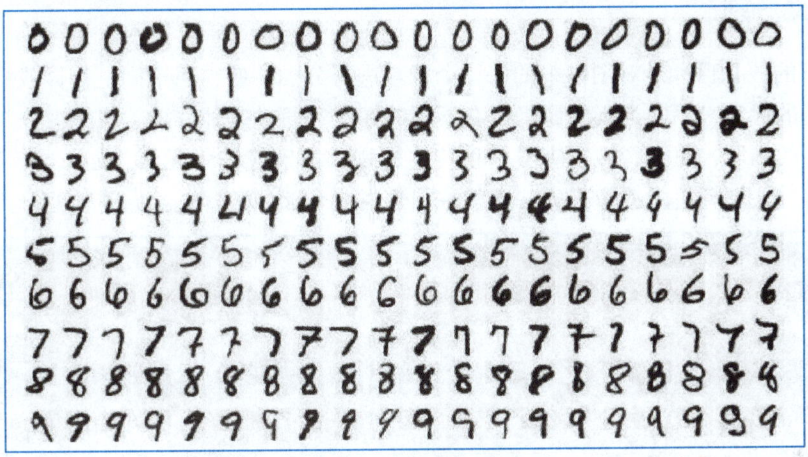

图 6-5　MNIST 数据集

6.3.2　目标检测

目标检测旨在识别图像或视频中的不同目标物体，并确定它们的位置和类别。具体来说，就是要在给定的图像或视频帧中，找出所有感兴趣的目标，如人、车、动物等，并用边界框（bounding box）等方式将目标的位置框定出来，同时标注出每个目标所属的类别，如图 6-6 所示。

图 6-6　目标检测

传统的目标检测方法主要基于手工特征和机器学习算法。首先需要人工设计一些特征来描述目标物体，如尺度不变特征变换（SIFT）、方向梯度直方图（HOG）等，然后使用机器学习算法，如支持向量机（SVM）、决策树等，对提取的特征进行学习和分类，从而实现目标检测。随着深度学习方法的兴起，目标检测主要有基于深度学习的两阶段检测算法和一阶段检测算法。其中，两阶段检测算法以 R-CNN 系列算法为代表，包括 R-CNN、Fast R-CNN、Faster R-CNN 等，首先通过选择性搜索（selective search）等方法生成一系列可能包含目标的候选区域，然后对这些候选区域进行特征提取和分类，最后通过非极大值抑制（non-maximum suppression，NMS）等方法去除重复的检测框，得到最终的检测结果；一阶段检测算法以 YOLO（you only look once）系列和 SSD（single shot multibox detector）为代表，将目标检测任务看作一个回归问题，直接在图像上进行一次卷积操作，同时预测目标的类别和位置，不需要生成候选区域，因此检测速度相对较快。

6.3.3 语义分割

语义分割的核心目标是对图像中的每一个像素进行分类，使得属于同一物体或同一类别的像素被赋予相同的标签，不同类别的像素具有不同的标签。通过这种方式，图像被分割成多个具有不同语义意义的区域，每个区域对应着一种特定的物体类别或场景元素，如天空、草地、道路、人物、车辆等，让计算机能够像人类一样理解图像中每个部分的含义，如图 6-7 所示。

图 6-7 像素分类

语义分割传统的机器学习方法主要有特征工程法和分类器。其中，特征工程法是通过手工提取图像的各种特征，如颜色特征、纹理特征、形状特征等。分类器是使用传统的机器学习分类器，如支持向量机（SVM）、随机森林等，对提取的特征进行训练和分类。另一类方法是基于深度学习的方法，如全卷积网络，将传统的卷积神经网络（CNN）中的全连接层替换为卷积层，使得网络可以接受任意大小的图像作为输入，并直接输出与输入图像大小相同的语义分割结果。

6.4 计算机视觉的应用领域

计算机视觉的应用非常广泛，包括图像识别、目标检测和跟踪、场景理解、物体识别等等，下面列举几种生活中常见的应用场景。

1. 安防监控

计算机视觉在安防领域发挥着关键作用。通过智能摄像头，利用目标检测和行为分析技术，能够实时监控公共场所，快速识别可疑人员和异常行为，如打架斗殴、非法闯入等，及时发出警报，协助安保人员预防犯罪和处理突发事件。同时，还能通过人脸识别技术进行身份验证，用于门禁系统、机场安检等场景，提升安全性和管理效率。

2. 医疗影像诊断

在医疗领域，计算机视觉帮助医生对 X 光、CT、MRI 等医疗影像进行分析。它可以自动检测影像中的病变区域，如肿瘤、骨折等，通过图像识别和特征提取技术，辅助医生进行疾病的早期诊断和病情评估，提高诊断的准确性和效率，减少人为误差。

3. 自动驾驶

自动驾驶技术依赖计算机视觉来感知周围环境。摄像头捕捉车辆前方、后方和侧面的图像信息，通过目标检测识别道路标志、交通信号灯、其他车辆和行人等，利用图像分割技术区分道路和非道路区域，再结合三维重建技术构建车辆周围环境的三维模型，为自动驾驶汽车的决策提供依据，实现自动行驶、避障、泊车等功能。

4. 工业检测

计算机视觉在工业生产中用于产品质量检测和缺陷识别。通过对生产线上的产品进行图像采集和分析，能够快速检测出产品的尺寸偏差、表面缺陷、装配错误等问题，实现自动化的质量控制，提高生产效率，降低次品率，保障产品质量。

5. 日常生活

在智能手机中，计算机视觉技术用于拍照时的场景识别和自动对焦，还能通过人脸识别实现解锁和支付功能。在智能家居领域，智能摄像头可识别家庭成员，实现个性化的家居控制；在智能零售中，用于顾客行为分析和自助结算，提升购物体验。

6.5 实践案例

在煤炭开采和加工过程中，煤矸石的有效分选对保证煤炭质量、提高燃烧效率及减少环境污染至关重要。传统的煤矸石分选方法主要依赖人工，不仅效率低下、准确率不高，而且劳动强度大、工作环境恶劣。随着计算机视觉技术的快速发展，利用深度学习算法实现煤矸石的智能检测和分选成为可能，为煤炭行业的生产变革提供了新的解决方案（见图 6-8）。

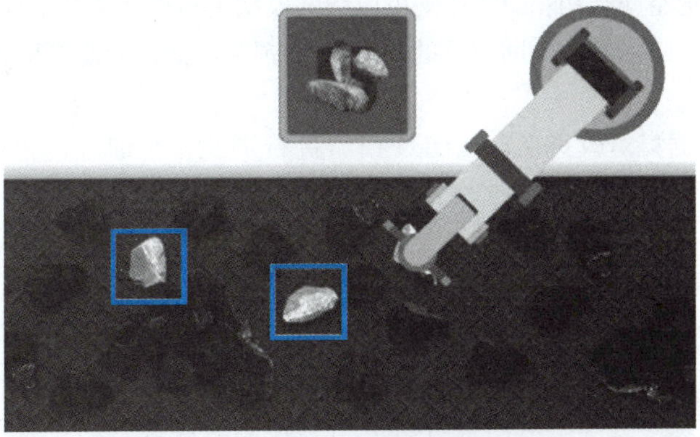

图 6-8 煤矸石智能检测解决方案

1. 需求分析

下面从功能需求角度对基于计算机视觉的煤矸石检测进行需求分析，主要包括以下几点：

(1) 实时检测

需在煤炭开采、运输、加工等环节，对传送带上持续流动的煤炭，不间断地进行煤矸石检测，确保无时间间隔遗漏，满足生产线连续作业要求。

(2) 精准定位

在检测到煤矸石时，能精确确定其在图像中的位置，以坐标或区域范围形式呈现，便于后续精准分拣。

(3) 分类识别

不仅要区分煤矸石与煤炭，还需对不同类型的煤矸石，如硬矸石、软矸石等进行分类，满足煤炭精细化加工需求。

(4) 数据记录与存储

自动记录每次检测的时间、煤矸石数量、位置、类别等信息，并长期存储，以便后续回溯分析，为生产优化提供数据支撑。

(5) 报警功能

当检测到煤矸石含量超过预设阈值，或出现检测异常情况时，能及时发出声光报警，提醒工作人员干预。

2. 方案设计

基于计算机视觉的煤矸石检测技术方案路线包括数据采集、数据标注、算法设计或选择、模型训练、系统集成等，具体核心步骤如下：

(1) 数据采集

在煤矿生产现场，使用工业相机在不同光照、角度和背景条件下，采集大量包含煤矸石和煤炭的图像数据。同时，收集不同煤矿、不同地质条件下的煤矸石样本，确保数据的多样性。

(2) 数据标注

组织专业人员对采集到的图像进行标注，标记出煤矸石的位置和类别，建立标注数据集。

(3) 算法选择

采用基于深度学习的目标检测算法，如 YOLO 系列。考虑到实际应用中煤矸石的尺度变化、遮挡和复杂背景等问题，对 YOLO 算法进行改进，引入可变形卷积网络（DCN）和卷积块注意力模块（CBAM）。DCN 能够对特征图中的不规则形状进行更好的特征提取，使骨干网络更好地适应不规则的空间结构；CBAM 则可以帮助模型更精准地关注重要目标，提高模型对目标的检测能力。此外，引入基于辅助边框的 Inner-IoU 损失函数，加速模型收敛和提高检测精度。

(4) 模型训练

使用标注好的数据集对改进后的 YOLO 模型进行训练，在训练过程中，不断调整模型参数，优化模型性能。同时，采用数据增强技术，如随机翻转、旋转、缩放等，扩充数据集，防止模型过拟合。

(5) 系统集成

将训练好的模型集成到现场检测系统中，该系统包括工业相机、图像采集卡、计算机和控制软件等。工业相机实时采集煤炭传送带上的图像，通过图像采集卡将图像传输到计算机中，控制软件调用训练好的模型对图像进行分析，检测出煤矸石的位置和类别，并将检测结果发送给执行机构。

3. 实施及效果

首先，在煤炭生产线上合适的位置安装工业相机，确保能够清晰地拍摄到传送带上的煤炭和煤矸石。同时，将图像采集卡安装到计算机中，并进行相关的驱动安装和配置。其次，将训练好的模型和控制软件部署到计算机中，进行系统调试和优化，如图 6-9 所示。在调试过程中，对相机的参数（如曝光时间、帧率等）进行调整，以获取高质量的图像；同时，对模型的检测阈值等参数进行优化，提高检测的准确性和实时性。最后，对现场操作人员和维护人员进行培训，使其熟悉系统的操作和维护方法。培训内容包括系统的基本原理、操作流程、常见故障的排除等。

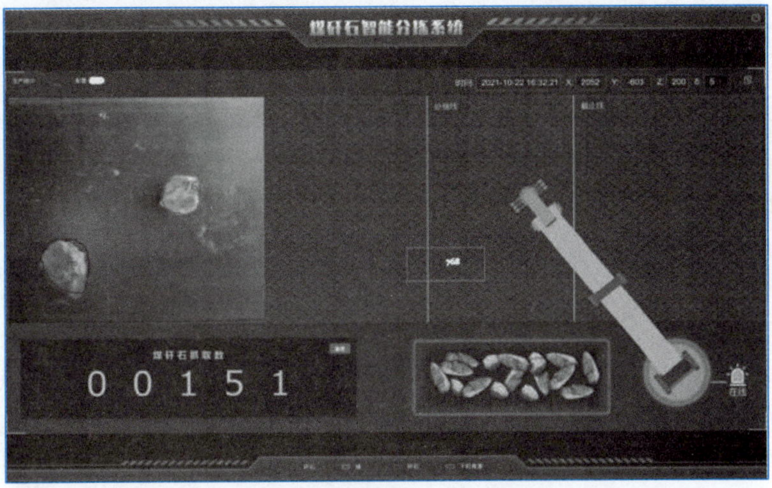

图 6-9　煤矸石案例实施效果

经过实际运行测试，改进后的 YOLO 模型对煤矸石的检测准确率达到了 95% 以上，相比传统人工检测，大大提高了检测的准确性和可靠性，同时系统实现了实时检测和自动分拣，提高了煤炭生产的效率，减少了人工成本，而且系统能够较好地适应煤矿现场复杂的光照、粉尘等环境条件，在不同的工况下都能稳定运行。

本案例通过引入基于计算机视觉，成功实现了煤矸石的智能检测和分选，解决了传统人工分选存在的诸多问题。在未来的发展中，可以进一步优化模型算法，提高检测的精度和速度；同时，结合物联网、大数据等技术，实现对煤炭生产过程的全面监控和管理，为煤炭行业的智能化发展提供更强大的技术支持。

6.6　计算机视觉发展趋势与挑战

6.6.1　计算机视觉的发展趋势

在技术层面，深度学习模型依然是主流技术方向，并不断向更复杂、更高效的方向发展，例如，出现新的模型结构和训练算法，以提升图像识别、场景理解等任务的准确性和效率。同时，计算机视觉与其他传感器和数据源（如声音、光、雷达等）的融合将更加紧密，形成多模态计算。通过整合不同模态的信息，能更全面地理解场景和对象，提高系统的准确性和健壮性。未来，计算机视觉和自然语言处理的结合会日益深入，使计算机不仅能理解视觉内容，还能将其与自然语言描述关联起来，实现更智能的交互和应用，如视觉问答系统、图像文本生成等。

在应用层面，计算机视觉的应用场景将不断丰富和深化，如在自动驾驶拓展方面，自动驾驶汽车对计算机视觉的依赖将持续增强，技术不断成熟以实现更安全、更可靠的自动驾驶功能。同时，应用场景也会从传统道路驾驶拓展到更多特殊场景，如矿区、园区等的自动驾驶运输。在医疗保健领域，计算机视觉将在疾病诊断、手术辅助、康复监测等方面取得更多突破。例如，更精准地分析医学影像以检测早期病变，通过视频分析监测患者的康复情况等。在增强现实和虚拟现实方面，计算机视觉将在场景重建、物体识别和跟踪等方面发挥更重要的作用，为用户提供更沉浸式的体验，推动 AR/VR 在教育、娱乐、建筑设计等行业的广泛应用等。

6.6.2 计算机视觉面临的挑战

虽然计算机视觉已取得了不错的发展，但仍面临着多方面的挑战。

在数据质量方面，图像或视频的清晰度、光照条件、角度等因素都会影响数据质量，低质量的数据可能导致错误的结果，如在暗光环境下拍摄的图像，计算机视觉系统可能难以准确识别其中的物体。

在数据获取和标注方面，获取和标注大量高质量数据耗时且成本高。例如，在医学图像领域，标注医学影像需要专业的医学知识，不仅人力成本高，还可能面临数据隐私等问题。

在算法和模型方面，如何处理复杂场景，对场景进行语义理解，以及算法的可解释性和实时性等依然存在挑战。如现实场景中的光照变化、遮挡、多目标共存、背景复杂等情况，会使计算机视觉算法的性能下降；一些计算机视觉算法是黑箱式的，难以解释其背后的逻辑和原因，在医学等关键领域应用时，难以对结果进行可靠的验证和审查；在一些应用场景（如自动驾驶、实时监控）中，需要计算机视觉系统快速处理图像和视频数据并给出结果。但随着算法复杂度的增加，模型计算量增大，很难同时满足高精度和实时性的要求。

在与其他技术融合方面，计算机视觉往往需要与其他数据进行融合，以获取更全面的信息，但不同模态数据的特点和表示方式差异大，如何有效地进行融合是一个挑战。目前，大语言模型在文本理解与生成领域取得了显著进展，但在与计算机视觉融合理解和生成自然信号（如图像、视频）等方面，还处在初期的探索阶段。

小　结

计算机视觉是人工智能核心领域，旨在让机器“看懂”图像视频，核心问题是特征表达和语义理解，常见任务包括图像分类、目标检测等，发展历经萌芽探索、理论发展、技术应用拓展和深度学习驱动的爆发四个阶段，广泛应用于安防监控、医疗影像诊断等领域，未来技术向着深度学习、多模态融合等方向发展，将面临数据质量、算法可解释性等挑战。

思考与练习

一、选择题

1. 计算机视觉的核心问题是（　　）。

A. 图像压缩与传输　　B. 特征表达与语义理解

C. 视频剪辑与合成　　D. 硬件性能优化

2. 深度学习技术在计算机视觉领域的爆发期始于（　　）。
   A. 20世纪50年代　　B. 20世纪90年代
   C. 21世纪初　　D. 2010年后
3. 以下算法中，（　　）属于目标检测的一阶段方法。
   A. R-CNN　　B. Fast R-CNN
   C. Faster R-CNN　　D. YOLO
4. 语义分割的核心任务是（　　）。
   A. 对图像中的每个像素分类　　B. 识别图像中的物体类别
   C. 生成新的图像内容　　D. 检测物体的位置和边界框
5. 以下数据集，（　　）常用于手写数字识别。
   A. CIFAR10　　B. ImageNet
   C. MNIST　　D. COCO

二、填空题

1. 计算机视觉与人类视觉的本质区别在于：计算机将图像视为________，而人类能直接理解其语义。

2. 传统目标检测方法依赖手工特征，如________（写出一种），而深度学习方法通过________自动学习特征。

3. 计算机视觉在医疗领域的典型应用是________。

4. 计算机视觉面临的挑战包括数据质量、________、算法可解释性等。

三、思考题

为什么深度学习技术能推动计算机视觉的突破？试结合特征学习机制分析。

四、简答题

1. 简述计算机视觉发展的四个阶段及其核心特征。

2. 举例说明图像分类与目标检测的区别。

五、分析题

针对复杂场景下的遮挡问题，分析传统方法与深度学习方法的局限性，并提出可能的解决思路。

第 7 章

神经网络

神经网络是一种计算机模型，它试图通过模仿人脑神经元的工作方式，让计算机也能像人类一样进行学习和思考。作为现代人工智能的核心技术之一，神经网络被广泛应用在图像识别、自然语言处理、语音识别与合成、图文内容生成等领域。

学习目标

- **了解**：神经网络从仿生学起源到深度学习的完整发展脉络。
- **理解**：神经元模型、激活函数、网络层级等核心概念，前向传播与反向传播的基本原理，熟悉 CNN/RNN 等主流架构的适用场景。
- **应用**：具备构建基础网络模型的实践能力，能根据任务类型选择合适的激活函数与损失函数，熟练运用 PyTorch 等框架进行数据预处理、模型训练与推理。
- **分析**：能够评估不同网络架构的优缺点，诊断训练过程中出现的过拟合、梯度消失等问题，分析损失函数选择对模型性能的影响，通过可视化技术解释模型决策逻辑，对比不同学习率策略的实际效果差异。
- **养成**：培养严谨的数据处理习惯，建立系统性的模型调优思维，持续关注领域前沿动态，强化跨学科应用能力，在解决复杂问题过程中锤炼创新思维，最终形成从理论理解到工程实践的完整能力闭环。

7.1 神经网络的起源与发展

神经网络的诞生源于对人类大脑工作机制的探索与模仿，因此也被称为人工神经网络。人类的大脑是一个极其复杂的系统，由约 860 亿个神经元（神经细胞）组成，这些神经元通过突触相互连接，形成庞大的网络，负责处理信息、做出决策以及控制行为。正是这种高效的生物神经网络启发了科学家们构建人工神经网络的灵感。

生物神经元是大脑的基本单位，其结构主要包括四部分：树突、细胞体、轴突和神经末梢（见图 7-1）。树突负责接收来自其他神经元的信号，细胞体对这些信号进行整合处理，而轴突则将处理后的信号传递给其他神经元，神经末梢接受环境刺激，转换为神经冲动传递给神经中枢。神经元之间通过突触传递化学信号，这种信号的传递具有“全（输出 1）或无（输出 0）”的特性，即只有当输入信号达到一定阈值时，神经元才会被激活并传递信号。科学家们注意到，人类的学习和记忆能力很大程度上依赖于神经元之间的连接强度和信号传递效率。这种工作机制启发人们思考：是否可以通过模拟神经元的工作方式，构建一种能够学习和处理信息的计算模型。

图 7-1　生物神经元的结构

自 20 世纪 40 年代人们就开始尝试用数学模型来描述神经元的工作机制。1943 年，美国神经科学家沃伦·麦卡洛克（Warren McCulloch）和数学家沃尔特·皮茨（Walter Pitts）提出了第一个简化的人工神经元模型，称为 MCP 神经元。他们将神经元抽象为一个二进制单元：如果输入的信号超过某个阈值，神经元就会“激活”（输出 1）；否则，神经元“不激活”（输出 0）。这一模型虽然简单，但为神经网络的数学建模奠定了基础。

1957 年，美国心理学家弗兰克·罗森布拉特（Frank Rosenblatt）在 MCP 神经元的基础上提出了感知机（perceptron）模型。感知机是一种单层神经网络，它的核心思想是通过调整权重来最小化分类错误，能够通过简单的数学运算对输入数据进行分类。感知机首次展示了机器可以通过学习完成特定任务的能力，引起了广泛关注，并将人工智能概念带入大众视野。

然而，1969 年，人工智能领域的先驱马文·明斯基（Marvin Minsky）和西摩·佩珀特（Seymour Papert）在《感知机》一书中指出，感知机无法解决非线性问题（如异或问题），这一发现导致神经网络的研究在 20 世纪 70 年代陷入低谷，称为“AI 寒冬”。

十几年后，神经网络研究重新迎来了春天。1982 年，约翰·霍普菲尔德发表了一篇划时代的论文，提出了一种全连接的反馈型神经网络模型，称为霍普菲尔德网络（Hopfield network），他通过引入物理学中的能量最小化思想和能量函数，使网络的动态行为被描述为逐步降低能量的过程，直到达到稳定状态（即后来的梯度下降方法），开启了神经网络解决优化问题的新篇章。1986 年，杰弗里·辛顿等人提出了反向传播算法（backpropagation），这一算法有效地解决了多层神经网络的训练问题。反向传播通过计算损失函数的梯度，逐层调整神经网络的权重，结合激活函数使得网络能够学习复杂的非线性关系。与此同时，科学家们开始探索更复杂的神经网络结构。1980 年，福岛邦彦（Kunihiko Fukushima）提出了卷积神经网络（CNN）的雏形，这一结构后来成为图像处理领域的核心技术。1997 年，约书亚·本吉奥（Yoshua Bengio）等人提出了循环神经网络（RNN），用于处理序列数据（如语音、自然语言等）。这些创新使得神经网络在更多领域展现出强大的潜力。

拓展阅读：

2024 年诺贝尔物理学奖授予约翰·霍普菲尔德（John J. Hopfield）和杰弗里·辛顿（Geoffrey Hinton），以表彰他们在利用人工神经网络实现机器学习的基础性发现和发明。另外，2018 年辛顿获得图灵奖，2022 年霍普菲尔德获得玻尔兹曼奖。

进入 21 世纪，随着计算能力的提升和大数据的爆发，神经网络的研究进入了“深度学习”时代。2006 年，辛顿提出了深度信念网络（DBN），标志着深度学习技术的突破。2012 年，辛顿团队在 ImageNet 图像识别竞赛中使用深度卷积神经网络（AlexNet）取得了显著优势，这一事件被认为是深度学习革命的起点。

此后，神经网络在图像识别、自然语言处理、语音识别等领域取得了突破性进展。2016 年，谷歌公司的 AlphaGo 利用深度强化学习击败了世界围棋冠军李世石，展示了神经网络在复杂决策任务中的强大能力。2020 年，Open AI 公司推出的 GPT-3 模型在自然语言生成任务中表现出色，进一步推动了神经网络技术的发展。2024 年，中国的深度求索公司利用蒸馏技术以非常低的算力成本推出了更为精炼的 DeepSeek 开源大语言模型，被广泛部署于互联网平台和企业私有领域，大大加速了神经网络在各个行业的普及和应用。2025 年 2 月，xAI 公司发布新一代大模型 Grok-3，宣称其“推理能力碾压现有所有模型”，在数学推理、科学逻辑推理、代码编写和写作等能力表现方面取得了更优秀的效果，能够解决更复杂的问题，并在推理过程中动态反思错误、修正逻辑断层，为 AI 行业提供了一次新的技术突破。

神经网络的起源是人类对大脑工作原理的探索与模仿。从 MCP 神经元到感知机，再到深度学习的崛起，神经网络的发展历程展现了科学与技术的不断进步。如今，神经网络已经成为人工智能的核心技术之一，广泛应用于各个领域，推动着智能化的未来。它的成功不仅是对生物神经系统的致敬，更是人类智慧与创造力的体现。

7.2 神经网络基本结构

7.2.1 神经元模型

一个神经元的模型（见图 7-2）可由输入（inputs）、权重（weights）、偏置（bias）、激活函数（activation function）和输出（outputs）组成，功能上分别对应生物神经元模型中外部信号、树突、细胞体、轴突等。

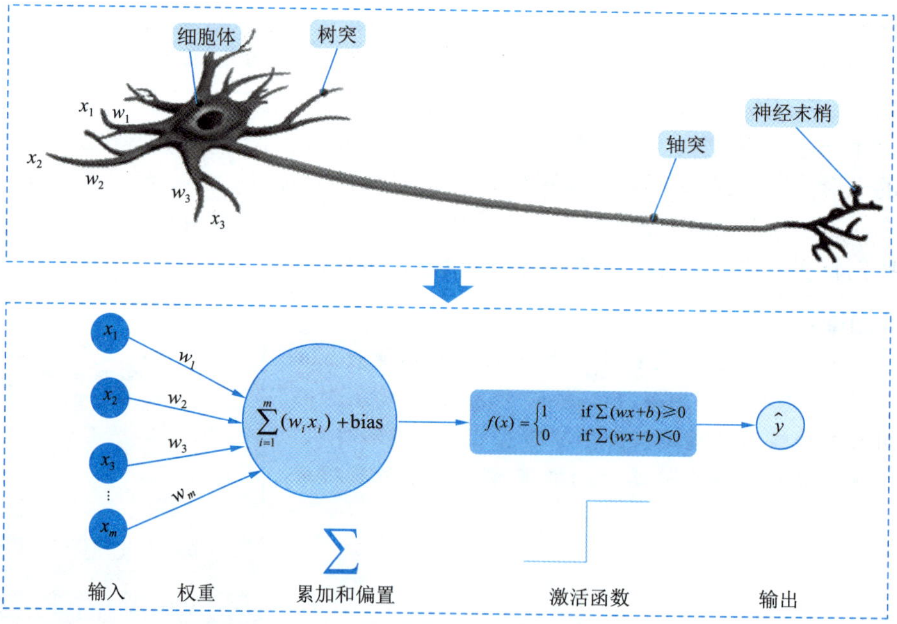

图 7-2　神经元的数学模型

单个神经元可用数学公式表达为：

$$y = \sum_{i=1}^{m} w_i x_i + \text{bias} \tag{7-1}$$

式中，x_i 是输入向量，一般用于表达待处理数据的特征；m 为特征的数量；w_i 为每个特征所占的权重；bias 为神经元的临界状态，用于动态调整激活神经元的条件，增加神经元的表达能力，每个神经元仅有一个 bias。w_i 和 bias 均为神经元的待定参数，它们将在训练过程中被不断修改。

神经元的输出通过激活函数确定最终是否激活，最简单的激活函数为阶跃函数，即当神经元的数值大于或等于 0 时输出 1，否则输出 0。

$$\hat{y} = \begin{cases} 1, & y \geqslant 0 \\ 0, & y < 0 \end{cases} \tag{7-2}$$

激活函数的非线性是神经网络的核心，在实际应用场景中，往往根据情况采用不同的激活函数，常用的激活函数有 Sigmoid、tanh、ReLU、Leaky ReLU、maxout、ELU 等，图 7-3 列出了它们的表达式和曲线，激活函数的非线性让神经网络能够学习并模拟更复杂的输入输出之间的关系。

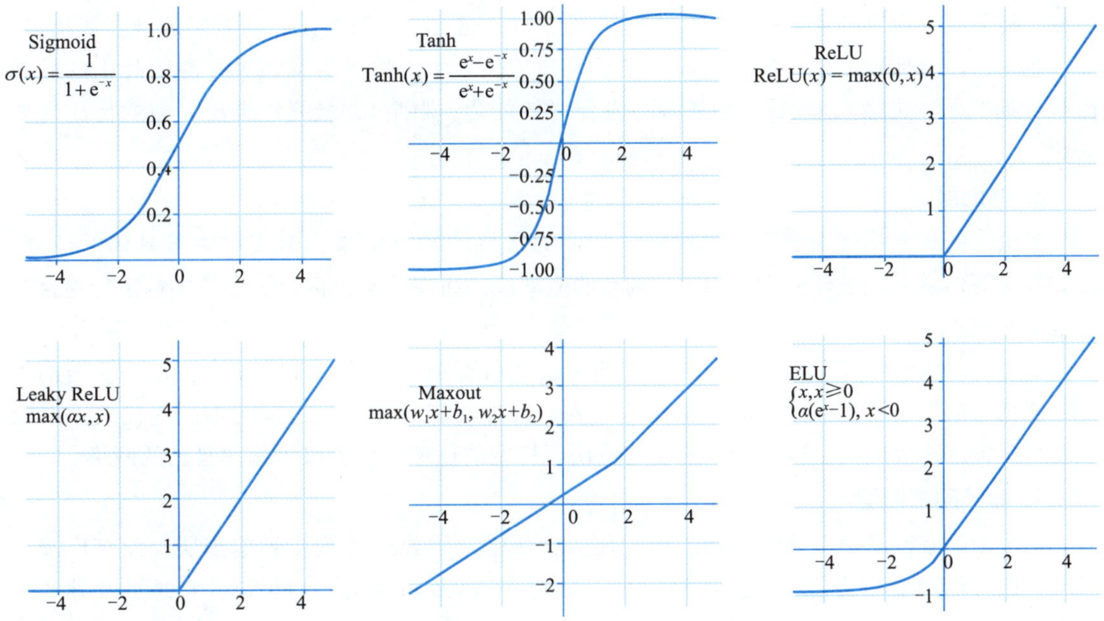

图 7-3　不同的激活函数

7.2.2　网络架构与类型

为了完成更复杂的任务，把相同结构的神经元组合在一起，构成一层（layer），层与层之间通过全连接组成完整的神经网络，根据各层的功能，常常把它们分为输入层（input layer）、隐藏层（hidden layers）和输出层（output layer），如图 7-4 所示。

1. 输入层

输入层相当于感官系统，用于接收数据，并把数据传递给下一层（隐藏层）。每个神经元对应原始数据的一部分或某个特征，比如图像的一个像素或者表格的一列数据。

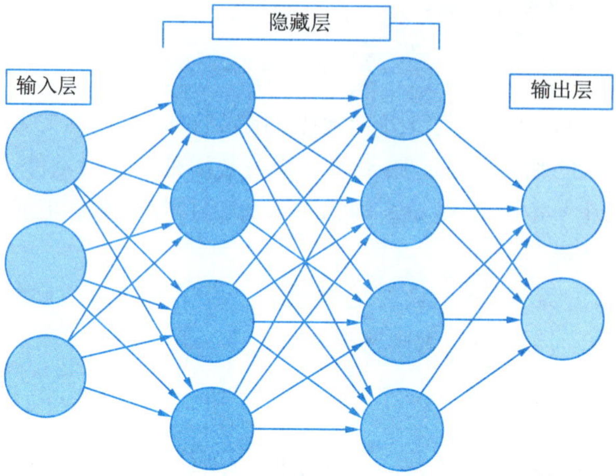

图 7-4　神经网络的层

2. 隐藏层

隐藏层是信息处理的中枢，类似于人脑的思考区域，它的任务是提取特征并学习复杂的模式，隐藏层的数量和复杂程度直接决定了网络的表现力，一般来说，隐藏层的神经元越多、层数越多，信息处理能力越强。例如，在图像分类任务中，隐藏层可能先检测图片中的简单形状（如线条、边缘），然后识别复杂的组合（如耳朵、眼睛），最终组合出完整的特征（如人脸）。

3. 输出层

输出层的任务是将隐藏层提取的特征转换为最终的预测结果，形式取决于具体的任务，比如在手写体数字识别任务中，输出 0 到 9 的概率值，而在图像目标检测任务中输出待检目标的位置和大小。

层与层之间的全连接是指当前层均把前一层的所有神经元输出作为输入，在某些结构中还可能把当前层或者更前面层的输出作为输入。各种功能的神经元之间的不同连接关系形成了多种多样的神经网络结构，相应的结构适用于特定的任务，读者可以构建自己的网络。

4. 神经网络模型

如果数据在网络中以单向流动的形式传播，从输入层经过隐藏层到输出层，没有反馈或循环，把这种网络称为前馈神经网络（feed forward neural network，FFNN），它是最基础的人工神经网络结构之一，如图 7-5 所示。

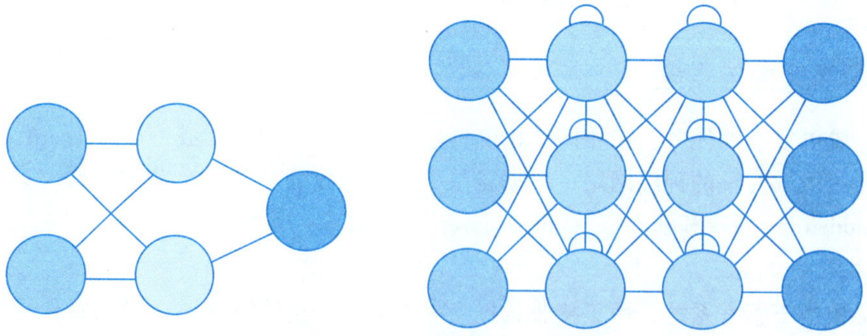

图 7-5　前馈神经网络和循环神经网络的结构示意图

循环神经网络（recurrent neural network，RNN）是一种专门处理序列数据的神经网络模型，其核心特征是引入“时间维度”的循环连接，使网络能够捕捉序列中的时序依赖关系。其结构的最显著的特点是使用隐藏层存储历史信息，并通过循环连接把历史信息传递到下一时间步作为记忆输入。

神经网络目前有几十种模型，包括径向基函数（radial basis function，RBF）、长短期记忆网络（long/short term memory，LSTM）、自动编码器（auto encoder，AE）、霍普菲尔德网络（Hopfield network，HN）、深度信念网络（deep belief network，DBN）、深度卷积神经网络（deep convolutionaln networks，DCN）等，每种模型都有其各自的特点和优势，适用于不同的任务。在使用神经网络时，需要根据不同场景任务选择相应的网络模型。

7.3 神经网络工作原理

7.3.1 训练与推理

神经网络的智能性主要体现在它能够通过学习，获得现象（数据）背后隐藏的知识、规律等模式，并利用这些模式做出预测。神经网络的学习过程称为训练，预测过程则称为推理。初始的神经网络就像孩童一样不具备“分辨”事物的能力，为了使它能够“学习”新的知识，需要人们对它进行训练。

要对神经网络进行训练，需要准备数据，这些数据应包括输入 x（如图像、文本）与真实预期的输出 Y（car），通过计算网络的实际输出 y 与 Y 的差异计算出损失（loss），然后通过反向传播逐步更新权重 w 直至满足要求，即训练完毕。

训练后的神经网络具备了一定的“分辨”能力（存储在权重 w 中），这样就可以对未知的事物进行预测。即给定一个新的输入 x'（如南瓜图），网络会计算得出一个预测的输出 y'（pumpkin），如图 7-6 所示，虚线上半部分为训练过程，包含了前向传播 guoch（forward）和后向传播过程（backward），下半部分为推理过程。

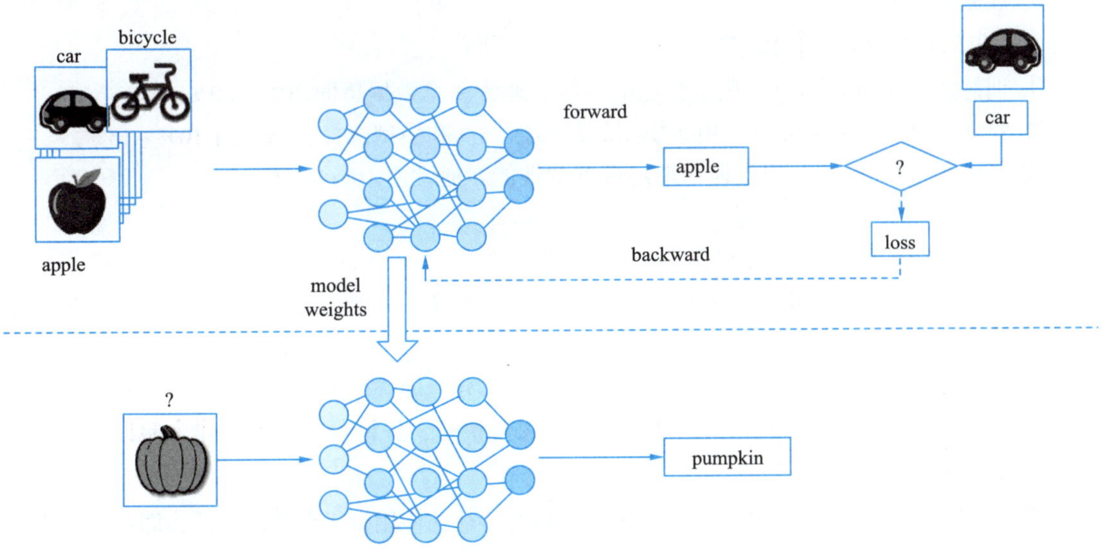

图 7-6　训练与推理

7.3.2 数据准备

在神经网络的训练过程中，数据的准备是至关重要的一步。高质量的训练数据能够显著提升模型的性能，而数据准备的过程通常包括数据采集、标注、清洗和划分等步骤。

1. 数据采集和标注

根据数据来源的不同，数据准备可以分为两类：采集和标注数据以及使用公开的数据集。

根据任务需求，从现实世界中采集文本、音频、图像、视频等数据的过程称为数据采集；数据标注是为采集的原始数据添加标签（label）或注释的过程，以便模型能够学习到输入与输出之间的映射关系。在明确采集计划和规范的前提下，数据的采集和标注一般借助对应的工具实现，必要时开发专业的应用程序辅助完成。对于大规模数据的标注，也可以采用众包平台。

公开的数据集是由研究机构或企业发布的高质量数据集，通常是针对特定通用任务已标注的数据，如面向图像分类和目标检测的ImageNet、手写体识别的MNIST、图像生成的COCO、文本分类的Newsgroups等。用户只需要根据论文、开源社区或者数据集平台查找、下载这些数据，并检查数据集的规模、标注质量、多样性和适用性即可使用。

2. 数据清洗

数据清洗的目的是提高训练数据的质量，使其适合进行模型训练。主要步骤包括：去除重复数据、处理缺失值、处理异常值、标准化/归一化。为了使图像能够输入神经网络，往往需要统一尺寸大小；对于文本需进行分词、去停用词、词干提取，转换为成词向量等预处理。

缺失值一般使用均值、中值或者高频值替换，缺失值较多的样本直接删除；使用数据统计方法检测异常值，可以去除异常值或者按照缺失值来处理。

标准化是指把数据的均值处理为0，方差处理为1，这样能够提升数据的代表性；归一化是指把数据的所有特征值的范围缩放到[0,1]，避免特征因为数值大小造成的不均衡。

由于某些语言文本（如中文）不具有天然的分隔符，需要使用特定的分词工具（如中科院分词）提取文本中的词语，以便对其进行量化。

3. 数据集划分

数据集的划分通常包括以下三部分：

① 训练集（training set）：用于模型的训练，通常占总数据集的70%~80%。

② 验证集（validation set）：用于模型的超参数调优和模型选择，通常占10%~15%。

③ 测试集（test set）：用于评估最终模型的性能，通常占10%~15%。

划分方法包括：

随机划分：随机选择样本分配到不同的数据集中。

分层抽样：在分类任务中，确保每个类别在各个子集中的比例与总数据集相同，以避免类别不平衡问题。

在数据量不足的情况下，往往采用留一法进行划分，即在数据集中留下一个样本作为验证集，其他作为训练集进行训练和验证，此过程反复执行，保证每个样本都作为验证集。

4. 批量大小

为了提升训练效率，改善收敛性能，避免过拟合，往往使用批量训练的方法，即在训练集中取一部分样本进行训练。批量大小（batch size）一般划分为小批量和大批量，均存在优缺点：

① 小批量（如32、64、128）：优点是可以更频繁地更新模型参数，收敛速度较快，适合

大多数问题。缺点是可能会导致噪声更大，训练过程不稳定。

② 大批量（如256、512或更大）：优点是可以更好地利用并行计算，计算效率高，收敛过程稳定。缺点是内存消耗大，可能导致过拟合，而且仅适用于大的数据集。

也可以根据训练过程的表现逐渐调整批量大小。例如，初始使用小批量，随着训练的进行逐渐增大。批量大小是神经网络训练过程中的关键超参数之一，需要根据具体任务要求选择不同的数值或方法。

数据采集、标注、清洗、数据集划分和批量大小的设定是训练神经网络周期中不可或缺的步骤。合理的数据处理能够显著提高模型的性能和稳定性。

7.3.3 前向传播

神经网络的前向传播（forward）过程是指将输入数据通过网络各层逐步传递，最终生成输出的过程，即输入数据 x 后，计算得出 y。这个过程是推理阶段的全部步骤，也是训练阶段的重要组成。神经网络在训练完成前并没有合适的权重和偏置（这些正是训练要确定的参数），因此需要进行初始化。可以使用随机数对权重初始化，但有可能造成梯度消失或者梯度爆炸。根据不同的激活函数，选择合适的权重初始化方法（如 Xavier 或 He 初始化）可以避免这些问题，比如 Tanh、sigmoid 等饱和激活函数选择 Xavier 初始化，而对于 ReLU 及其变体（Leaky ReLU 等）可以选择 He 初始化。偏置通常初始化为零或者一个很小的值。

7.3.4 损失函数概念及类型

在机器学习和深度学习领域，损失函数扮演着至关重要的角色，它被用来评估模型的预测输出与实际目标值之间的差异程度。损失函数的设计和选择对于模型的性能有着直接的影响。根据不同的任务类型，可以选择不同的损失函数。

损失函数（loss function）是一个数学函数，用于衡量模型预测值与真实值之间的差异，目的是在训练阶段产生梯度，以更新模型的权重，因此它是机器学习和深度学习中非常关键的组成部分，决定了训练过程和最终效果。损失函数主要包括以下几种类型：

① 均方误差（mean squared error，MSE）：计算预测值与真实值之间的平方差的平均值，主要适用于回归任务。

② 绝对误差（mean absolute error，MAE）：计算预测值与真实值之间的绝对差的平均值，适用于回归任务。

③ Huber 损失（Huber loss）：结合了 MSE 和 MAE 的优点，能够对异常值更为稳健。

④ 交叉熵损失（cross-entropy loss）：衡量预测概率分布与真实分布之间的差异，适用于分类任务。

⑤ 二元交叉熵损失（binary cross-entropy loss）：计算每个样本的交叉熵损失后取平均，特别适用于二分类问题。

⑥ 分类交叉熵损失（categorical cross-entropy loss）：与 MAE 类似，但逐个计算所有类别的交叉熵损失，适用于多分类问题。

⑦ 焦点损失（focal loss）：在计算交叉熵损失时，增加了对难分类样本的关注，尤其针对类别不平衡问题，常用于目标检测。

除了任务类型外，选择合适的损失函数通常还取决于其他因素，包括数据特性、模型的输出、任务的目标、计算效率、领域知识等。例如，某些类别样本较少，使用焦点损失或加权交叉熵可以平衡各类别的影响；对于概率值输出，交叉熵损失是合适的选择，对于连续值的预测则 MSE 或 MAE 通常更为适用。在实际应用中，选择损失函数还需要通过实验进行调优，观察不同损失函数对模型性能的影响，从而选择最佳的一个。

7.3.5 反向传播

神经网络训练的目标是最小化损失函数，使得预测输出接近真实标签。反向传播（back-propagation）是训练过程中的核心算法，其本质是通过链式法则高效计算损失函数对网络参数的梯度，从而利用梯度下降法优化参数。因为多层神经网络的损失函数本身就是一个复合函数，可利用链式法逐层求导计算出每层权重的梯度。如前文所述，为了避免损失函数的梯度发散或消失，在神经网络设计时应选用合适的激活函数和参数初始化方式，否则可能造成无法找到极值点。

1. 梯度下降

梯度下降是在损失函数的参数空间中快速找到一个极值的方法，其过程是利用当前梯度逐步更新参数值，直至稳定或满足条件为止。图 7-7 是 Resnet-56 网络在数据集 CIFAR-10 训练时的损失函数空间的表示，路径为参数更新过程的示意表示，星号为局部最低点。注意到在相邻的起点开始更新参数，则可能达到不同的最低点。

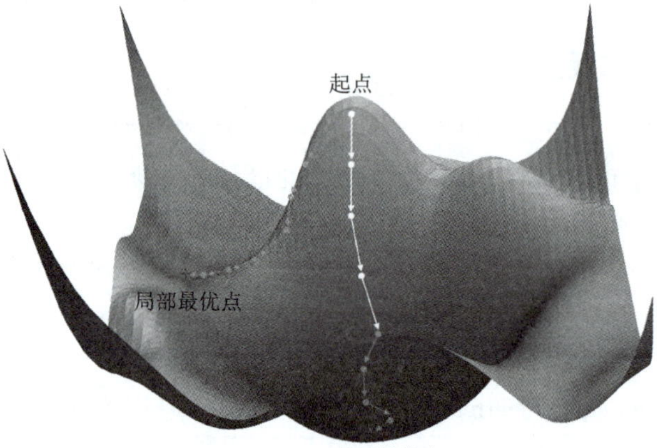

图 7-7 梯度下降过程

假设神经网络的参数（权重和偏置）用符号 θ 表示，在当前情况下的梯度可表示为 $\nabla J(\theta)$，则梯度更新过程描述为

$$\theta = \theta - \alpha \nabla J(\theta) \tag{7-3}$$

式中，α 表示学习率或者称作更新步长。

由于 θ 的数值总是趋向于损失函数下降的方向更新，因此称为梯度下降法。

2. 学习率

由式（7-3）看出，梯度下降中的学习率 α 决定了参数变化的幅度，学习率对训练过程至关重要，较大的学习率能够加快训练过程，但可能会在极值附近来回徘徊，造成模型不收敛；较小的学习率能够增加收敛的概率，但计算量更大，训练时间会更长。可以选择可变学习率的方法，即在开始时使用较大的学习率，随着训练迭代次数的增加逐渐缩小学习率，常见的方法包括固定分段衰减法、逆时衰减法、平方衰减法、指数衰减法和余弦衰减法等，见表 7-1。

表 7-1　常见的学习率衰减方法

方　法	公　式	说　明
分段衰减 piecewise decay	$\alpha_t = \alpha_0 \times \gamma^{\lfloor \frac{t}{m} \rfloor}$	每经过 m 次迭代，学习率变为原来的 γ 倍
逆时衰减 inverse time decay	$\alpha_t = \dfrac{\alpha_0}{1 + kt}$	随迭代次数的增加逐渐减小，经过 $1/k$ 次变为原来 1/2
平方衰减 square decay	$\alpha_t = \dfrac{\alpha_0}{1 + (kt)^2}$	逆时衰减的升级，随迭代次数的增加衰减速度增加
指数衰减 exponential decay	$\alpha_t = \alpha_0 \times \gamma^t$	成指数级衰减，下降最快
自然指数衰减 natural exponential decay	$\alpha_t = \alpha_0 \times e^{-kt}$	经过 $1/k$ 次迭代，变为原来 1/e
余弦衰减 cosine decay	$\alpha_t = \dfrac{\alpha_0}{2} \times \left[1 + \cos\left(\dfrac{t\pi}{T}\right)\right]$	迭代 T 次后变为 0

不同的学习率衰减法与迭代次数之间的关系如图 7-8 所示，图中初始学习率设为 0.1，最大迭代次数为 100，衰减系数 γ 为 0.6，衰减速率 k 为 0.1，分段间隔 m 为 20 次迭代。

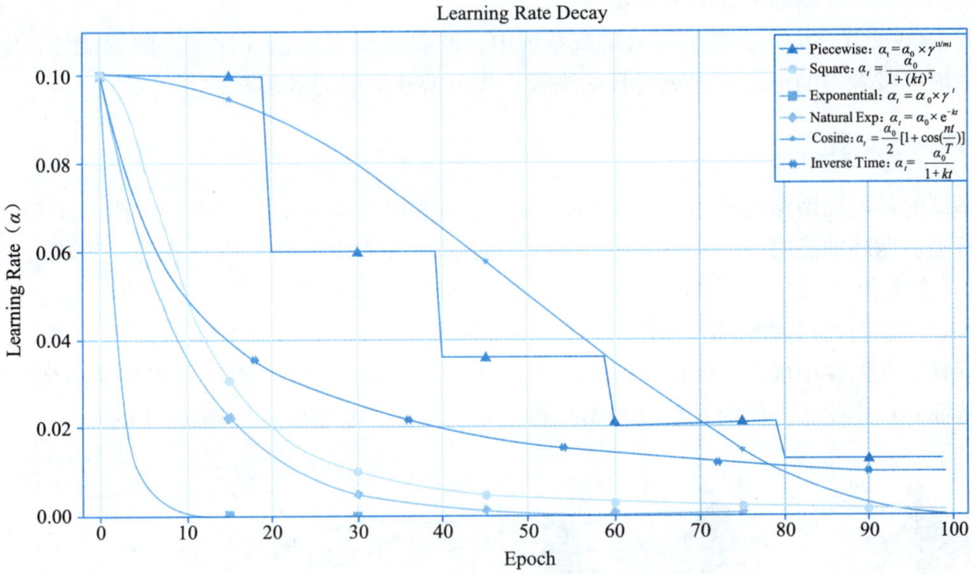

图 7-8　不同的学习率衰减法与迭代次数之间的关系

7.4　应用场景与典型案例

7.4.1　应用场景

神经网络作为机器学习的核心方法，已经在多个领域内取得了显著的成功，包括计算机视觉、自然语言处理、推荐系统以及各类生成式任务，它们被广泛应用在各种场景下，涵盖了教育、交通、医疗、金融、工业制造、电商娱乐等场景中。以下是几种典型的应用：

① 自适应学习系统。通过分析学习者的历史数据，如正答率、学习时长、知识图谱覆盖情况等，神经网络识别并预测出潜在的改进方向，生成个性化学习路径，突破传统教育中的诸多局限，是每一位学习者都能够快速有效地获取知识、提升能力。

② 自动驾驶。卷积神经网络（CNN）能够融合多方位摄像头、雷达和激光扫描仪等传感器数据，实时感知车辆周围的环境，识别跟踪行人、车辆、障碍物及交通标志等目标，同时根据环境信息规划行车路径，进一步利用循环神经网络（RNN）完成加速、转向、制动等车辆控制。

③ 医学影像分析、疾病预测。神经网络已经用于识别 X 光片、CT 扫描、MRI 扫描等医学成像领域，能够快速准确定位病变部位、大小和形状，并根据病历信息进行初步分类和诊断。此外，神经网络还用于处理体液样本、分析基因组序列变异，从而预测疾病的发展，大大提高了医生的工作效率，降低了误诊率。

④ 金融风险评估与控制。径向基函数（RBF）神经网络能够根据客户提供的资料评估其信用等级，帮助金融机构更准确地评估业务风险。通过监测客户往来账信息、借贷历史、账户异动，对金融风险进行预警，为相关部门提供决策参考。

⑤ 商品推荐系统。淘宝和亚马逊等电商公司通过采集用户行为数据（如点击、购买、评分等）形成用户行为特征或画像，使用神经网络学习用户和物品交互矩阵的隐式关系，从而预测用户对未交互物品的评分或点击概率。

⑥ 游戏交互。大语言模型嵌入游戏系统中，改善非玩家角色（NPC）的智能性，实时生成对话内容或者协助他们做出更明智的决策，提升游戏吸引力和趣味性。

7.4.2 典型案例

不同的神经网络结构适用于不同的任务，比如卷积神经网络（CNN）常用于图像分类和目标检测，循环神经网络（RNN）常用于机器翻译、文本生成和语音识别等，生成对抗网络（GAN）在图像生成、音乐合成等方面具有优势。本节使用 PyTorch 中的区域卷积网络（R-CNN）实现目标检测。R-CNN 由罗斯·吉尔希克（Ross Girshick）等人提出，他们使用选择搜索算法在图像中确定 2 000 个候选区域，并在这些候选区域上通过卷积神经网络（CNN）提取特征并最终使用支持向量机（SVM）确定目标类别，基本流程如图 7-9 所示。

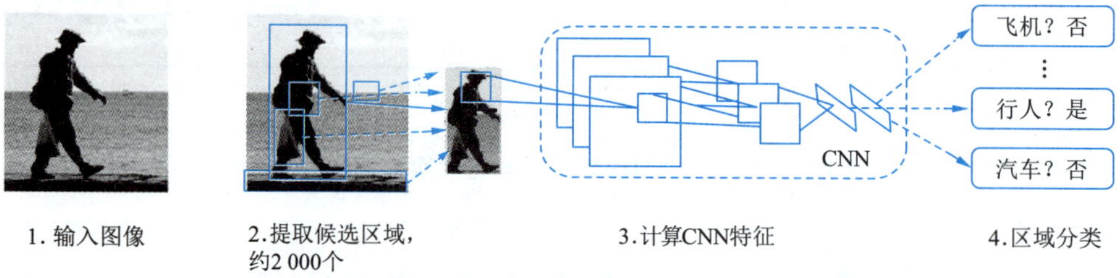

图 7-9 R-CNN 的工作原理

由于提取 2 000 个区域中的特征计算量较大，检测效率较低。为了提高检测速度，罗斯和其他学者对该方法进行了持续改进，分别被命名为 Fast R-CNN 和 Faster R-CNN。由于这些神经网络的出色性能，它们的预训练模型被集成到了 PyTorch 中，下面直接使用预训练模型 Faster R-CNN Restnet50 进行目标检测，读者也可以使用训练数据训练自己的 R-CNN 模型。

1. Faster R-CNN 的输入和输出

Faster R-CNN Restnet50 预训练模型的输入图像使用一个四元组[n,c,h,w]表示。其中 n 表示图像的数量；c 表示图像色彩的通道数，如果是 RGB 彩色图像，则这个数为 3，灰度图像则为 1；h 和 w 表示图像的高和宽，在该模型中，要求最小尺寸为 800 像素，即 h 和 w 的最小值为 800。

模型的输出包括一个 *N* 行 4 列的二维表格，*N* 行是检测到的目标数量（分类数量），每行为目标的区域起始坐标（左上角）和结束坐标（右下角）：[x0,y0,x1,y1]。输出中还包括了所有分类标签以及每个标签所对应的分值（也可以理解为置信度）。

2. 预训练模型

用户在配置好 PyTorch 和 torchvision 环境后，可以使用下面的代码下载使用预训练模型：

```
import torchvision
model = torchvision.models.detection.fasterrcnn_resnet50_fpn(pretrained=True)
model.eval()
```

其中 pretrained=True 指示 torchvision 模块使用预训练的权重进行预测，而不必重新训练。PyTorch 的官方文档定义了标签的类型名称，这里通过全局变量 COCO_INSTANCE_CATEGORY_NAMES 定义 91 类目标类型：

```
COCO_INSTANCE_CATEGORY_NAMES = ['__background__', 'person', 'bicycle', 'car',
'motorcycle', 'airplane', 'bus', 'train', 'truck', 'boat', 'traffic light', 'fire
hydrant', 'N/A', 'stop sign', 'parking meter', 'bench', 'bird', 'cat', 'dog', 'horse',
'sheep', 'cow', 'elephant', 'bear', 'zebra', 'giraffe', 'N/A', 'backpack',
'umbrella', 'N/A', 'N/A', 'handbag', 'tie', 'suitcase', 'frisbee', 'skis', 'snow-
board', 'sports ball', 'kite', 'baseball bat', 'baseball glove', 'skateboard',
'surfboard', 'tennis racket', 'bottle', 'N/A', 'wine glass', 'cup', 'fork', 'knife',
'spoon', 'bowl', 'banana', 'apple', 'sandwich', 'orange', 'broccoli', 'carrot',
'hot dog', 'pizza', 'donut', 'cake', 'chair', 'couch', 'potted plant', 'bed', 'N/A',
'dining table', 'N/A', 'N/A', 'toilet', 'N/A', 'tv', 'laptop', 'mouse', 'remote',
'keyboard', 'cell phone', 'microwave', 'oven', 'toaster', 'sink', 'refrigerator',
'N/A', 'book', 'clock', 'vase', 'scissors', 'teddy bear', 'hair drier', 'toothbrush']
```

在这些类别中，特殊符号 N/A 标示了后续处理中被删除的类别，但为了保持索引一致性，使用该符号占位。

3. 目标检测

定义两个 Python 函数实现图像中目标的检测，第一个 get_boxes_classes 借助前面下载的模型和标签名称获取图像中的包围框和类别，并且过滤掉那些分值低于阈值 threshold 的目标。第二个函数 detect_objects 负责加载图像并绘制检测结果。

```
def get_boxes_classes(img_path, threshold):
    img = Image.open(img_path)
    transform = T.Compose([T.ToTensor()])
    img = transform(img)
    pred = model([img])
    pred_class = [COCO_INSTANCE_CATEGORY_NAMES[i] for i in list(pred[0]['labels'].
numpy())]
```

```
    pred_boxes = [[(int(i[0]), int(i[1])), (int(i[2]), int(i[3]))] for i in list
(pred[0]['boxes'].detach().numpy())]
    pred_score = list(pred[0]['scores'].detach().numpy())
    pred_t = [pred_score.index(x) for x in pred_score if x > threshold][-1]
    pred_boxes = pred_boxes[:pred_t + 1]
    pred_class = pred_class[:pred_t + 1]
    return pred_boxes, pred_class

def detect_objects(img_path, threshold=0.5, rect_th=3, text_size=3, text_th=3):
    boxes, pred_cls = get_boxes_classes(img_path, threshold)
    img = cv2.imread(img_path)
    img = cv2.cvtColor(img, cv2.COLOR_BGR2RGB)
    for i in range(len(boxes)):
        cv2.rectangle(img,pt1=boxes[i][0], pt2=boxes[i][1], color=(0, 255, 0),
thickness=rect_th)
        cv2.putText(img, pred_cls[i], boxes[i][0], cv2.FONT_HERSHEY_SIMPLEX,
text_size, (0, 255, 0), text_th)
        plt.figure(figsize=(20, 30))
        plt.imshow(img)
        plt.xticks([])
        plt.yticks([])
        plt.show()
```

4. 推理结果

通过调用 detect_objects( ) 函数即可实现推理，并显示结果，具体调用方法如下：

```
detect_objects('cars.png')
```

图 7-10 所示为使用某品牌汽车宣传图片作为源图的检测结果。

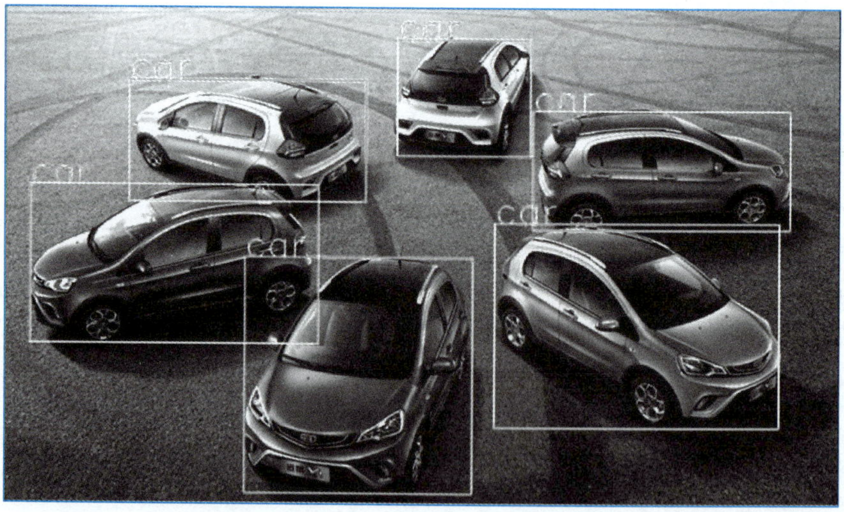

图 7-10　汽车宣传图片目标检测结果

使用现有的生成神经网络模型，根据提示词“生成一张有人、有车、有狗的远景写实图片”生成图像，并把它作为原图进行目标检测，其结果如图 7-11 所示。

图 7-11 使用文生图模型生成的图片检测结果

需要注意的是，该模型并不能正确检测分类集合之外的目标，阈值的设置非常重要，如果阈值太低则可能误判，太高则会漏判。另外，推理过程使用 GPU 能够提升速度约 50 倍，CPU 处理一幅图像大约 8～10 s，而 GPU 约为 0. 15～0. 2 s。

7.5 神经网络的未来发展

7.5.1 突破算力限制

随着人工智能技术的快速发展，尤其是深度学习和大规模模型的广泛应用，训练和推理过程对算力的需求呈现出爆炸性增长的态势。这一趋势不仅推动了 AI 技术的边界，也对计算资源提出了前所未有的挑战。业界为了量化这一关系，常使用尺度定律（Scaling Law）来描述模型性能与其规模（包括网络参数数量、数据集的大小以及训练所需的计算资源）之间的紧密联系：简而言之，规模越大，模型的性能往往越好，但这也意味着对算力的需求急剧上升。

据报道，为了打造更强大的 AI 模型，微软为 GP-6 投入了约 8 万块 H100 GPU，这一数字已经令人咋舌，但 xAI 的 Grok-3 更是将这一标准推向了新的高度，使用了 20 万块 H100 GPU 进行训练。其累计训练时长达 2 亿 GPU 小时，这一庞大的算力消耗约为 DeepSeek-V3 的 263 倍，充分展示了当前顶尖 AI 模型在算力需求上的极端性。高算力的消耗不仅增加了运营成本，还往往意味着更高的能耗，对环境也造成了一定的压力。

当前算力已成为限制模型训练规模和效率的主要因素。为了突破这一瓶颈，业界和学术界正积极探索如何提升计算能力并降低能耗。主要方向包括：

1. 研发性能更好的计算单元

作为 AI 计算的核心硬件，GPU 的性能直接关系到模型训练的速度和效率。因此，研发具有更高算力、更低功耗的 GPU 成为关键。这不仅需要材料科学、半导体工艺等方面的突破，还需要软件层面的优化，以确保 GPU 能够充分发挥其性能。开发 AI 专有硬件（如谷歌公司的 TPU）或使用新的计算架构（如量子计算机）也是解决计算能力的重要方向。

2. 训练方法和网络结构的突破

了硬件层面的提升，优化训练方法也是降低算力需求、提升模型性能的重要途径。例如，通过引入更高效的算法、利用分布式训练技术、采用模型压缩和量化等方法，可以在不牺牲太多性能的前提下，显著减少模型对算力的依赖。

3. 探索新的神经网络架构

新的网络架构能够在更小规模的参数下实现专业领域的推理过程，如科尔莫格罗夫-阿诺德网络（KAN）仅需 200 个参数即可复现需 30 万参数的多层神经网络数学定理发现任务，能够显著降低计算资源需求；受生物机制启发的树突网络模仿生物神经元树突的独立计算能力，通过多分支结构增强信息处理效率。这些新的架构不仅推动 AI 性能突破，还将降低算力消耗、促进绿色计算、人机交互和科学研究的深度融合。

随着人工智能技术的不断进步，算力需求将持续增长。为了应对这一挑战，业界需要从硬件和软件两个层面出发，不断探索和创新，以实现计算能力的飞跃和能耗的显著降低。

7.5.2 提升可解释性

神经网络的可解释性是指人们能够理解和解释神经网络的决策过程和内部机制的能力。由于神经网络（尤其是深度神经网络）通常具有大量的参数和复杂的结构，其决策过程往往被视为“黑箱”，难以直观理解，而在医疗、金融、法律等与人关系密切的应用中，合理、合规、公平、公正是基础要求，因此提高神经网络的可解释性对于增强模型的透明度、信任度和实用性至关重要。

可解释性可分为局部结构和整体应用两个层次。结构层的解释专注于神经网络的连接方式、权重分布和计算过程，而应用层的解释用于理解模型的整体行为和输出。结构层的解释方法有：①通过可视化神经网络隐藏层的激活情况，分析哪些特征被激活，通过计算每个特征对模型输出的贡献，评估特征的重要性理解最终决策的逻辑；②通过梯度信息生成热力图，显示输入图像中哪些区域对模型的决策贡献最大，从而判断神经网络输出的合理性。③通过降维技术将高维数据投影到二维或三维空间，可视化数据的分布和模型的决策边界或者将复杂的神经网络转换为决策树或规则集，从而提高可解释性。

在应用层，大语言模型一般通过展示其详细的推理过程和中间计算结果证明其决策的正确性和合理性，例如，DeepSeek 通过展示思考推理过程和搜索结果提高用户接受答案的信任度。

小　结

本章介绍了神经网络的起源与发展，概述了其基本思想及发展历程，描述了人工神经元的数学模型和原理，包括输入、权重、偏置、激活函数和输出，以及利用神经元的基础模型构建复杂网络以完成特定任务。工作原理小节阐述了神经网络的工作方式和训练、推理细节，包括训练算法、损失函数和学习率等超参数的设置。最后介绍了神经网络的几大应用场景和典型案例，并展望了未来方向。

思考与练习

一、选择题

1. 感知机模型的提出者是（　　）。

　A. 明斯基　　B. 罗森布拉特

　C. 辛顿　　D. 霍普菲尔德

2. 以下激活函数（　　）能有效缓解梯度消失问题。

　A. Sigmoid　　B. Tanh

　C. ReLU　　D. Maxout

3. 反向传播算法的核心是（　　）。

　A. 前向传播计算输出　　B. 梯度下降优化参数

　C. 链式法则求导　　D. 损失函数选择

二、填空题

1. 神经网络的三个基本层是________、________和________。

2. 生物神经元的信号传递特性是________。

三、思考题

1. 为什么激活函数必须具有非线性特性？

2. 如何理解神经网络中的“黑箱”问题？可解释性提升的主要方法有哪些？

四、简答题

1. 简述梯度下降法的工作原理，说明学习率设置的重要性。

2. 对比 CNN 与 RNN 的结构差异，分别列举两种典型应用场景。

五、编程题

使用 PyTorch 框架加载预训练的 Faster R-CNN 模型实现对指定图像的目标检测，要求输出检测框坐标及对应类别名称。

第 8 章

深度学习

在当今科技飞速发展的时代，深度学习已成为人工智能领域的核心技术之一，它犹如一把神奇的钥匙，开启了智能世界的大门。深度学习是机器学习的一个重要分支，通过构建具有多个层次的神经网络模型，自动从大量数据中学习复杂的模式和特征表示，在图像识别、语音识别、自然语言处理等诸多领域取得了令人瞩目的成就，深刻地改变了人们的生活和工作方式，推动着各个行业的创新与变革。

学习目标

- **了解**：深度学习的训练过程，涵盖损失函数的选择与设计、优化算法（如随机梯度下降、Adagrad、Adadelta、Adam 等）的原理和应用、正则化技术（如 L_1 和 L_2 正则化、Dropout）防止过拟合的原理与操作，以及超参数调整的策略和重要性。
- **理解**：深度学习的定义与本质，明确其利用深度神经网络自动学习数据特征的核心机制，重点关注数据在模型中的处理流程和特征提取过程。
- **应用**：掌握深度学习的神经网络架构基础，包括多层感知机（MLP）的结构与原理、卷积神经网络（CNN）在图像处理中的独特优势和工作机制、循环神经网络（RNN）及其变体（如 LSTM、GRU 等）处理序列数据的方法，以及自注意力机制在捕捉数据内部关联方面的作用。
- **分析**：清晰洞察深度学习面临的挑战（如计算资源需求巨大、模型可解释性差、数据隐私与安全问题）及未来发展趋势（如模型轻量化、可解释性增强、与其他技术融合）。
- **养成**：全面认识深度学习的应用领域，如在计算机视觉领域的图像分类、目标检测、语义分割等任务中的应用，在自然语言处理领域的文本分类、机器翻译、情感分析等方面的表现，以及在语音识别、推荐系统、自动驾驶等新兴领域的重要作用和应用实例。根据实际问题调整思路与方法，提升思辨能力。

8.1 定义与概述

深度学习是一种先进的机器学习技术，它基于人工神经网络的原理，通过构建包含多个隐藏层的复杂神经网络模型，对海量的数据集进行深入的学习和分析。这种技术的核心在于它能够自动地从数据中提取特征，并进行分类、预测、生成等任务。与传统的机器学习方法相比，深度学习的一个显著优势在于它能够自动学习数据的复杂层次结构和抽象特征，这大大减少了人工手动设计特征的需要和工作量。例如，在图像识别领域，深度学习模型能够直接从原始的图像像素数据中学习到物体的特征，包括但不限于形状、颜色、纹理等细节信息。通过这种自动化的特征提取过程，深度学习模型能够准确地识别图像中的物体类别，甚至在面对复杂场景和多变条件时，也能保持较高的识别准确率。这种能力在许多实际应用中都显示出了巨大的潜力和价值，如自动驾驶汽车中的视觉系统、医疗影像分析以及安全监控等。通过图 8-1 可以直观地看到深度学习在图像识别任务中的应用效果，其中展示了模型如何从输入的图像数据中识别出不同的物体类别。

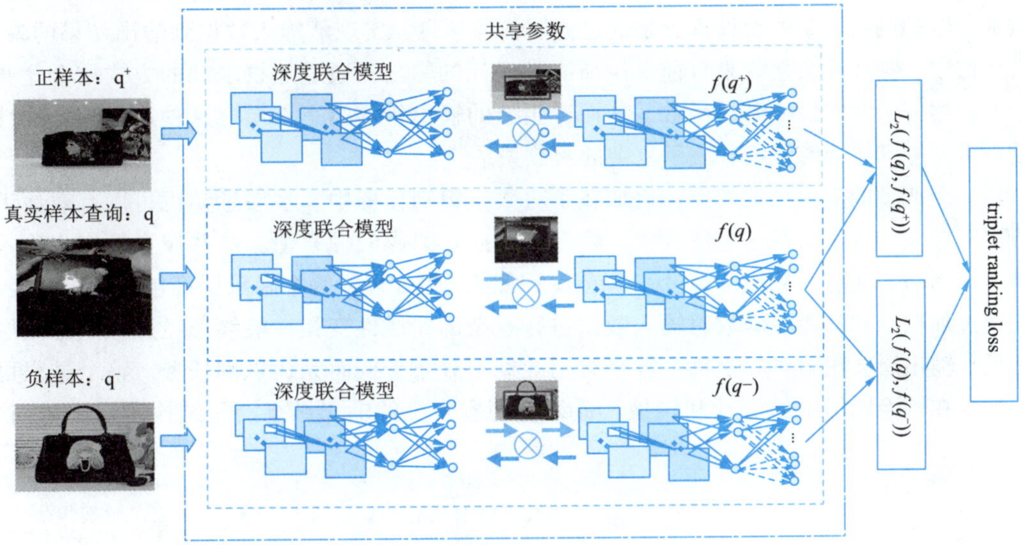

图 8-1　深度学习图像识别示例

深度学习之所以成为当今人工智能领域的核心技术之一，其核心在于深度神经网络的构建和训练过程。深度神经网络是由多个层次构成的复杂结构，它通常包括输入层、若干个隐藏层以及输出层。输入层负责接收各种形式的原始数据，例如在图像识别任务中，输入层会接收图像的像素值；而在自然语言处理任务中，输入层则会接收文本的词向量表示。隐藏层在深度神经网络中扮演着至关重要的角色，它们通过一系列复杂的非线性变换和特征组合，逐步从原始数据中提取出更加抽象和高级的特征表示。这些高级特征对于完成各种复杂任务至关重要。至于输出层，则根据不同的任务需求，生成相应的输出结果。例如，在分类任务中，输出层会输出不同类别的概率分布；而在回归任务中，输出层则会提供数值预测结果。在深度神经网络的训练过程中，模型会通过不断调整网络中的权重和偏置参数，力求使得输出结果与真实标签之间的差异最小化。这一过程通常依赖于反向传播算法，该算法能够有效地计算出损失函数关于网络参数的梯度，并据此更新参数，从而使得模型的预测结果更加准确。

深度学习不仅通过其强大的特征提取能力在各种任务中表现出色，还因其端到端的学习框架而备受青睐。传统的机器学习方法往往需要将问题分解为多个子任务，并分别进行建模和解决。然而，深度学习模型能够直接从原始数据中学习到完成任务所需的所有特征和表示，无须人工进行烦琐的特征工程和子任务划分。这种端到端的学习模式不仅简化了问题解决的流程，还提高了模型的性能和效率。此外，深度学习还具有良好的可扩展性和灵活性。通过增加隐藏层的数量和每层的神经元数量，我们可以轻松地扩展模型的复杂度，以应对更加复杂和庞大的数据集。同时，深度学习还支持多种不同的网络架构和训练策略，使得模型能够根据不同的任务和数据特性进行定制和优化。

8.2 神经网络架构基础

8.2.1 多层感知机（MLP）

多层感知机是一种基础的前馈神经网络结构，它由输入层、一个或多个隐藏层以及输出层构成。这种网络模型的设计理念是通过逐层传递信息，实现从输入数据到输出结果的映射。在每一层中，神经元会接收来自前一层所有神经元的输出，通过加权求和的方式结合这些输入，并应用一个非线性的激活函数，从而产生新的输出传递给下一层。这种逐层的非线性变换使得多层感知机能够学习和表示复杂的函数关系。

以一个典型的应用场景为例，比如在手写数字识别任务中，多层感知机可以有效地识别和分类图像中的数字。在这个任务中，输入层会接收图像的像素值，这些像素值作为输入数据被送入网络。随后，数据会经过一个或多个隐藏层的处理，每个隐藏层都包含若干神经元，它们通过加权求和和激活函数对输入数据进行复杂的非线性变换。最终，经过这些隐藏层的处理后，输出层会输出对应于每个数字类别的概率分布，从而完成识别任务。整个过程可以看作数据在神经网络中的流动和转换，最终得到有意义的输出结果。其结构示意图如图 8-2 所示。

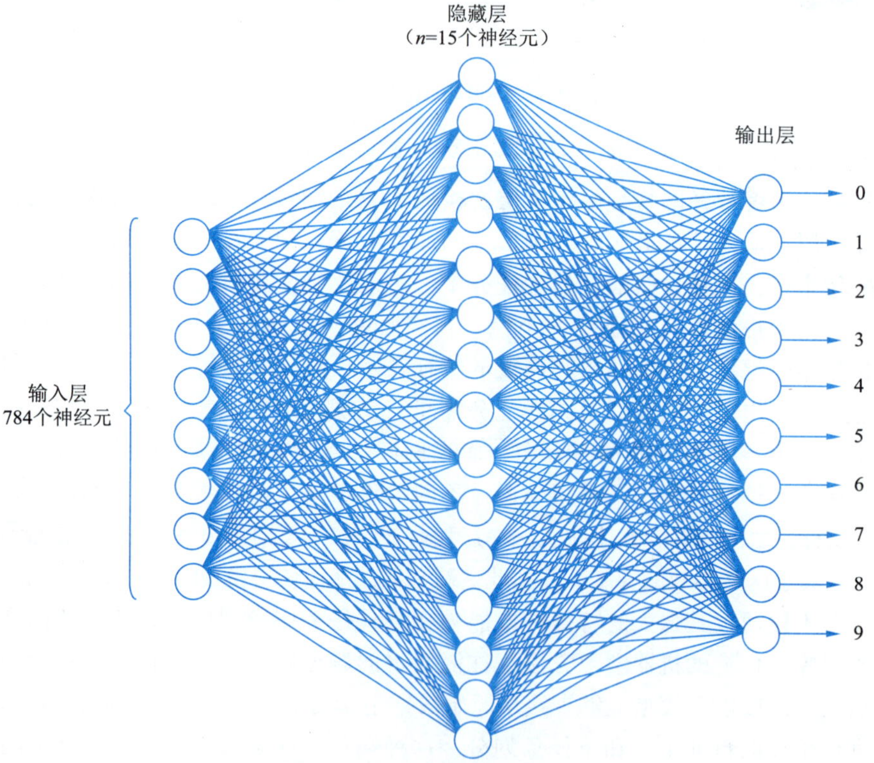

图 8-2　多层感知机结构示意图

多层感知机的这种设计不仅使其能够处理线性可分的数据，还能通过隐藏层的非线性激活函数，将线性不可分的数据映射到高维空间，从而实现线性可分。这种能力使得多层感知机在处理复杂问题时具有强大的适应性。此外，多层感知机还可以通过增加隐藏层的数量和神经元的数量来提高模型的复杂度和表达能力，从而更好地拟合数据。然而，随着隐藏层数和神经元数的增加，多层感知机也可能面临过拟合的风险，因此在实际应用中需要谨慎选择模型复杂度，并采用适当的正则化技术来防止过拟合。同时，多层感知机的训练过程也需要选择合适的优化算法和损失函数，以确保模型能够有效地学习并收敛到全局最优解。

8.2.2　卷积神经网络（CNN）

卷积神经网络在图像处理和识别领域展现出了卓越的性能和显著的优势。这种类型的神经网络主要由几个关键的结构组成，它们分别是卷积层、池化层以及全连接层。卷积层是 CNN 的核心部分，它通过使用卷积核在输入图像上进行滑动操作，从而实现对图像的局部特征的自动提取。这些局部特征可能包括边缘、角点、纹理等，它们对于图像内容的理解至关重要。例如，在进行人脸识别的任务中，卷积层能够有效地提取出人脸图像中眼睛、鼻子、嘴巴等关键部位的特征信息。

池化层的作用是对卷积层输出的特征图进行下采样处理，这样可以显著减少数据量，同时保留图像中的主要特征。池化操作通常有两种形式：最大池化和平均池化。最大池化通过选取局部区域内的最大值来实现下采样，而平均池化则是计算局部区域内的平均值。这两种方法各有优势，最大池化能够更好地保留特征的显著性，而平均池化则有助于减少特征的方差。

全连接层位于 CNN 的末端，它的任务是将前面层提取到的特征进行整合，并通过学习得到的权重进行分类。在全连接层中，网络会根据学习到的模式对图像进行最终的判断和分类。整个 CNN 的工作流程可以形象地通过图 8-3 来展示，图中详细描绘了数据如何在各个层之间流动，以及特征是如何被逐步提取和整合的。

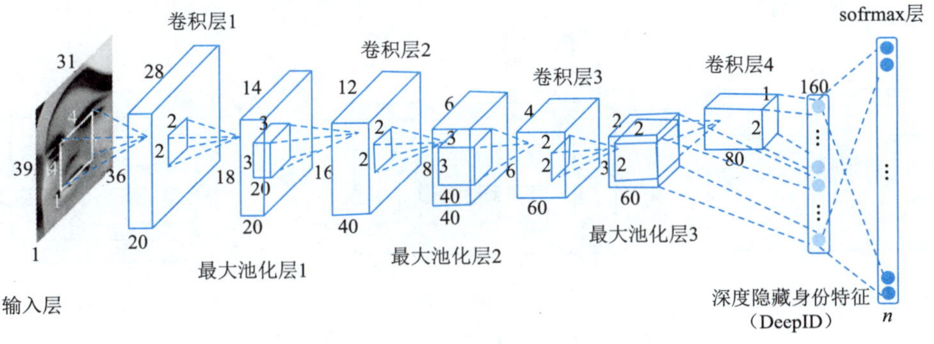

图 8-3　CNN 工作流程

值得注意的是，CNN 在处理图像数据时具有极高的效率。由于卷积层的设计，CNN 能够利用图像的空间局部性，通过共享权重的方式显著减少参数数量，这不仅降低了模型的复杂度，还加快了训练速度。此外，CNN 对于图像中的平移、旋转以及尺度变化具有一定的健壮性，这使得它在面对复杂多变的图像识别任务时仍能表现出色。

除了在计算机视觉领域的应用，CNN 在其他领域也展现出了巨大的潜力。例如，在自然语言处理中，研究者们通过借鉴 CNN 的卷积操作来处理文本数据，提出了 TextCNN 等模型，实现了对文本特征的自动提取和分类。此外，在语音识别、推荐系统等领域，CNN 也发挥着重要作用。

总的来说，CNN 以其独特的结构和优势，在图像处理和识别领域取得了显著的成就，并为其他领域的研究提供了新的思路和方法。随着深度学习技术的不断发展，CNN 的应用前景将更加广阔。

8.2.3 循环神经网络（RNN）及其变体

循环神经网络（RNN）是一种深度学习模型，它特别适用于处理序列数据，如文本、语音以及其他时间序列信息。这类网络的核心特征在于它们的循环连接结构，这使得它们在处理当前时间步的数据时，能够有效地利用之前时间步的信息。这种能力在处理序列数据时显得尤为重要，因为它允许模型捕捉到数据中的时间依赖性。

以文本生成任务为例，循环神经网络能够根据已经生成的单词序列来决定接下来应该生成哪个单词。这种基于上下文的决策过程使得 RNN 在自然语言处理领域有着广泛应用，如机器翻译、语音识别和文本预测等。

然而，传统的 RNN 在处理长序列数据时会遇到梯度消失和梯度爆炸的问题，这限制了它们捕捉长期依赖关系的能力。为了解决这些问题，研究者们提出了两种重要的 RNN 变体：长短期记忆网络（LSTM）和门控循环单元（GRU）。这两种网络通过引入门控机制，有效地缓解了梯度消失和梯度爆炸的问题，从而使得它们能够更好地捕捉长序列数据中的长期依赖关系。

LSTM 和 GRU 通过特定的门控结构来控制信息的流动，这些门控结构可以决定哪些信息应该被保留，哪些应该被遗忘。这种机制使得它们在处理长序列时更加稳定和高效。例如，在一个长文本的处理中，LSTM 或 GRU 能够记住开始部分的重要信息，并在处理文本的后续部分时利用这些信息，从而生成连贯且相关的文本内容。

为了更直观地理解这些网络结构之间的差异，图 8-4 展示了 RNN、LSTM 和 GRU 的结构对比图。通过这张图，可以清晰地看到不同网络结构之间的设计差异，以及它们是如何通过不同的方式来处理序列数据的。

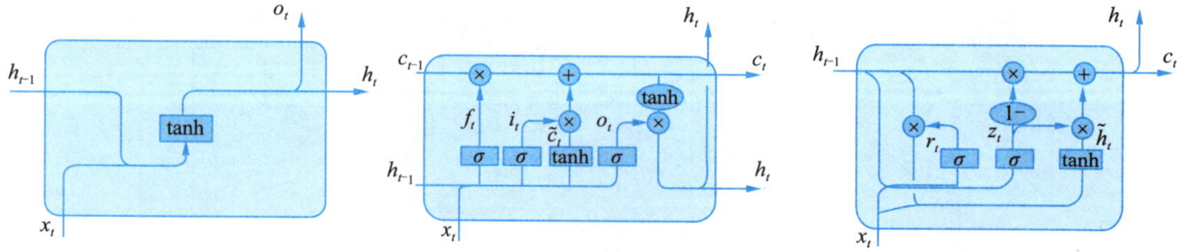

（a）RNN　　（b）LSTM　　（c）GRU

图 8-4　RNN、LSTM、GRU 结构对比

LSTM 网络包含三个关键的门控结构：遗忘门、输入门和输出门。遗忘门决定了前一时间步的信息中有多少应该被遗忘，输入门则决定了当前时间步的新信息中有多少应该被添加到记忆中，而输出门则决定了当前时间步应该输出什么信息。这些门控结构通过 sigmoid 函数实现，输出值介于 0 和 1 之间，表示信息通过的比例。

相比之下，GRU 网络简化了 LSTM 的结构，将遗忘门和输入门合并为一个更新门，并引入了一个重置门。更新门决定了前一时间步的信息中有多少应该被保留到当前时间步，而重置门则决定了前一时间步的信息中有多少应该被用于计算当前时间步的新信息。这种简化的设计使得 GRU 网络在计算上更加高效，同时保持了与 LSTM 相当的性能。

在实际应用中，LSTM 和 GRU 各有优劣。LSTM 由于其复杂的结构，能够更好地捕捉序列数据中的细微变化，而 GRU 则由于其简化的设计，在计算速度和模型大小上具有优势。因此，在选择使用哪种网络结构时，需要根据具体的应用场景和任务需求进行权衡。

8.2.4 自注意力机制

自注意力机制是一种强大的技术，它赋予了模型一种能力，使其能够自动地识别并专注于输入数据的不同部分，并通过这种方式学习这些部分之间的复杂关联关系。在自然语言处理（NLP）领域中，这种机制尤其重要，因为它极大地帮助模型理解了句子中各个单词之间的深层语义联系。举个具体的例子，在机器翻译这一任务中，自注意力机制能够使模型根据源语言句子中各个单词的重要性来动态地分配不同的权重。这样一来，模型就能够更加精确地捕捉到句子的含义，并据此生成更加流畅和准确的目标语言句子。为了更好地理解自注意力机制的工作原理，可以参考图 8-5 所示的示意图。

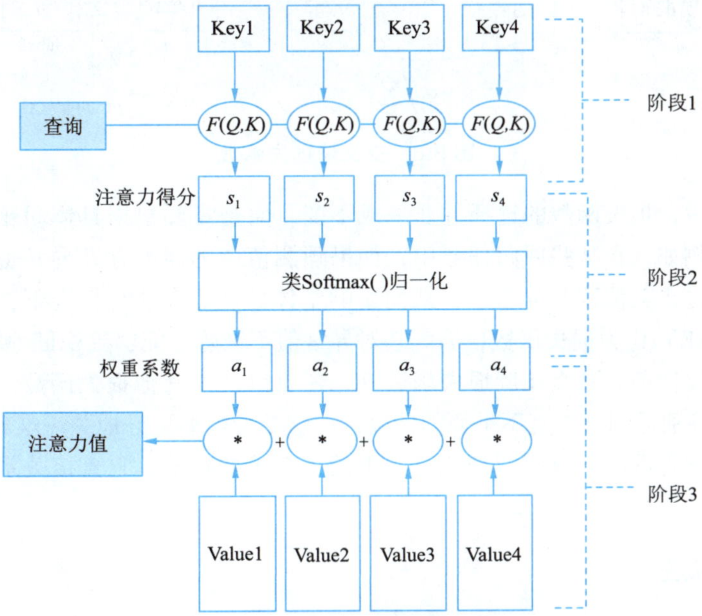

图 8-5 自注意力机制原理示意图

图 8-5 展示了自注意力机制如何在处理一个输入序列时，计算序列中每个元素对其他元素的注意力权重。通过这些权重，模型能够动态地聚焦于输入序列中的关键信息，从而提高对输入数据的理解和处理能力。此外，自注意力机制不仅局限于自然语言处理领域，它在其他深度学习应用中，如图像识别和生成模型等，也展现出了巨大的潜力。这种机制通过灵活地捕捉数据中的关联性，为深度学习模型提供了更为强大和灵活的特征表示能力。

8.3 训练过程

8.3.1 损失函数选择

对于回归任务，一个广泛使用的损失函数是均方误差（MSE），它通过计算预测值与真实值差的平方的平均值来衡量模型的性能。

对于分类任务，交叉熵损失函数则是一个常用的选择，它能够衡量模型预测的概率分布与真实标签分布之间的差异。以一个典型的二分类问题为例，交叉熵损失函数可以有效地计算出模型预测的概率分布与真实标签之间的差异。通过不断优化和最小化这个损失函数，模型能够调整其内部参数，从而提高预测结果的准确性。

损失函数的计算过程和结果通常可以通过图形化的方式展示，以便于理解和分析。例如，观察图 8-6 可以看到损失函数的图形表示，它直观地展示了模型性能随着参数调整的变化情况。

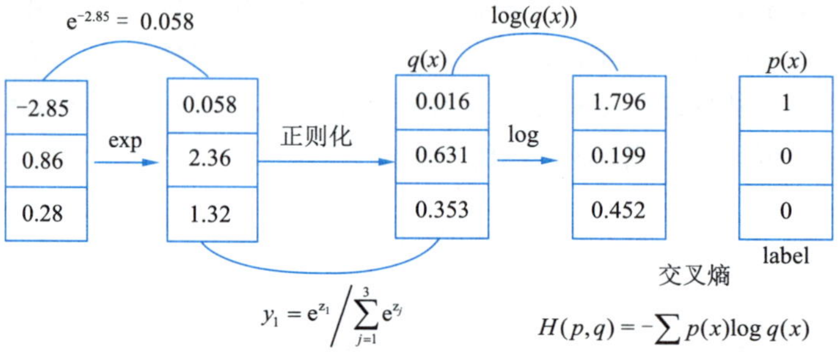

图 8-6　交叉熵损失函数

在实际应用中，损失函数的选择并非一成不变，而是需要根据具体问题和数据集的特性进行灵活调整。例如，在某些回归任务中，如果预测值中的误差存在异常值，使用均方误差可能会导致模型过于关注这些异常点，从而影响整体性能。在这种情况下，可以考虑使用平均绝对误差（MAE）作为损失函数，因为它对异常值不敏感，能够更稳健地衡量模型的性能。此外，对于多分类任务，除交叉熵损失函数外，还可以使用其他损失函数，如焦点损失函数（focal loss），它特别适用于类别不平衡的情况，能够帮助模型更好地关注难分类的样本。损失函数的选择和优化是深度学习模型训练过程中的一个重要环节，它直接关系到模型的最终性能和效果。

8. 3. 2　优化算法

在深度学习领域，优化算法扮演着至关重要的角色，它们负责更新神经网络中的参数，目的是尽可能地减少损失函数的值。这一过程通常涉及一系列复杂的数学运算，旨在找到一组最优的参数，使得模型在给定的数据集上表现最佳。为了实现这一目标，人们已经开发出多种优化算法，其中包括随机梯度下降（SGD）及其多种变体，如 Adagrad、Adadelta 和 Adam 等。随机梯度下降算法在每次迭代过程中，会随机选取一小部分数据样本，通过计算这些样本的梯度来更新网络参数，以此来逐步逼近损失函数的最小值。Adagrad 算法则采取了一种不同的策略，它会根据每个参数过去累积的梯度信息来动态调整学习率，使得模型能够更加精细地学习到数据中的细微特征。Adadelta 算法进一步优化了 Adagrad 的学习率调整机制，它不仅考虑了过去梯度的信息，还试图减少学习率调整过程中的累积误差。而 Adam 算法则结合了动量法和自适应学习率调整的优点，它通过计算梯度的一阶矩估计和二阶矩估计来调整每个参数的学习率，这使得 Adam 在许多实际应用中都展现出了卓越的性能。为了更直观地理解这些优化算法的更新过程，可以参考图 8-7，它展示了优化算法在参数空间中逐步逼近最优解的示意图。

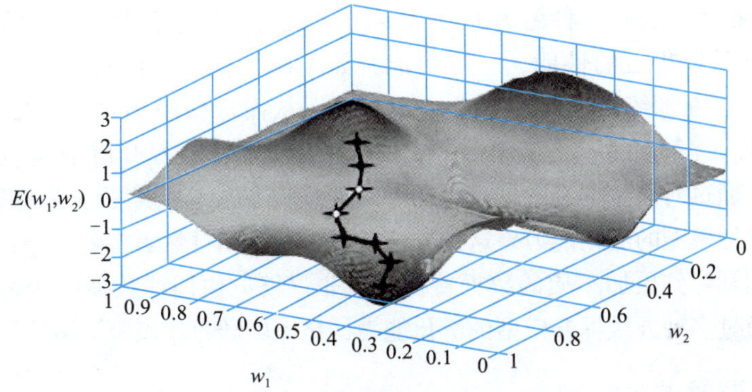

图 8-7　Adam 优化算法更新过程

在实际应用中，选择哪种优化算法往往取决于具体问题的特性和数据集的规模。例如，对于大规模数据集，随机梯度下降及其变体因其计算效率较高而备受青睐。然而，在处理包含大量噪声或数据分布不均匀的情况时，Adagrad 和 Adadelta 等自适应学习率调整算法可能会表现得更为出色。Adam 算法由于其结合了动量法和自适应学习率调整的优点，在许多复杂场景中都能获得良好的性能，因此在实际应用中非常流行。值得注意的是，尽管这些优化算法在深度学习领域取得了显著的成效，但它们并非完美无缺。例如，在某些情况下，Adam 算法可能会收敛到次优解，或者出现学习率过早衰减的问题。因此，在实际应用中，还需要根据具体问题对数据集进行预处理，选择合适的损失函数，以及进行细致的超参数调整，以获得最佳的模型性能。

8.3.3　正则化技术

正则化技术是机器学习领域中一种重要的方法，它被广泛应用于防止模型过拟合，进而显著提高模型的泛化能力。具体来说，L_1 和 L_2 正则化通过在损失函数中添加对模型参数的约束项，促使这些参数值趋向于较小的数值，从而有效降低模型的复杂度。这种做法有助于减少模型对训练数据中噪声的敏感性，使得模型在面对未知数据时能够做出更为准确的预测。此外，Dropout 技术在神经网络训练过程中扮演着至关重要的角色。它通过随机丢弃一部分神经元，迫使网络在学习过程中不依赖于任何单一的神经元，从而学习到更加健壮的特征表示。例如，在构建一个图像分类模型时，通过应用 Dropout 技术，可以有效减少模型对图像中某些特定特征的过度依赖，这有助于增强模型在面对各种干扰时的抗干扰能力。为了更直观地理解 Dropout 技术的工作原理，可以参考图 8-8 所示的操作示意图。

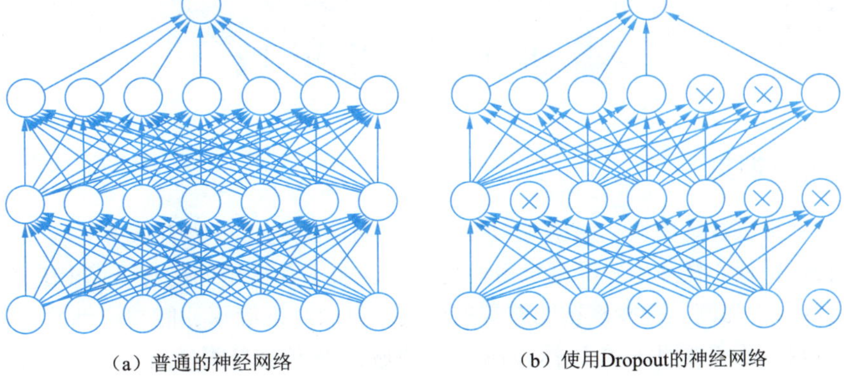

图 8-8　Dropout 操作示意

除了 Dropout 技术，还有一种名为 Early Stopping 的正则化方法也备受青睐。该方法在训练过程中监控模型在验证集上的性能，一旦性能开始下降，便立即停止训练。Early Stopping 的核心思想是避免模型在训练后期过度拟合训练数据，从而保留模型在泛化能力上的优势。此外，数据增强（Data Augmentation）作为另一种正则化策略，在提升模型性能方面也发挥着不可忽视的作用。它通过对原始训练数据进行一系列变换（如旋转、缩放、裁剪等），生成更多的训练样本，从而增加模型的泛化能力。这种方法在图像处理和自然语言处理等领域尤为有效，因为它能够迫使模型学习到更加本质的数据特征，而非仅仅记住训练数据中的特定模式。综上所述，正则化技术通过多种方式提升模型的泛化能力，是深度学习领域中不可或缺的重要工具。

8.3.4 超参数调整

超参数是机器学习模型训练过程中非常关键的参数，它们包括但不限于学习率、隐藏层数量、神经元数量以及迭代次数等。这些参数对模型的最终性能有着决定性的影响。超参数的调整是一个复杂且重要的过程，通常会采用不同的策略来进行，比如网格搜索、随机搜索或者基于梯度的方法等。以网格搜索为例，它会系统地遍历预定义的超参数组合，对每一种组合都进行模型训练和验证。通过在验证集上评估每一种组合的模型性能，最终能够找到一组最优的超参数设置，从而使得模型在未知数据上的表现达到最佳。图 8-9 展示了网格搜索过程的示意图，帮助我们更直观地理解这一过程。

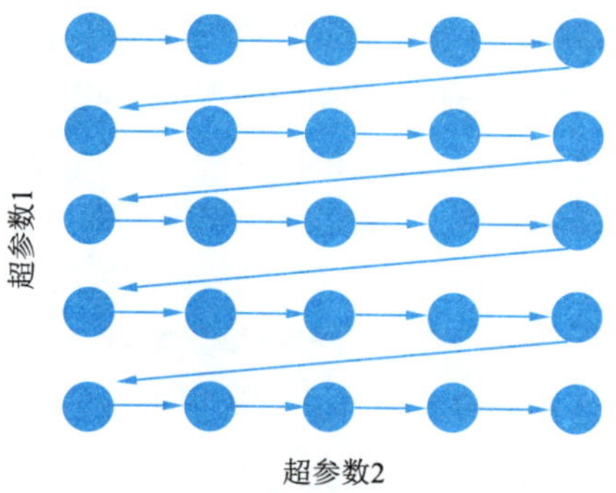

图 8-9　网格搜索超参数调整过程

除了网格搜索，随机搜索也是一种常用的超参数调整方法。与网格搜索不同，随机搜索会在预定义的参数范围内随机选择一组超参数进行训练，然后评估其性能。这种方法可以大大节省计算资源，尤其是在超参数空间非常大时。此外，基于梯度的方法，如超参数优化算法（hyperparameter optimization algorithms），也能够在连续的超参数空间内找到更优的参数设置。这些算法利用梯度信息来指导搜索过程，从而更加高效地找到全局最优解。

在实际应用中，选择合适的超参数调整方法非常重要。不同的方法适用于不同的模型和场景，需要根据具体情况进行权衡和选择。同时，超参数调整也需要耐心和细心，因为每一个细微的调整都可能对模型的性能产生重大影响。通过不断尝试和调整，我们可以找到最适合当前任务的一组超参数设置，从而提升模型的性能。

8.4 应 用 领 域

8.4.1 计算机视觉

在当今的计算机视觉领域，深度学习技术的应用已经变得极为普遍并且至关重要。特别是在图像分类这一核心任务中，深度学习模型已经证明了其卓越的能力。以 CIFAR-10 和 ImageNet 等著名数据集为例，这些模型能够实现令人瞩目的高准确率，能够识别并分类出图像中的各种物体类别。不仅如此，在目标检测这一领域，深度学习同样展现出了其强大的功能。例如，YOLO 和 Faster R-CNN 等先进的模型，它们能够精确地检测出图像中物体的具体位置以及它们所属的类别，从而为图像内容的理解提供了更为丰富的信息。而在语义分割这一任务中，深度学习模型更是能够对图像中的每一个像素进行细致的分类，从而实现对整个场景的精细理解。这种技术在自动驾驶等复杂场景中尤为关键，它可以帮助自动驾驶系统准确地识别道路、行人、交通标志等重要元素，为车辆的自主决策和安全行驶提供了至关重要的支持。这一点在图 8-10 中得到了直观的展示，图中清晰地描绘了语义分割技术如何帮助自动驾驶车辆理解其所处的环境。

图 8-10　自动驾驶语义分割示例

除了上述几个关键任务，深度学习在计算机视觉领域还有其他诸多应用。例如，在人脸识别领域，深度学习模型通过对人脸特征的高效提取和匹配，实现了高精度的人脸识别功能，这在安全监控、支付验证等方面发挥着重要作用。此外，在姿态估计任务中，深度学习能够准确地识别人体的关节点位置，从而理解人体的姿态和运动轨迹，这在动作识别、人机交互等领域具有广泛的应用前景。而在图像生成方面，深度学习模型如生成对抗网络（GAN）等，能够生成逼真的图像和视频，为图像编辑、虚拟试妆等创新应用提供了技术支持。这些应用展示了深度学习在计算机视觉领域的广泛影响力和巨大潜力。

8.4.2　自然语言处理

在自然语言处理（NLP）领域，深度学习技术已经实现了显著的进展和突破。特别是在文本分类这一任务上，深度学习模型展现出了卓越的性能。例如，在新闻分类、情感分析等应用场景中，这些模型能够精准地识别和判断文本所涉及的主题以及所表达的情感倾向。在机器翻译领域，基于深度学习的神经网络翻译模型已经能够产出流畅且自然的翻译结果。以 Google 翻译代表的翻译工具，通过深度学习技术的支持，实现了多种语言之间的高质量翻译服务。除此之外，在问答系统和文本生成等其他 NLP 任务中，深度学习同样扮演着至关重要的角色。它能够帮助系统生成既符合语义又符合语法的文本回答或内容，为用户提供更加丰富和准确的信息。这一点在图 8-11 所示的示例中得到了清晰的展示。

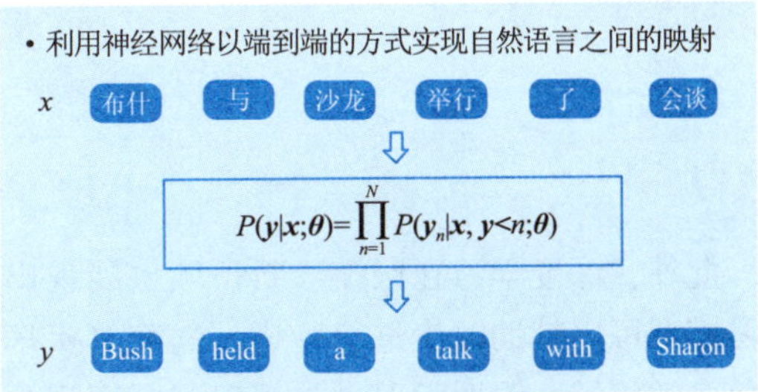

图 8-11　机器翻译示例

深度学习在自然语言处理领域的另一个重要应用是语义理解。通过训练大量的语料库，深度学习模型能够捕捉到语言中的语义信息，从而实现对文本含义的深入理解。例如，在对话系统中，深度学习模型可以根据用户的输入，生成符合语境和语义的回复，提升对话的流畅度和用户体验。此外，在命名实体识别、关系抽取等任务中，深度学习也展现出了强大的能力，能够准确地识别和提取文本中的关键信息。这些技术的进步为自然语言处理领域的发展注入了新的活力，推动了人工智能技术在各个领域的应用和落地。

8.4.3 其他领域

在当今的语音识别领域，深度学习模型如DeepSpeech等已经变得非常流行，它们能够将语音信号转换为文本，实现高效准确的语音识别。这种技术的出现，极大地推动了语音识别技术的发展，并且广泛应用于各种场景，比如语音助手、语音输入等。在推荐系统中，深度学习同样发挥着重要的作用。通过分析用户的行为数据和特征，深度学习能够为用户推荐个性化的商品或内容，极大地提升了用户体验。例如，Amazon、Netflix等大型平台都在利用深度学习技术提升他们的推荐效果。而在自动驾驶领域，深度学习的应用更是广泛。除了在计算机视觉方面的应用，深度学习还被用于路径规划、决策控制等关键环节，推动了自动驾驶技术的快速发展。这些技术的应用，使得自动驾驶汽车能够更加智能地进行驾驶决策，从而提高驾驶的安全性和舒适性（见图8-12）。

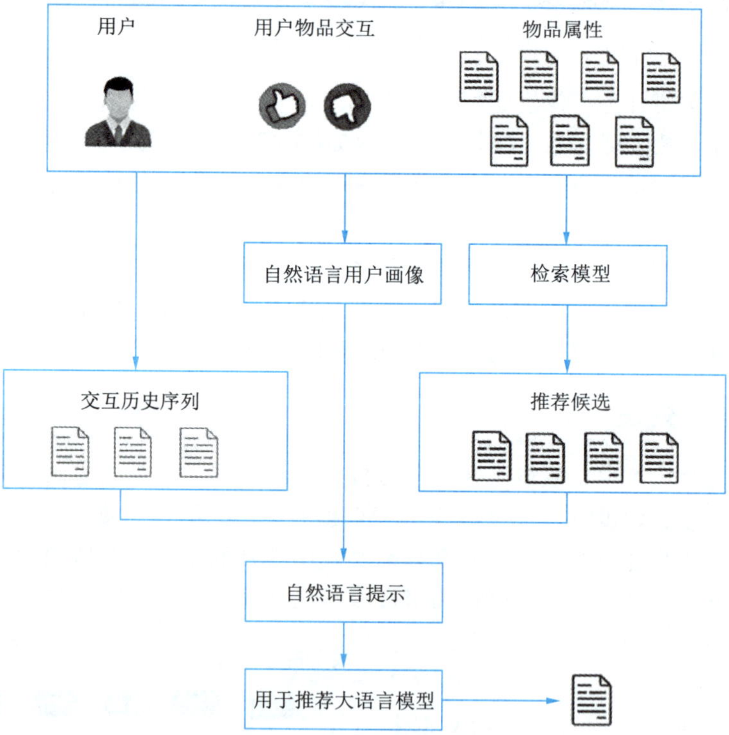

图8-12　推荐系统架构

此外，深度学习在医疗诊断领域也展现出了巨大的潜力。通过分析医学影像资料，深度学习模型可以辅助医生进行肿瘤、病变等疾病的早期检测，提高诊断的准确性和效率。在生物信息学领域，深度学习也被用于基因序列分析、蛋白质结构预测等方面，为生命科学的研究提供了新的工具和方法。在金融领域，深度学习可以用于风险评估、欺诈检测等任务，帮助金融机构更好地管理风险。在教育领域，深度学习可以用于个性化学习推荐、智能答疑等方面，为学生提供更加个性化的学习体验。

8.5 挑战与趋势

1. 挑战

深度学习领域正面临着一系列的挑战和问题。首先，深度学习模型的计算资源需求是巨大的。在训练深度神经网络时，需要大量的计算能力和存储空间，尤其是当涉及大规模数据集和复杂模型时，通常需要借助 GPU 集群进行训练，这无疑增加了成本。其次，深度学习模型的可解释性较差，这些模型往往被看作黑盒，其内部的决策过程和依据难以被外界理解。这种不透明性在一些对模型可解释性要求极高的领域，比如医疗和金融行业，限制了深度学习技术的应用。最后，数据隐私与安全问题也变得越来越严重。由于深度学习模型需要依赖大量数据进行训练，因此在数据的收集、存储和使用过程中，可能会涉及用户隐私泄露的风险，以及数据被攻击和滥用的可能性。

此外，深度学习还面临着模型泛化能力的挑战。尽管深度学习模型在训练数据上表现出色，但在面对新的、未见过的数据时，其性能可能会显著下降。这要求研究人员在模型设计和训练过程中，不仅要追求在训练集上的高精度，还要注重提升模型的泛化能力，使其能够更好地适应各种实际应用场景。同时，深度学习模型的健壮性也是一个亟待解决的问题。在实际应用中，输入数据往往存在噪声、缺失或异常值等情况，而深度学习模型对这些因素的敏感性可能导致其性能的不稳定。因此，增强模型的健壮性，使其能够在各种复杂环境下保持稳定的性能，是深度学习领域的一个重要研究方向。

2. 趋势

在探讨未来深度学习的发展趋势时，我们可以观察到几个显著的方向。首先，模型轻量化已经成为一个关键的发展趋势。研究者们致力于设计更为高效的网络结构和算法，目的是显著减少模型的参数数量和计算量。这样的改进使得深度学习模型不仅能在高端服务器上运行，而且能够在资源受限的设备（如智能手机和其他移动设备）上，实现高效运行。轻量化模型的开发，对于推动深度学习技术在物联网和移动应用领域的广泛应用具有重要意义。

其次，随着深度学习技术的不断进步，模型的可解释性增强也变得越来越重要。研究人员正在积极探索各种方法和技术，以提高模型的透明度和可理解性。这些方法包括但不限于可视化技术，它们能够帮助用户直观地理解模型的决策过程；以及基于规则的解释方法，这些方法通过定义明确的规则来解释模型的行为。通过这些努力，研究人员希望能够增强用户对深度学习模型的信任，并促进这些模型在需要高度可靠性和透明度的领域中的应用。

最后，深度学习与其他技术的融合也是未来发展的另一个重要趋势。例如，深度学习与强化学习的结合，可以实现更为智能的决策系统，这些系统在复杂环境中能够自我学习和适应，从而在游戏、机器人技术、自动驾驶等领域发挥重要作用。此外，深度学习与区块链技术的结合，可以为数据安全和隐私保护提供新的解决方案，这对于处理敏感数据和确保交易安全具有重大意义。通过这种跨学科的融合，深度学习的应用范围和能力将得到进一步的拓展和提升。

此外，自动化和智能化工具在深度学习模型的开发和部署中的应用将越来越广泛。这些工具能够简化模型的设计、训练和调优过程，提高开发效率，并减少人为错误。自动化工具的使用，将使深度学习技术更加易于被非专家用户采用，从而推动其在更多领域的应用。

另一个值得关注的趋势是，深度学习将在更多领域实现个性化定制。随着大数据的积累和计算能力的提升，深度学习模型能够根据个体用户的需求和行为进行定制和优化。这将为用户提供更加个性化和精准的服务，提高用户体验和满意度。例如，在医疗领域，深度学习模型可以根据患者的个人病史和遗传信息，为其制定个性化的治疗方案，提高治疗效果和患者的生活质量；在教育领域，深度学习模型可以根据学生的学习进度和兴趣，为其推荐个性化的学习资源。

综上所述，深度学习的发展趋势呈现出多元化和跨学科的特点。随着技术的不断进步和应用领域的拓展，深度学习将在未来发挥更加重要的作用，特别是在医疗健康、智能制造、智慧城市等领域，深度学习技术有望引领一场技术革命，实现更高效、更智能的解决方案。如在医疗健康领域，深度学习可以帮助医生更准确地诊断疾病，制定个性化的治疗方案；在智能制造领域，深度学习可以优化生产流程，提高生产效率，降低生产成本，同时提升产品的质量和可靠性；在智慧城市领域，深度学习可以应用于交通管理、环境监测、公共安全等方面，提升城市的智能化水平，增强城市的可持续发展能力。因此，我们有理由相信，深度学习技术将在未来发挥越来越重要的作用，为人类社会带来更多的创新和进步。

小　结

深度学习作为人工智能领域中的一项核心技术，它依靠其卓越的自动特征提取能力以及在众多领域的广泛应用，已经成为推动现代科技进步的关键力量。通过深入地理解深度学习的定义、神经网络的架构设计、训练过程的细节、它在不同应用领域的实际运用，以及目前所面临的挑战和未来的发展趋势，我们可以为深度学习技术的进一步研究和实际应用打下坚实的基础。展望未来，随着技术的持续发展和创新，深度学习技术有巨大的潜力在更多的领域实现突破，从而为人类社会带来更加广泛和深远的便利和价值。

思考与练习

一、选择题

1. 深度学习与传统机器学习的核心区别在于（　　）。

   A. 依赖人工特征工程　　B. 自动学习多层次特征

   C. 仅适用于图像识别　　D. 不需要大量数据

2. 卷积神经网络（CNN）中，池化层的主要作用是（　　）。

   A. 增加模型参数数量　　B. 减少计算量并保留关键特征

   C. 引入非线性激活　　D. 实现端到端学习

3. 以下优化算法中，（　　）结合了动量法和自适应学习率。

   A. SGD　　B. Adagrad

   C. Adam　　D. RMSprop

4. 自注意力机制的核心作用是（　　）。
   A. 减少循环神经网络的梯度消失问题
   B. 动态捕捉序列中元素间的依赖关系
   C. 提高卷积神经网络的局部特征提取能力
   D. 加速模型训练速度
5. 深度学习在医疗领域的典型应用是（　　）。
   A. 图像分类　　B. 语音识别
   C. 肿瘤检测　　D. 推荐系统

二、填空题

1. 深度学习的核心是构建包含多个________的神经网络模型。
2. 循环神经网络（RNN）的变体中，________通过门控机制缓解了梯度消失问题。
3. 正则化技术中，________通过随机丢弃神经元防止过拟合。
4. 自然语言处理中，基于 Transformer 的模型通常采用________机制替代循环结构。
5. 深度学习的挑战包括计算资源需求大、可解释性差和________。

三、思考题

1. 为什么卷积神经网络（CNN）在图像处理中比全连接网络更高效？
2. 自注意力机制如何解决长距离依赖问题？与传统循环神经网络相比有何优势？
3. 如何平衡深度学习模型的性能与可解释性？请举例说明。

四、简答题

1. 简述梯度下降算法的基本原理及其在深度学习中的作用。
2. 什么是过拟合？列举两种防止过拟合的方法并说明其原理。
3. 解释生成对抗网络（GAN）的基本思想及其在图像生成中的应用。

五、编程题

使用 PyTorch 构建一个简单的 CNN 模型，实现 MNIST 手写数字分类，要求包含至少两个卷积层、池化层和全连接层，并输出训练准确率。

六、分析题

某公司训练的图像分类模型在测试集上准确率低，但训练集准确率接近 100%。分析可能的原因及解决方案。

第9章 知识图谱

客观世界是万物互联的。知识图谱作为结构化的语义网络，是一种用于描述客观世界中概念、实体及其相互关系的技术方法。本章将带领读者走进知识图谱的世界，了解如何构建、推理和应用知识图谱。我们将从基础概念出发，逐步深入到核心技术和前沿应用，并结合实践案例，帮助读者建立起对知识图谱的全面认识。

学习目标

- 了解：知识图谱的定义、特点、发展历程、应用领域以及知识图谱面临的挑战和机遇。
- 理解：知识图谱构建的关键技术和知识图谱推理的方法，包括知识获取、知识表示、知识融合，以及基于规则、基于图、基于深度学习的推理。
- 应用：掌握本章所介绍的知识图谱技术，并能够在实践中灵活运用、解决实际问题。
- 分析：学会知识图谱在不同领域应用的优缺点和性能。
- 养成：对知识图谱的兴趣和热情，主动学习、积极探索的学习习惯，团队合作精神和沟通能力，树立正确的科技伦理观和社会责任感。

9.1 知识图谱概述

想象一下，你正在玩一个拼图游戏。每一块拼图都代表一个知识点，如“刘备”“蜀国”“诸葛亮”等。生活里，我们常常需要整理类似的信息，如家族成员关系、电影和演员之间的联系等，知识图谱就像一个强大的“信息整理大师”，它能把这些复杂的碎片信息以一种清晰、有序的方式呈现出来，形成一个完整的知识网络。

9.1.1 什么是知识图谱

具体什么是知识图谱呢？大家应该都用过百度搜索，打开百度，输入“最佳邮递员回路是谁提出的”，如图9-1所示，单击“百度一下”按钮，触发后台搜索逻辑，最终直接返回结果“管梅谷”，背后就离不开知识图谱的帮助。

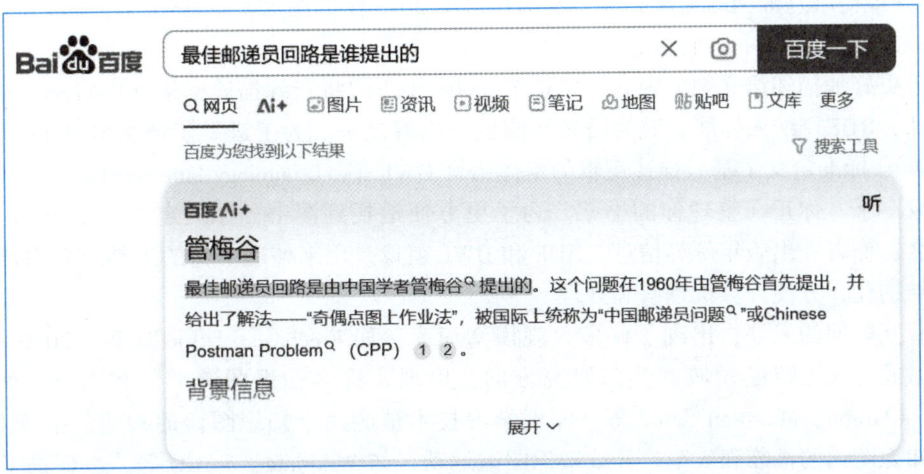

图 9-1　百度搜索实例

1. 知识图谱的定义与特点

简单来说，知识图谱是一种用图的形式来表示知识的工具。它由一个个“点”和连接这些“点”的“线”组成。这里的“点”就是我们所说的实体，它可以是现实世界中的任何事物。比如，当我们提到“苹果”这个词，如果是在水果的语境下，“苹果”就是一个实体，它有颜色、味道、产地等特征；要是在科技产品语境下，“苹果公司”也是一个实体，它有创始人、产品、市值等相关信息。而连接这些“点”的“线”，代表的是实体之间的关系。例如，“乔布斯”和“苹果公司”这两个实体之间，就存在“创立”的关系；“苹果手机”和“苹果公司”之间是“生产”关系。把这些实体和关系组合在一起，就形成了一个庞大的知识网络，这就是知识图谱。

知识图谱有如下特点：

（1）直观性

知识图谱就像一幅地图，能让我们一眼看清各个事物之间的联系。比如在三国知识图谱中，以刘备为中心，通过线条可以看到它和“三顾茅庐典故”、诸葛亮的关系，和关羽、张飞、“桃园三结义典故”的关系，以及和蜀国、赵云的关系等，让我们对这部名著相关的信息一目了然。

（2）关联性

知识图谱强调事物之间的关联。还是以家族知识图谱为例，通过这个图谱，我们不仅能知道家庭成员各自的信息，如年龄、职业，还能清晰地看到他们之间的亲属关系，像父子、母女、夫妻等，把整个家族的信息紧密联系在一起。

（3）扩展性

知识图谱可以不断扩充。随着新信息的出现，我们可以随时添加新的实体和关系。比如在一个大模型知识图谱中，一开始可能只包含 OpenAI、阿里、百度和他们的代表产品。但当 DeepSeek 横空出世，开源新的推理大模型，或者通义大模型有了新动态，我们都能把这些新信息加入大模型知识图谱中，让它的内容越来越丰富。

2. 知识图谱的发展历程

谷歌于 2012 年最早提出知识图谱的概念，但是类似的网状组织方式，要追溯到 20 世纪 60 年代的超文本术语的创造。1989 年，Tim Berners-Lee 突破性地将超文本嫁接到因特网上，并于 1990 年提出万维网的建议，这一发明获得了 2016 年的图灵奖。1999 年，Tim Berners-Lee 进一步提出扩展万维网，建立语义万维网的愿景。

为了更好地描述语义网的内容，W3C 在 2004 年正式将资源描述框架（resource description framework，RDF）纳入标准，成为语义网的核心内容之一。为了进一步增强 RDF 的语义表达能力，W3C 标准定义了基于描述逻辑的本体语言 OWL（web ontology language）。

想象一下，你正在整理你的书架。为了更方便地找到图书，你决定给每本书贴上标签，标明书名、作者、出版年份等信息。RDF 和 OWL 就像是用来整理书籍的工具，它们帮助我们将信息结构化，方便计算机理解和处理。

随着互联网的发展，出现了许多大规模知识库，如 Freebase、DBpedia 等。2010 年至今，知识图谱成为人工智能领域的热门研究方向，出现了许多知识图谱平台和工具，如 Google Knowledge Graph、Microsoft Satori 等。深度学习技术被应用于知识图谱的构建、推理和应用，提高了知识图谱的性能和效率。开放知识图谱运动，如 Wikidata、YAGO 等，也促进了知识图谱的共享和协作。

知识图谱的发展历程经历了从语义网络到本体论，再到知识图谱的演变过程。随着人工智能技术的发展，尤其是 2022 年底的生成式人工智能涌现，以 ChatGPT 为代表的大语言模型应用于多轮通用问答系统，为知识图谱的发展带来了新的变革和机遇。

3. 知识图谱的应用领域

知识图谱作为一种强大的知识表示和推理工具，已经在许多领域得到了广泛应用。以下是一些主要的应用领域：

（1）智能问答

使用智能助手询问“桃园三结义这一典故是什么”时，智能助手会从知识图谱中查找相关信息，并回答“来自三国演义这部名著，里面讲述了刘备、关羽、张飞结识并结拜成兄弟的故事”。知道原理了吗？知识图谱将问题中的实体（“桃园三结义”）和关系（“典故”）映射到知识图谱中的节点和边，从而找到答案。

（2）推荐系统

浏览电商网站时，电商网站会根据用户的浏览历史和知识图谱中的商品信息，给用户推荐他可能感兴趣的商品。

原理是什么？知识图谱将用户、商品、品牌等信息连接起来，构建用户兴趣图谱和商品关联图谱，从而进行个性化推荐。

（3）语义搜索

使用搜索引擎搜索“蜀国最聪明的人是谁”时，搜索引擎会直接显示“诸葛亮”，而不是返回一堆网页链接的原因是，知识图谱将搜索词映射到知识图谱中的实体和关系，从而直接返回答案，而不是简单的关键词匹配。

（4）医疗健康

知识图谱将疾病、症状、药物等信息连接起来，构建医学知识图谱，从而辅助医生进行诊断和治疗。医生可以使用知识图谱辅助诊断疾病，例如，根据患者的症状和医学知识库，推荐可能的诊断结果和治疗方案。

（5）教育培训

教育平台使用知识图谱进行个性化学习，例如，根据学生的学习情况和知识图谱中的知识点和学习资源，推荐个性化的学习内容和学习路径。前提是，知识图谱将知识点、课程、学生、学习资源等信息连接起来，构建教育知识图谱，从而进行个性化学习和智能辅导。

知识图谱的应用领域非常广泛，它可以帮助我们更好地理解和利用知识，解决各种实际问题。

9.1.2 知识图谱的挑战与机遇

知识图谱作为一种强大的知识表示和推理工具，虽然已经取得了显著进展，但仍然面临着许多挑战和机遇。

1. 知识获取与表示

知识获取是知识图谱构建的关键步骤，如何从海量、异构的数据源中自动获取高质量的知识是一个巨大的挑战。例如，使用搜索引擎搜索“诸葛亮的简介”时，搜索引擎需要从海量的网页中提取出“诸葛亮”的相关信息，包括“职业：三国时期蜀汉丞相”“籍贯：琅琊阳都”等，这就是知识获取的挑战。

知识表示则是将获取的知识以计算机可理解的形式表示出来，如何设计高效、可扩展的知识表示方法也是一个挑战。例如，使用智能助手询问“岳阳楼记是谁写的?”时，智能助手需要将“岳阳楼记”和“作者”映射到知识图谱中的节点和边，从而找到答案，这就是知识表示的挑战。

当然，随着自然语言处理、机器学习等技术的发展，知识获取和表示的效率和准确性将不断提高，为知识图谱的构建和应用提供更强大的支持。

2. 知识推理与融合

知识推理是利用知识图谱中的知识进行逻辑推理，如何设计高效、准确的推理算法是一个挑战。例如，使用智能助手询问“岳阳楼记是谁写的?”时，智能助手需要从知识图谱中推理出“岳阳楼记”和“范仲淹”之间的关系，这就是知识推理的挑战。

知识融合则是将不同来源的知识进行整合，如何解决知识冲突、冗余和表达不一致的问题是一个挑战。比如关于“苹果公司”，有的数据源中说它的总部位于“库比蒂诺”，有的说是“加利福尼亚州库比蒂诺市”，我们要把这些信息统一起来。就像整理不同人对同一个家庭的描述，把重复和矛盾的地方理顺，形成一个准确的家族关系图谱。

不过，随着图神经网络、深度学习等技术的发展，知识推理和融合的能力将不断提升，为知识图谱的应用提供更强大的支持。

3. 知识图谱的可解释性与可信度

知识图谱的可解释性是指能够解释知识图谱中的知识和推理过程，如何提高知识图谱的可解释性是一个挑战。使用智能助手询问“岳阳楼记是谁写的?”时，智能助手不仅需要回答“范仲淹”，还需要解释这个答案是如何得出的，这就是知识图谱可解释性的挑战。

知识图谱的可信度是指知识图谱中的知识和推理结果的可靠性，如何提高知识图谱的可信度是一个挑战。使用搜索引擎搜索“诸葛亮”时，搜索引擎需要确保显示的“诸葛亮”信息是准确、可靠的，这就是知识图谱可信度的挑战。

随着可解释人工智能、区块链等技术的发展，知识图谱的可解释性和可信度将不断提升，为知识图谱的应用提供更强大的支持。

知识图谱面临着知识获取与表示、知识推理与融合、可解释性与可信度等挑战，同时也蕴藏着巨大的机遇。随着人工智能技术的发展，知识图谱将在更多领域发挥重要作用。

9.2 知识图谱构建与推理

9.2.1 知识获取

要搭建一个知识图谱，就像盖房子需要收集各种建筑材料一样，我们得先获取知识。知识获取是构建知识图谱的基础，它决定了知识图谱“装”了多少有用的信息，它是指从各种数据源中提取出结构化的知识。

1. 知识的数据类型

根据数据类型，获取的知识主要分为三大类：

(1) 结构化数据

主要存在于数据库中，它的格式规范、整齐，便于提取和处理。例如，学校的学生信息管理系统，里面记录了学生的姓名、学号、年龄、班级、成绩等信息。这些数据可以直接用来构建学生信息知识图谱，清晰展示学生与班级、课程成绩之间的关系。

(2) 半结构化数据

像 HTML、XML 格式的文档，以及一些带有标签的文本等。以电商平台的商品详情页为例，虽然整体是网页形式，但其中商品的参数、用户评价等信息都有特定的标签标注。我们可以利用这些标签，快速提取出商品的颜色、尺寸、用户满意度等知识，用于完善商品知识图谱。

(3) 非结构化数据

这是现今最常见的知识来源。比如我们阅读的书籍、文章，每天浏览的新闻网页、视频等。例如，一本美食菜谱书中记录了各种菜肴的食材、烹饪步骤、口味特点等信息。我们可以从这些文本中提取出像“宫保鸡丁”这样的实体，以及它和“鸡肉”“花生米”等食材的关系，还有“爆炒”这种烹饪方式的信息，将这些知识用于构建美食知识图谱。

2. 知识获取方法

知识获取的方法和流程主要有：

(1) 信息抽取

从文本中提取出实体、关系、事件等信息。主要有两种途径：

① 人工标注。简单来说，就是让人直接去识别和标记文本中的知识。例如，在构建一个电影知识图谱时，我们可以安排工作人员阅读电影评论，手动标注出电影的主演、导演、上映年份、电影类型等信息。虽然这种方法比较耗时费力，但准确性高。

知识扩展：

有一些众包平台，提供数据标注等任务，如亚马逊的 MTurk、Clickworker，用户可以通过完成数据标注等小任务赚取报酬。

② 自动抽取。借助自然语言处理和机器学习技术，让计算机自动从文本中提取知识。例如，利用命名实体识别技术，计算机可以从新闻报道中自动识别出人名、地名、组织机构名等实体。例如，从“苹果公司发布了新款手机”这句话中，自动识别出“苹果公司”这个实

体。再通过关系抽取技术，识别出“发布”这种实体之间的关系。这种方法效率高，可以处理大量数据，但可能存在一定的错误率，需要后期进行验证和修正。

(2) 数据清洗

对提取出的知识进行清洗，去除噪声和错误。

(3) 知识融合

将来自不同数据源的知识进行融合，消除冲突和冗余。

通过多种途径和方法获取知识，就像是从不同地方收集各种零件，为构建一个完整、丰富的知识图谱打下坚实的基础，让知识图谱能够更全面、准确地反映现实世界中的各种信息和关系。随着自然语言处理、机器学习等技术的发展，知识获取的效率和准确性将不断提高。

9.2.2 知识表示

当我们获取了知识后，还需要一种合适的方式把这些知识“告诉”计算机，让它能理解和处理，这就是知识表示要做的事情。知识表示就像是给知识设计一个“专属语言”，方便计算机“读懂”。它是知识图谱构建的关键步骤，指将获取的知识以计算机可理解的形式表示出来。

简单来说，知识表示就是用某种形式把现实世界中的知识描述出来，以便计算机进行存储、处理和推理。就好比我们要去一个陌生的地方，光知道它的名字还不够，还需要通过地图（一种表示方式）来了解它的具体位置、周边环境等信息。对于计算机而言，知识表示就是让它能理解知识的“地图”。

1. 知识表示涉及工作

知识表示主要涉及三方面的工作：

(1) 知识表示语言

知识表示语言是用于表示知识的 formal 语言，它定义了概念、关系和约束。例如，使用搜索引擎搜索“诸葛亮”时，搜索引擎会使用知识表示语言来表示“诸葛亮”的相关信息，包括“职业：三国时期蜀汉丞相”“籍贯：琅琊阳都”等。

(2) 知识图谱模式设计

知识图谱模式设计是定义知识图谱中实体、关系和属性的过程。构建一个电影知识图谱时，你需要定义实体（如“电影”“演员”“导演”）、关系（如“主演”“导演”）和属性（如“电影名称”“上映时间”）。

(3) 知识图谱存储与管理

知识图谱存储与管理是将知识图谱存储在计算机中，并提供高效的查询和管理功能。使用知识图谱进行智能问答时，知识图谱存储与管理系统需要快速检索相关知识，并生成准确、流畅的答案。

2. 知识表示的技术方法

知识表示的常见技术方法主要有：

(1) RDF

RDF 是一种用于描述资源的框架，它使用“主语-谓语-宾语”的三元组来表示信息。例如，句子“诸葛亮的经典典故是草船借箭”，RDF 三元组如下：

① 主语：诸葛亮。

② 谓语：经典典故。

③ 宾语：草船借箭。

RDF 适合表示基本的事实，类似于给图书贴标签，标明基本信息，具有简单易懂的特点。

（2）OWL

OWL 是一种用于定义知识的语言，它比 RDF 更强大，可以描述更复杂的逻辑关系。例如，句子“草船借箭是一个经典典故，诸葛亮是草船借箭的主角”，用 OWL 可以定义：

①“草船借箭”是“典故”的子类。

②“诸葛亮”是“草船借箭”的主角。

③ 推理出“诸葛亮”的经典典故有“草船借箭”。

OWL 是 RDF 的扩展，可以给职业分类，定义职业之间的关系，支持复杂的逻辑关系和推理规则。使用 OWL 推理用户兴趣，例如，“篮球是一种运动，用户 A 喜欢篮球”，因此“用户 A 可能喜欢运动”。

（3）向量表示法

把知识中的实体和关系都用向量（可以理解为一组数字）来表示。比如在一个电影知识图谱中，我们可以把每部电影看作一个向量，向量中的每个维度代表电影的不同特征，像主演、导演、类型、上映年份等。假如一部电影的主演是知名演员，那么代表主演的维度数值就会相应较高；如果是小众导演，导演维度数值就可能较低。通过这种向量表示，计算机可以通过计算向量之间的相似度来判断电影之间的关联。例如，两部电影向量在很多维度上数值相近，就说明它们可能是同类型、同主演的电影。

（4）图数据库

图数据库是一种专门用于存储和管理图结构数据的数据库，它可以高效地存储和查询知识图谱。

知识扩展：

感兴趣的同学可以去了解一些主流的图数据库，如 neo4j、亚马逊的 Neptune、JanusGraph 等。

知识表示是构建知识图谱的关键步骤，选择合适的知识表示方法，能让计算机更好地处理和利用知识，就像选择合适的工具能让工作更高效一样，为后续知识图谱的应用，如智能问答、推荐系统等打下坚实基础。

9.2.3 知识融合

当我们通过各种途径获取了知识，并选择合适方式表示它们后，会发现这些知识可能来自不同的地方，存在各种差异。这时，就需要知识融合来把这些“散落”的知识整合到一起，形成一个统一、连贯的知识图谱。

简单来讲，知识融合就是把从多个数据源获取到的关于同一事物的知识，进行合并、去重和统一处理，消除其中的矛盾和冲突，让知识能够相互补充、协同工作。例如，你要整理一个家庭美食菜谱集，可能从妈妈那里得到一些传统家常菜做法，从美食博主的视频里学到一些创意新菜品，还从网上下载了一些流行的烹饪教程。知识融合就像是把这些不同来源的菜谱知识整合起来，去除重复的菜品，统一计量单位（有的菜谱用克，有的用两），让整个菜谱集更加有条理、实用。

1. 知识融合涉及工作

知识融合主要有如下几个方面的工作：

(1) 实体对齐

识别来自不同数据源的相同实体。例如，从百度百科中提取“诸葛亮”的信息，并将其对齐为同一个实体。

(2) 关系对齐

识别来自不同数据源的相同关系。例如，从百度百科中提取“诸葛亮的经典典故”和“草船借箭”之间的关系，并将其对齐为同一个关系。

(3) 知识冲突检测与消解

检测来自不同数据源的知识冲突，并解决冲突。例如，从百度百科和三国演义故事书中提取“刘备的兄弟”的信息，发现百度百科中他的兄弟是牵招，三国演义故事书中他的兄弟是关羽张飞，需要进行冲突检测与消解。

2. 知识融合面临的问题

(1) 数据重复

不同数据源可能包含相同的知识。例如，在构建一个城市旅游知识图谱时，多个旅游网站都介绍了当地的著名景点，像故宫在北京的各个旅游攻略中都会被提及，这就导致了数据重复。如果不处理，不仅会占用额外的存储空间，还可能在后续使用中造成干扰。

(2) 数据不一致

同一知识在不同数据源中的表述可能不同。还是以城市旅游知识图谱为例，对于故宫的开放时间，有的网站写的是“早上 8 点 30 分”，有的写“上午 8 时 30 分”；对于门票价格，可能因为淡旺季、不同购票渠道而有差异。这种不一致会让知识图谱的准确性和可信度受到影响。

(3) 对齐困难

以实体对齐为例，不同数据源中，相同的实体可能有不同的表示方式。例如，在构建三国知识图谱时，有的地方用“刘备”，有的地方用“玄德”来表示同一个人；在描述电影时，有的用电影的中文片名，有的用英文片名。要准确判断这些不同表述是否指向同一实体，是知识融合的一大挑战。

上述问题，主要通过基于规则的方法、机器学习方法、人工审核三类途径来处理。

知识扩展：
感兴趣的同学可以去了解实体链接、关系映射等术语。

知识融合是知识图谱构建过程中不可或缺的环节，它能让知识图谱更加完整、准确，为后续的知识查询、推理和应用提供坚实可靠的基础。

9.2.4 知识推理

在知识图谱构建完成后，知识推理就像是一个聪明的“侦探”，能从已有的知识里挖掘出更多隐藏的信息，帮助我们更好地理解和利用知识图谱。它是利用知识图谱中的知识进行逻辑推理，从而发现新的知识或验证已有知识的正确性。

简单来说，知识推理就是根据知识图谱中已有的知识，通过一定的规则和方法，推导出新的知识或者结论。举个生活中的例子，假如我们知道“小明是小红的哥哥”，“小红是小美的姐姐”，那么即使知识图谱里没有直接给出“小明和小美”的关系，通过推理，我们也能得出“小明是小美的哥哥”。知识推理就是让计算机具备这种类似人类思考和推导的能力。

1. 知识推理方法

常见的知识推理方法如下：

（1）基于规则的推理

制定一系列明确的规则，让计算机按照这些规则进行推理。比如在一个电商知识图谱中，我们制定规则“如果商品 A 和商品 B 属于同一类别，且商品 A 销量很高，那么商品 B 也可能有较高的销量”。当我们知道某款智能手机（商品 A）销量火爆，且另一款同品牌、同价位段的智能手机（商品 B）与之属于同一类别时，通过这个规则就能推理出商品 B 也可能畅销。再比如在家庭关系知识图谱中，设定规则“如果 A 是 B 的父亲，B 是 C 的父亲，那么 A 是 C 的爷爷”，计算机就能根据已知的父子关系，推导出祖孙关系。

（2）基于图的推理

利用图结构进行推理，在社交网络中，如果用户 A 和用户 B 是朋友，用户 B 和用户 C 是朋友，那么可以推理出用户 A 和用户 C 可能是朋友。

（3）基于机器学习的推理

借助机器学习算法，让计算机从大量的数据中学习规律，从而进行推理。例如，在社交网络知识图谱中，利用机器学习算法分析用户之间的互动行为（点赞、评论、转发等），学习用户之间的社交关系模式。如果发现用户 A 和用户 B 经常互相点赞，且他们都关注了用户 C，那么算法可以推理出用户 A 和用户 B 可能是兴趣相投的朋友，进而可以为用户 A 推荐用户 B 发布的内容，或者为用户 B 推荐用户 A 感兴趣的话题。

2. 知识推理应用

知识推理的实际应用场景涉及多个领域：

（1）智能推荐

音乐平台，根据用户经常收听的歌曲风格，以及知识图谱中不同歌手与歌曲风格的关联，可以推理出用户可能喜欢的其他歌手，进而推荐这些歌手的歌曲。

（2）智能问答

智能问答系统中，知识推理发挥着关键作用。比如当用户问“我感冒了，该怎么办”，知识图谱中存储了感冒相关的症状、病因、治疗方法等知识。通过知识推理，系统可以根据用户输入的问题，结合已有的知识，推断出合适的回答，如“您可以多喝水、多休息，如果症状严重，可以服用感冒灵颗粒等药物缓解症状”。

（3）风险预测

金融领域，知识图谱可以整合企业的财务状况、信用记录、市场动态等知识。通过知识推理，金融机构可以预测企业的信用风险。例如，如果一家企业的财务报表显示收入持续下降，且在知识图谱中与该企业有业务往来的多家企业信用评级降低，通过推理可以得出这家企业可能存在较高的信用风险，金融机构在进行贷款审批等业务时就可以更加谨慎。

知识推理帮助我们发现新的知识或验证已有知识的正确性，让知识图谱从一个静态的知识集合变成一个能够不断产生新知识、提供智能服务的强大工具，在众多领域有着广泛且重要的应用前景。

9.3　知识图谱应用

9.3.1　智能问答

如今，智能问答系统已经深入我们的生活，无论是手机里的语音助手，还是电商平台的在线客服，都离不开知识图谱的支持。知识图谱就像是智能问答系统的“智慧大脑”，帮助系统理解问题、找到答案，并以自然语言的方式反馈给用户。

智能问答系统的核心是理解用户的问题，并从庞大的知识库中找到与之匹配的答案。知识图谱在这里发挥了关键作用。当你向智能问答系统提出问题时，系统首先会对问题进行分析，提取其中的关键信息，也就是实体和关系。然后，它会在知识图谱中寻找与这些关键信息相关的节点和边。比如你问“诸葛亮的经典典故有哪些”，系统会识别出“诸葛亮”这个实体，以及“经典典故”这个关系。接着，它在知识图谱中搜索“诸葛亮”这个节点，找到与之相连的“经典典故”关系的边，从而获取到像“草船借箭”“空城计”等答案。

以大家熟悉的智能音箱（如小爱同学、天猫精灵）为例，当你对天猫精灵说“讲一下桃园三结义这个故事”，它背后的智能问答系统会利用知识图谱理解你的需求。知识图谱中包含了桃园三结义、故事、故事平台等信息以及它们之间的关系。系统通过识别“桃园三结义”这个实体和“故事”这个关系，在知识图谱中找到三国演义，并从与之关联的故事平台中选择三国演义的“桃园三结义”这一集故事进行播放。如果此时你再问“里面涉及了哪几个三国历史人物”，系统同样能通过知识图谱，定位到刘关张，然后回答你“桃园三结义涉及刘备、关羽、张飞三个历史人物”。

虽然近两年，以 ChatGPT 为代表的基于大语言模型的通用多轮问答系统，掀起了新一轮技术热潮，但是为了降低大语言模型“幻觉”问题，让智能问答系统更准确，知识图谱与大语言模型结合的研究持续火热。总之，知识图谱极大地提升了我们的生活和工作效率，随着技术的不断发展，它在智能问答领域的应用前景将更加广阔。

9.3.2　推荐系统

在互联网时代，我们每天都会接触到海量的信息，无论是琳琅满目的商品，还是各式各样的音乐、电影。推荐系统就像是我们的专属“导购员”，从众多选择中筛选出符合我们兴趣的内容。而知识图谱，正是让这个“导购员”变得更加聪明、贴心的关键。

推荐系统的核心目标是根据用户的历史行为、偏好等信息，预测用户可能感兴趣的物品，并将这些物品推荐给用户。传统的推荐系统主要基于用户的行为数据，比如购买记录、浏览记录、点赞评论等，通过协同过滤、内容过滤等算法生成推荐列表。但这些方法存在一定的局限性，比如协同过滤可能会因为用户行为数据的稀疏性导致推荐不准确，内容过滤则对物品的特征提取要求较高。而知识图谱的引入，为推荐系统带来了新的思路和方法。

知识图谱以结构化的形式存储了丰富的知识，包括物品的属性、类别、相互关系，以及用户与物品之间的关联等信息。它就像一张巨大的知识网络，将各种信息紧密地连接在一起。在推荐系统中，知识图谱主要从以下几个方面发挥作用：

1. 挖掘深层关联

通过知识图谱，推荐系统可以挖掘出物品之间的深层关联，而不仅仅依赖于表面的行为数据。例如，在一个基于大模型的智能交互产品推荐系统中，知识图谱不仅知道用户喜欢使用文心一言，还能通过分析文心一言的产品特色、厂商等信息，发现文心一言与通义千问、智谱清言等文本问答助手在使用特点、产地的相似性以及它们之间的合作/竞争关系，还能发现它们的局限性。这样，当推荐系统为喜欢文心一言的用户推荐问答助手时，就可以不仅仅局限于通义千问等文本问答助手，还能推荐更擅长推理的 DeepSeek、可以语音交互的豆包，拓宽推荐的范围和多样性。

2. 解释推荐理由

知识图谱还可以为推荐结果提供解释，让用户更好地理解为什么会收到这些推荐。例如，在影视推荐系统中，当推荐系统为用户推荐电影《盗梦空间》时，它可以通过知识图谱展示推荐的依据，比如“因为您之前观看过《星际穿越》，这两部电影都是由克里斯托弗·诺兰执导，且都属于科幻烧脑类型，所以为您推荐《盗梦空间》”。这样的解释不仅增加了用户对推荐系统的信任，还能帮助用户发现自己潜在的兴趣点。

知识图谱在推荐系统中的应用，让推荐结果更加精准、个性化和多样化，为我们在信息海洋中快速找到自己感兴趣的内容提供了便利，也极大地提升了用户体验。

9.3.3 语义搜索

在信息爆炸的时代，我们每天都要通过搜索引擎查找各种信息。你有没有想过，为什么有时候输入一个简单的问题，却得到一堆不相关的结果？这就是传统搜索的局限性。而知识图谱助力的语义搜索，就像是给搜索引擎装上了“理解大脑”，让搜索变得更智能、更高效。

语义搜索，简单来说，就是搜索引擎不再仅仅根据关键词的匹配来返回结果，而是尝试理解用户输入内容的语义，也就是背后真正的含义，然后依据理解的结果，在海量信息中精准定位相关内容。例如，当你输入“苹果的最新产品”，语义搜索不仅能识别“苹果”这个词，还能理解你说的可能是苹果公司，而不是水果苹果，进而返回苹果公司最新发布的手机、计算机等产品信息。

传统搜索主要基于关键词匹配。比如你在搜索引擎中输入“北京好玩的地方”，它会在网页中查找包含“北京”和“好玩的地方”这些关键词的页面，然后按照一定规则排序返回。但这样可能会出现问题，比如一些介绍北京历史文化，却没有直接提及“好玩的地方”的优质景点页面就可能被遗漏。而语义搜索则不同，它借助知识图谱，能理解“好玩的地方”其实就是旅游景点、娱乐场所等概念，从而更全面地检索相关信息，返回如故宫、颐和园、环球影城等各类符合你需求的结果。

而且，知识图谱能根据已有的知识关联，拓展搜索的范围。比如你搜索“巴黎的著名建筑”，知识图谱知道巴黎是法国的首都，“著名建筑”与“地标”“旅游景点”等概念相关，它不仅能返回埃菲尔铁塔、卢浮宫这些直接与巴黎相关的著名建筑，还可能根据关联知识，返回法国其他城市的一些著名建筑，因为它们在建筑风格、历史意义等方面可能与巴黎的建筑存在联系，这样能让用户获取更全面的信息。

9.4 知识图谱前沿技术

知识图谱技术正在快速发展，未来将朝着以下几个方向演进。

9.4.1 大规模知识图谱构建

如今，随着信息爆炸式增长，我们身边的知识越来越多，构建大规模知识图谱就变得十分重要。它就像是打造一个超级庞大的知识宝库，把海量的信息有序地收纳其中。

大规模知识图谱的数据来源非常广泛。比如我们日常使用的搜索引擎，像百度、谷歌，它们每天都会收集大量网页信息，这些网页包含了新闻、百科、博客等内容，是构建知识图谱的重要数据来源。以百度百科为例，里面关于人物、历史事件、科学知识等丰富词条，为知识图谱提供了许多实体和关系信息。又比如电商平台，像淘宝、京东，它们积累了大量商品信息，包括商品名称、属性、品牌以及用户评价等，这些数据能用来构建商业领域的知识图谱，帮助我们了解商品之间的关联，比如不同品牌同类商品的对比，以及用户对不同商品的偏好关系。

在构建大规模知识图谱中，面临着几方面的挑战，是亟须解决的研究方向。

1. 数据噪声

数据中可能存在错误、不准确或者不完整的信息。例如，在一些用户生成的内容中，可能会把“诸葛亮”写成“诸哥亮”，这就需要通过数据清洗和验证技术去除这些噪声。就像在整理图书馆书籍时，要把那些破损、内容错误的图书挑出来修复或剔除。

2. 语义理解难题

自然语言的语义非常复杂，同样的词语在不同语境下含义不同。比如“苹果”，可能指水果，也可能指苹果公司。要准确理解语义，让知识图谱正确关联实体和关系，是一个很大的挑战。这就好比在理解一篇文章时，要准确把握每个词的含义，才能正确梳理文章中的人物关系和事件脉络。

3. 计算资源需求大

大规模知识图谱的数据量巨大，构建和维护过程需要消耗大量的计算资源，包括内存、存储和计算能力。比如构建一个涵盖全球所有电影、演员、导演等信息的知识图谱，需要强大的服务器和高性能的计算设备来支撑。这就像建造一座超级大厦，需要大量的建筑材料和施工设备。

尽管大规模知识图谱构建面临诸多挑战，但随着技术的不断进步，它在智能搜索、智能推荐、智能问答等领域的应用前景十分广阔，是值得持续研究突破的方向。

9.4.2　动态知识图谱更新

在现实生活中，万事万物都在不断变化，知识也不例外。就像我们每天都能了解到新的新闻、科技成果，或者身边朋友的新动态。动态知识图谱更新，就是让知识图谱能够跟上这些变化，时刻保持“新鲜”和准确。

知识图谱的更新，包含两方面的原因：

1. 新信息的涌现

比如在体育领域，新的赛事不断进行，运动员们创造新的纪录，新的体育明星崭露头角。以 NBA 为例，每个赛季都会有新球员加入，球员的技术统计数据也在不断更新。如果我们构建一个关于 NBA 的知识图谱，就需要及时更新这些新球员的信息，以及现有球员的最新比赛数据和成就，这样才能完整地呈现 NBA 的动态。

2. 知识的修正与完善

随着研究的深入和认识的提高，我们对一些事物的理解也会发生变化。比如在医学领域，过去认为胃溃疡主要是由压力和不良饮食习惯导致，但后来研究发现幽门螺杆菌是重要致病因素。那么在医学知识图谱中，就需要更新关于胃溃疡病因的知识，替换旧的不准确信息，以保证知识的科学性。

知识图谱更新是保持知识图谱可用性的重要工作，但是也面临一些挑战：

① 数据一致性问题：在更新知识图谱时，可能会因为不同数据源的更新时间不同步，导致数据不一致。例如，在一个关于电影的知识图谱中，有的数据源先更新了某部电影的获奖信息，而另一个数据源还未更新票房数据。当同时从这两个数据源获取信息时，就可能出现同一部电影的获奖信息和票房信息版本不一致的情况。这就需要建立有效的数据同步机制，确保更新后的知识图谱数据一致。

② 更新效率与成本：动态更新知识图谱需要持续地获取和处理大量数据，这对计算资源和时间成本要求很高。比如构建一个全球金融知识图谱，要实时更新全球各大金融市场的股票价格、汇率、企业财报等信息，数据量巨大且更新频繁。为了提高更新效率，需要采用高效的数据处理算法和强大的计算设备，但这也会增加成本。

③ 语义理解与知识关联维护：更新知识图谱时，要确保新添加的知识与已有知识在语义上是连贯的，并且能正确维护知识之间的关联。例如，在一个科技知识图谱中，新出现了一种新型电池技术，在更新知识图谱时，不仅要准确描述这种新技术的特点，还要正确建立它与现有电池技术、相关科研机构、应用领域等的关联，这需要对语义有深入理解和精准把握。

尽管动态知识图谱更新面临上述挑战，但它对于保持知识图谱的时效性和实用性至关重要，在智能推荐、智能决策等领域有着不可或缺的作用，推动着人工智能应用不断适应动态变化的现实世界。

9.4.3 知识图谱与深度学习结合

在人工智能领域中，知识图谱和深度学习就像是两个超级厉害的“武林高手”，它们各自有着独特的本领。但当这两位“武林高手”联手时，就会产生意想不到的强大效果，为我们解决很多复杂的问题。

提示：

想象一下，深度学习的“黑盒问题”。

深度学习虽然强大，能够处理大量的数据并自动学习特征，但它就像一个“黑盒子”，我们很难理解它是如何做出决策的，而且它对数据的依赖程度非常高，需要大量的数据才能训练出好的模型。比如我们常用的图像识别软件，它能准确识别出图片中的猫和狗，但我们并不清楚它是依据什么特征做出判断的。而且如果训练数据中猫的种类比较单一，遇到一种新的猫品种时，它可能就识别不准了。

这时知识图谱的优势就体现出来了。知识图谱像是一个巨大的知识宝库，它把各种知识以结构化的形式组织起来，让我们能清晰地看到事物之间的关系。比如在一个电影知识图谱中，我们可以清楚地知道某部电影的导演、主演、上映时间以及和其他电影的关联等信息。它可以为深度学习提供丰富的先验知识，弥补深度学习在可解释性和知识利用方面的不足。

知识图谱与深度学习的结合主要体现在以下两个方面：

1. 知识图谱辅助深度学习模型训练

在训练深度学习模型时，可以把知识图谱中的知识作为额外的信息输入到模型中。比如在训练一个推荐系统时，我们可以把用户和商品之间的关系（来自知识图谱），如用户购买过哪些商品、对哪些商品有过评价等信息，与用户的行为数据（如浏览记录、搜索关键词）一起输入到深度学习模型中。这样模型就能学习到更多关于用户和商品的知识，从而做出更精准的推荐。就像我们在给小朋友讲故事时，除了告诉他故事的内容，还给他介绍一些相关的背景知识，他就能更好地理解故事。

2. 深度学习助力知识图谱构建与应用

深度学习技术可以帮助我们更高效地构建知识图谱。例如，利用自然语言处理中的深度学习模型，可以从大量的文本中自动抽取实体和关系，从而快速构建知识图谱。在知识图谱的应用中，深度学习也能发挥重要作用。比如在智能问答系统中，深度学习模型可以理解用户的问题，然后在知识图谱中找到相关的答案，并以自然语言的形式回答用户。例如，当你问“《哈利·波特》的作者是谁”，智能问答系统利用深度学习理解你的问题后，在知识图谱中找到“《哈利·波特》”和“J. K. 罗琳”之间的“作者”关系，然后回答你。

知识扩展：

感兴趣的同学可以去了解一下图嵌入（graph embedding）、图神经网络（graph neural network）相关原理和知识图谱补全技术。

知识图谱与深度学习的结合，为人工智能的发展开辟了新的道路，让我们能够更好地利用知识和数据，解决现实生活中的各种复杂问题，未来它们还将在更多领域发挥更大的作用。

9. 4. 4 知识图谱的可解释性与可信度

使用人工智能技术的过程中，可解释性与可信度是至关重要的因素，知识图谱在这两方面有着独特的表现和意义。

1. 可解释性

简单来说，可解释性就是我们能够明白人工智能系统是如何得出结论的，就像我们做数学题，不仅要知道答案，还要知道解题步骤。知识图谱的可解释性体现在它能清晰展示知识之间的关联和推理路径。

比如在一个智能导航系统中，当它为你规划从家到公司的路线时，背后可能涉及交通路况、道路类型、实时事件（如交通事故、道路施工）等知识。知识图谱将这些信息以图的形式组织起来，你可以直观地看到为什么系统推荐这条路线。假设因为前方道路施工，系统避开了原本距离较短的路线，而选择了一条稍远但更畅通的道路。通过知识图谱，你能看到“道路施工”这个实体与“推荐路线变更”之间的关系，从而理解导航系统做出决策的原因。

2. 可信度

可信度指的是我们对知识图谱中所包含知识的信任程度。一个高可信度的知识图谱，能为我们提供可靠的信息。

比如在医疗领域，一个用于辅助诊断的知识图谱，其可信度至关重要。如果这个知识图谱是基于大量临床研究、权威医学文献以及专家经验构建的，医生在参考它进行疾病诊断时，就能更信赖其中的知识。例如，在诊断糖尿病时，知识图谱展示的症状、检测指标与糖尿病之间的关联，是经过多年医学研究验证的，医生就能依据这些可靠的知识，结合患者的实际情况做出更准确的诊断。

知识图谱的可解释性和可信度，让我们在享受人工智能带来便利的同时，能够理解和信任这些技术所提供的信息和决策建议，为其在更多关键领域的应用奠定坚实基础。

除此之外，随着 2022 年底的生成式人工智能涌现，以 DeepSeek、ChatGPT 为代表的大语言模型，虽然在多轮通用问答中表现惊艳，但是其“幻觉”问题也不容忽视，为此，知识图谱与大模型的结合，也是一个热门研究方向，旨在利用知识图谱可靠的结构化知识，使其在生成文本时能够引用准确的事实，从而增强大模型的语义理解和生成能力。

小　结

本章深入探索了知识图谱这一人工智能领域的关键技术。知识图谱作为一种语义网络，以图的形式直观地展示了实体及其之间的关系，为机器理解和处理知识提供了有效的方式。它不仅为其他人工智能技术提供了丰富的知识支持，还推动了智能应用的发展。希望同学们在今后的学习和研究中，能够进一步探索知识图谱的应用和创新，为人工智能的发展贡献自己的力量。

知识扩展：

罗马尼亚和英国的研究团队通过检索增强生成技术将结构化的生物医学知识与大语言模型（LLM）相结合，通过识别和精炼与年龄相关性黄斑变性（AMD）相关的医学摘要中的因果关系及命名实体开发了一个全面的知识图谱，既减少了幻觉，又提高了事实精确度，并改善了生成回应的清晰度，为高级生物医学聊天机器人应用提供了一个稳健的解决方案。

思考与练习

一、单选题

1. 知识获取的来源包括（　　）。

   A. 结构化数据　　B. 非结构化数据

   C. 众包数据　　D. 以上都是

2. 知识融合的任务包括（　　）。

   A. 实体对齐　　B. 关系对齐

   C. 知识冲突检测与消解　　D. 以上都是

二、填空题

1. 知识图谱是一种结构化的________网络。
2. 基于知识图谱的搜索引擎可以实现________。

三、简答题

1. 知识图谱与传统数据库有什么区别。
2. 知识获取的主要方法有哪些？举例说明。
3. 基于知识图谱的问答系统有哪些优势？举例说明。

四、编程题

1. 使用 Python 和 RDFlib 库，编写程序将结构化数据转换为 RDF 格式。
2. 使用 Python 和 OWLready2 库，编写程序创建一个简单的本体。

第 10 章

机器翻译

在全球化日益深入的今天，不同语言间的交流障碍愈发凸显，机器翻译作为跨越这一障碍的关键技术应运而生。它宛如一座桥梁，连接着世界各地的语言与文化，成为信息时代不可或缺的重要工具。机器翻译（machine translation）是自然语言处理（NLP）领域的一个重要分支，是建立在语言学、计算机科学和数学基础上的一门交叉学科，涉及计算机对自然语言的理解、生成以及跨语言知识表示等方面。机器翻译不仅要实现文本形式的转换，还需要考虑语义的准确传递、文化背景的适当处理等。

学习目标

- **了解**：机器翻译的广泛应用场景，包括页面即时翻译、视频字幕翻译和文档翻译等，明晰机器翻译的发展历程及各阶段的特点和局限性。
- **理解**：机器翻译的定义与概述，明确其是利用计算机技术实现自然语言自动转换的技术，重点关注文本内容在不同语言间的自动化转换过程，涉及词汇、语法等层面的处理。
- **应用**：熟练运用常见机器翻译工具，包括页面即时翻译、视频字幕翻译和文档翻译等，结合 Python 等编程语言与深度学习框架（如 TensorFlow、PyTorch 等）实现简单翻译任务。
- **分析**：机器翻译的评价标准，如 BLEU、METEOR、ROUGE 和 TER 等指标的计算方法、优缺点及适用场景。
- **养成**：培养融合语言学、计算机科学与数学知识解决翻译问题的能力。

10.1　定义与概述

机器翻译是一种利用计算机技术实现自然语言之间自动转换的技术。它旨在让计算机程序能够理解源语言（输入语言）的文本内容，并将其转换为目标语言（输出语言）的文本，尽可能地保持语义和语法的准确性。例如，把一段英文文字“Automated machine translation systems are becoming more and more advanced.”通过机器翻译软件，转换为中文“自动机器翻译系统正变得越来越先进。”，如图 10-1 所示。这里强调的是文本内容从一种语言到另一种语言的自动化转换过程，主要关注的是语言的词汇、语法等层面的转换。

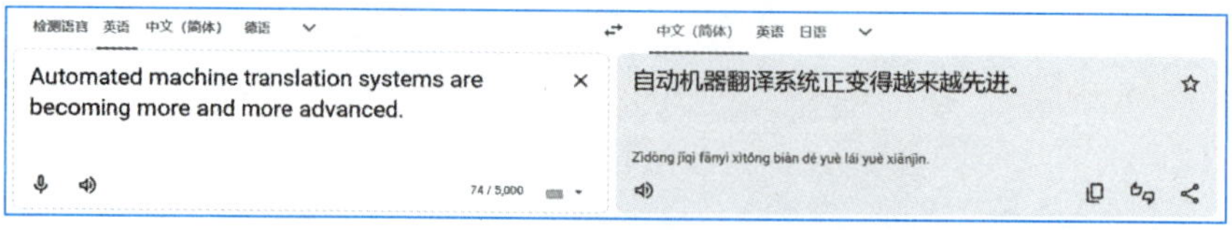

图 10-1　机器翻译示例

10.1.1　语言学基础

语言学为机器翻译提供了语言的结构、语义等知识，帮助理解源语言和目标语言的特点。

1. 词汇

词汇是语言的基本单位，在不同语言中，词汇的形态、语义等特征各异。例如，在英语和汉语中，词汇的形态变化就有很大不同。英语中有丰富的词形变化，如名词的单复数（book→books）、动词的时态（run→ran→running）等。机器翻译要理解这些词形变化，并在翻译时做出正确的转换。另外，在对汉语和英语之间的翻译时，还需要考虑词汇的语义对应关系，比如 bank 在英语中有“银行”和“河岸”两个意思，机器翻译要根据上下文确定其准确的汉语翻译，如图 10-2 所示。

图 10-2　bank 词汇的语义对应关系

2. 句法

在机器翻译中，需要分析源语言句子的句法结构，然后按照目标语言的句法规则进行转换。例如，英语句子一般是主谓宾（subject-verb-object，SVO）结构为主，而日语句子结构是主宾谓（subject-object-verb，SOV）。在机器翻译中，需要分析源语言句子的句法结构，包括对句子成分（如主语、谓语、宾语、定语、状语等）的识别和处理，然后按照目标语言的句法规则进行转换，这有助于机器翻译系统更准确地生成目标语言句子。以翻译英语句子“Automated machine translation systems are becoming more and more advanced.”为例，英、汉、日的句法分析结果如图 10-3 所示。

3. 语义

语义理解是机器翻译的关键，机器翻译需要结合上下文准确把握语义，才能生成合适的目标语言句子。此外，语义角色（如施事者、受事者等）的分析也有助于机器翻译，比如在翻译含有动作的句子时，确定动作的执行者和承受者，以便在目标语言中正确表达。例如，该英文句子“The lamb is too cold to eat.”中主语 lamb 有两个意思，分别是小羊羔和羊肉，因此这个句子就有了两种意思，如图 10-4 所示。

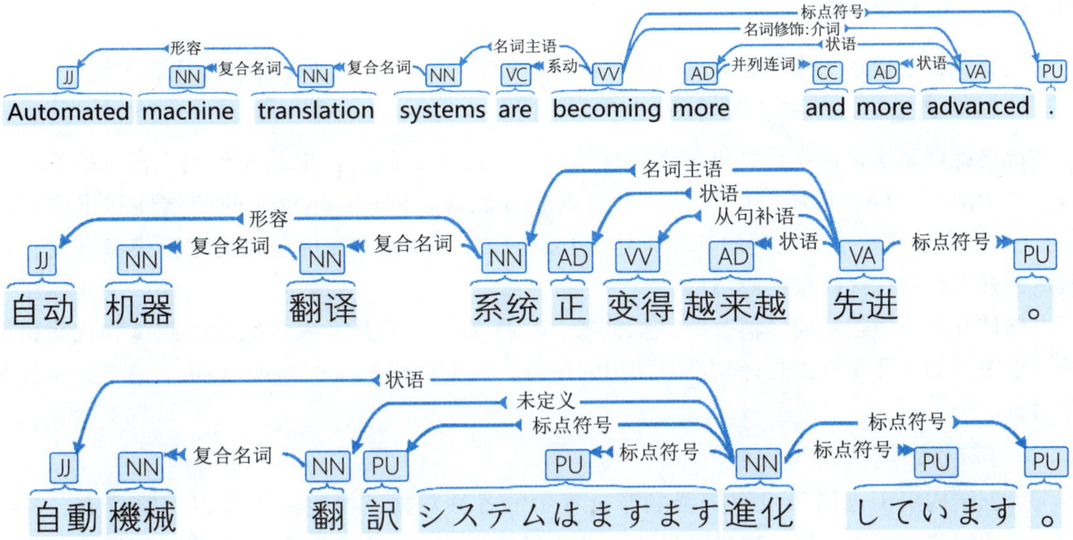

图 10-3 英、汉、日的句法分析结果对比

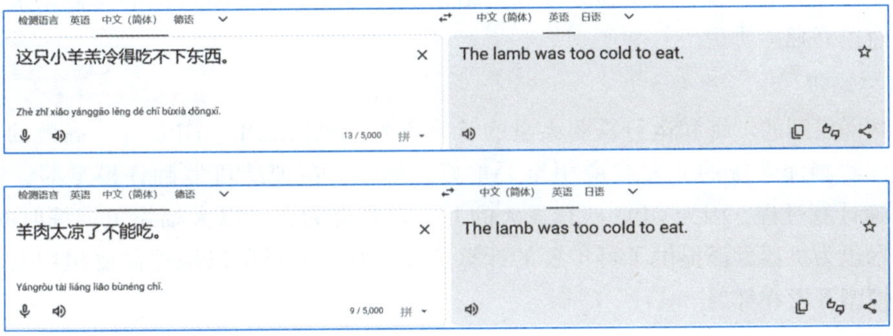

图 10-4 语义理解示例

a. 这只小羊羔冷得吃不下东西。

b. 羊肉太凉了不能吃。

4. 语用

在机器翻译中，还需要考虑语言的使用场景、说话者的意图等因素，才能给出符合语境的翻译，比如语言中常常包含隐含信息、说话者意图、情景语境等，机器翻译要能挖掘并正确翻译这些内容、识别这种语用意图等，才能更好地传达语言文化内涵。图 10-4 所示的语义理解示例，机器翻译需要根据当时的情景语境来调整翻译用词，翻译结果如图 10-5 所示。

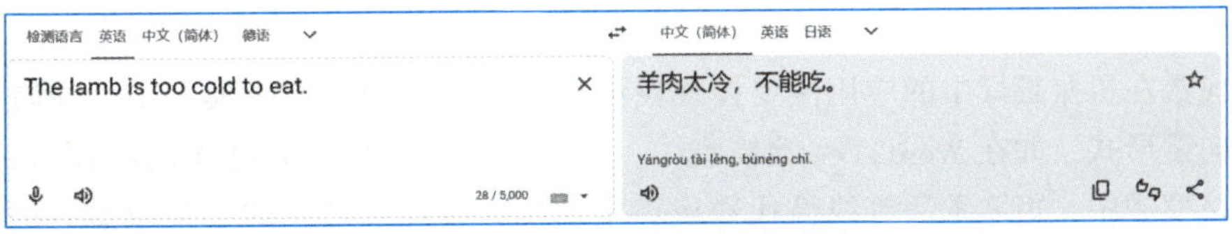

图 10-5 语用示例

10.1.2 计算机科学

计算机科学提供了实现翻译的技术手段，包括软件编程、算法设计、计算资源等。

1. 编程语言和软件开发环境

机器翻译系统是通过计算机程序实现的，需要使用编程语言来编写代码。常见的编程语言（如 Python、Java 等）都可用于开发机器翻译软件。例如，Python 的简洁性和丰富的库（如 NLTK 用于自然语言处理的基本操作、TensorFlow 或 PyTorch 用于深度学习模型开发）使其成为开发机器翻译模型的热门语言。

软件开发环境包括编译器、调试工具等，这些工具帮助开发人员编写、测试和优化机器翻译程序，如在开发机器翻译软件时使用的流行代码编辑器 Visual Studio Code，它支持多种编程语言。

2. 数据结构和算法

数据结构用于存储和组织机器翻译过程中的各种数据，如词汇表可以用哈希表（Hash table）或树状结构来存储，这样可以高效地进行词汇查找和处理。算法在机器翻译中起着关键作用，例如，在统计机器翻译中，需要使用动态规划算法来寻找最优的翻译路径；在神经机器翻译中，梯度下降算法用于训练神经网络模型，通过不断调整模型的参数来最小化损失函数，从而提高翻译质量。

3. 计算资源

机器翻译模型的训练和运行需要大量的计算资源，包括 CPU、GPU 等。高效的计算资源管理对于机器翻译系统的开发和应用至关重要。例如，在训练机器翻译模型时，需要使用 GPU 来加速计算过程，因为 GPU 具有强大的并行计算能力，可以大幅缩短训练时间。同时，云计算技术也为机器翻译提供了可扩展的计算资源，开发人员可以根据需要租用云端的计算资源进行模型开发和部署。

10.1.3 数学

数学则为翻译模型的构建和优化提供了理论支持，如概率论用于统计翻译概率，线性代数用于词向量表示和神经网络运算，优化理论用于调整模型参数。

1. 概率论和数理统计

在统计机器翻译中，概率论和数理统计是基础。通过对双语平行文本的统计分析，计算各种翻译概率。例如，计算源语言单词翻译为目标语言单词的概率，需要用到条件概率的知识，通过大量的数据统计来估计这些概率。同时，在评估机器翻译质量时，也会用到概率统计方法。如 BLEU 等评估指标的计算涉及对翻译句子和参考译文之间的单词匹配概率等因素的统计分析。

2. 线性代数

线性代数在机器翻译中的应用主要体现在词向量表示和神经网络模型中。词向量是将单词表示为向量形式，如在 Word2Vec 等模型中，单词的向量表示是通过线性代数运算得到的。在神经网络模型中，矩阵乘法等线性代数运算用于计算神经元之间的连接权重。例如，在神经机器翻译的编码器-解码器架构中，编码器将源语言句子的单词向量通过线性变换（矩阵乘法）转换为中间向量表示，解码器再通过线性变换将中间向量转换为目标语言句子的单词向量。

3. 优化理论

优化理论用于寻找机器翻译模型的最优参数。在训练机器翻译模型时，需要最小化一个损失函数（如交叉熵损失函数）来提高翻译质量。优化算法（如随机梯度下降、Adam 等）基于优化理论，通过不断调整模型的参数使损失函数达到最小值。例如，在神经机器翻译模型训练中，每次迭代时，根据损失函数对模型参数的梯度，使用优化算法更新参数，使得模型在训练数据上的翻译错误率逐渐降低。

10.2 发展历程

瓦伦·韦弗（Warren Weaver）于 1947 年提出机器翻译概念并于 1949 年 7 月正式记录于名为《翻译》的备忘录。自彼时起直至当下，机器翻译研究已然走过了一段充满波折起伏的漫长发展历程，其间经历了诸多变革、挑战与突破，在不断探索与试错中逐步演进，发展经历根据所使用的翻译方法不同，可总结为四个阶段：词典翻译阶段、规则翻译阶段、统计翻译阶段和神经网络翻译阶段。

1. 词典翻译阶段

词典翻译阶段是机器翻译发展历程中的早期阶段。在计算机技术刚刚兴起，人们开始尝试利用计算机来处理自然语言翻译任务时，词典翻译是一种较为直观的探索方向。这一时期主要受到传统词典编纂思想的影响，试图通过构建电子化的双语词典来实现简单的单词或短语翻译。例如，在 20 世纪 50 至 60 年代，研究人员开始收集和整理不同语言的词汇对应关系，将其存储在计算机系统中，希望借此实现源语言到目标语言的自动转换，但是由于句法结构复杂、语义多义性等问题，这种方法在实际应用中存在着很大的局限性。

2. 规则翻译阶段

规则翻译阶段是在词典翻译基础上发展而来的。这个阶段的机器翻译系统主要依靠语言学家和专家人工编写的大量语言规则。这些规则涵盖了语法、词汇搭配、句子结构等方面。例如，对于英语和汉语之间的翻译，语言学家会详细分析两种语言的语法规则差异。如英语句子一般是主谓宾（SVO）结构，而汉语句子结构较为灵活，可能是主谓宾、主宾谓等多种形式，于是会编写规则来处理这种句子结构的转换。比如对于英语句子“The cat chased the mouse.”（猫追老鼠），规则可能规定要先识别出句子的主语（The cat）、谓语（chased）和宾语（the mouse），然后按照汉语的表达习惯将其转换为“猫（主语）追（谓语）老鼠（宾语）”。该阶段的机器翻译虽然可以处理一些复杂的句子结构，但需要耗费大量的人力和时间编写规则，并且无法涵盖所有的语言现象。

3. 统计翻译阶段

统计机器翻译阶段的核心是基于概率统计模型，利用大量的双语平行文本（即源语言和目标语言相互对应的文本）来计算各种翻译概率，寻找最优翻译结果。这种方法最大的优势在于它可以利用大量的文本数据自动学习语言之间的翻译规律，能够较好地处理一些规则难以涵盖的复杂语言现象，能够生成比规则翻译更自然、更符合语言习惯的翻译句子；不足之处在于对数据的质量和数量要求很高，对于语义的深入理解仍然有限。

4. 神经网络翻译阶段

神经网络翻译阶段是近年来翻译所采用的新兴方法，主要基于编码器-解码器（encoder-decoder）架构。编码器将源语言句子的每个单词转换为向量表示，这些向量能够捕捉单词的语义和语法信息。例如，对于一个英语句子“The cat chased the mouse.”，编码器会把每个单词（如“cat”“chased”“mouse”等）映射为一个高维向量。然后，解码器利用这些向量生成目标语言句子。在这个过程中，解码器会根据编码器提供的向量信息以及之前生成的目标语言单词，逐步生成完整的句子，如对应的汉语句子“猫追老鼠”。这种方法的优点是能够更好地处理句子的语义信息，生成的翻译句子更加流畅自然，可以自动学习语言的复杂结构和语义关系，对于长句子和复杂句子的翻译效果较好；缺点是模型训练需要大量的计算资源和时间，并且需要大量的高质量数据。模型的可解释性较差，很难理解模型是如何做出翻译决策的。

10.3 主流模型

目前，基于神经网络的模型已成为机器翻译任务的主流模型，在多个公开测试集上取得了优秀的翻译性能，下面主要介绍循环神经网络模型和卷积神经网络模型。

10.3.1 循环神经网络模型

循环神经网络（RNN）是一类用于处理序列数据的神经网络，具有循环连接，能够在处理序列中的每个元素时，将之前的信息传递到当前的处理步骤中。在机器翻译中，可以利用句子前面的单词信息理解后面单词的含义。

1. 编码器-解码器框架

循环神经网络（RNN）用于机器翻译主要基于序列到序列（Seq2Seq）的架构，包括编码器和解码器。在这个架构中，编码器将源语言句子（如一个中文句子）通过 RNN 编码成一个固定长度的语义向量。这个过程是按顺序读取源语言句子中的单词，随着每个单词的输入，RNN 的隐藏状态不断更新，最后得到一个包含句子语义信息的向量。该框架的抽象表示如图 10-6 所示。

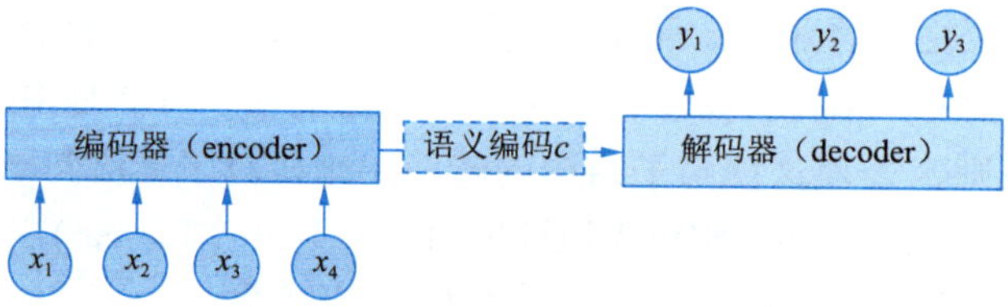

图 10-6　编码器-解码器框架

给定输入 $x=\{x_1,x_2,x_3,x_4\}$，通过编码器-解码器框架生成目标 $y=\{y_1,y_2,y_3\}$。其中，编码器（encoder）是对输入 x 进行编码，通过非线性变换转化为中间语义编码 c，解码器（decoder）根据输入的 x 和语义编码 c，生成目标信息 y。在机器翻译任务中，编码器将源语言句子（如中文句子）转换为一个语义向量，解码器根据该语义向量生成目标语言句子（如英文句子）。

2. 注意力机制模型

注意力机制模型在处理序列数据（如自然语言处理中的句子、语音处理中的音频序列等）时，模型需要关注输入序列的不同部分来更好地进行学习和生成输出。例如，在机器翻译任务中，当翻译一个句子时，模型需要关注输入句子中的不同单词来确定输出句子中每个单词的翻译。这种关注就像人类在阅读和翻译时会聚焦在某些关键的词语上一样。

注意力机制通过对编码器所有时间步的隐状态做加权平均得到语义向量，解码器输出序列的每个词条都会依赖一个与“上下文”相关的可变语义向量，而不再依赖一个相同的语义向量，其输出如下：

$$y_1 = f(c_1)$$

$$y_2 = f(c_2, y_1)$$

$$y_3 = f(c_3, y_1, y_2)$$

原先的编码器-解码器框架在引入了注意力机制后就变成了图 10-7 所示的结构。

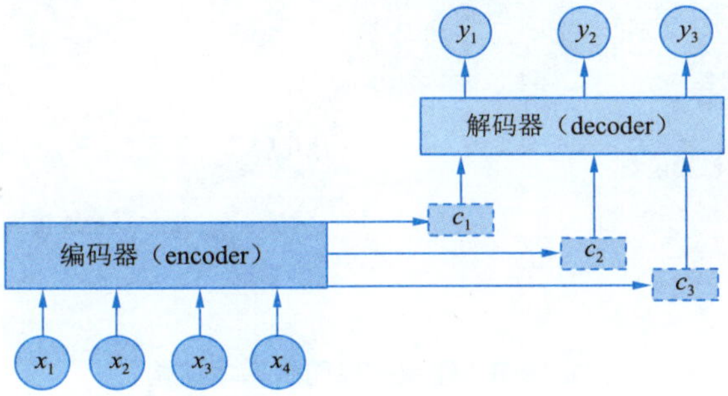

图 10-7　注意力机制模型

在机器翻译过程中，注意力机制能够帮助模型精准地定位输入句子中的关键信息，从而更准确地生成对应的翻译。例如，在将“The dog chased the cat”翻译为“狗追逐猫”时，模型通过注意力机制可以明确“chased”与“追逐”的对应关系，以及“dog”“cat”分别与“狗”“猫”的对应关系，从而准确地进行翻译，避免出现语义混淆或错误。对于长难句的翻译，注意力机制可以有效捕捉句子中不同部分之间的语义关联，更好地理解句子的整体结构和含义。比如在处理含有多个从句或复杂修饰成分的句子时，模型能够聚焦于各个关键成分及其之间的关系，从而生成更符合语法和语义的准确译文。

10.3.2　卷积神经网络模型

近年来，卷积神经网络在机器翻译任务中得到了广泛应用，并取得了显著的成果。与传统的基于规则和统计的机器翻译方法相比，基于卷积神经网络的机器翻译具有独特的优势，能够有效提升翻译的准确性和效率。

1. 基本结构

卷积神经网络是一种深度学习模型，其核心结构包括卷积层、池化层和全连接层，如图 10-8 所示。卷积层通过卷积核在输入数据上滑动进行特征提取，能够自动学习数据中的局部特征模式；池化层则对卷积层输出进行降维操作，减少数据量并保留主要特征信息；全连接层通常用于对提取到的特征进行分类或回归预测。

2. 翻译原理

在机器翻译中，首先需要对源语言句子进行编码。卷积神经网络通过卷积层对源语言句子中的词汇、短语等局部信息进行特征提取。例如，对于一个英语句子，卷积核可以提取出诸如“动词短语”“名词短语”等局部特征表示。这些特征表示经过池化层进行信息整合与降维，逐步形成源语言句子的高层语义表示。与传统的循环神经网络（recurrent neural network，RNN）不同，卷积神经网络在编码阶段可以并行处理句子中的不同部分，大大提高了编码效率。

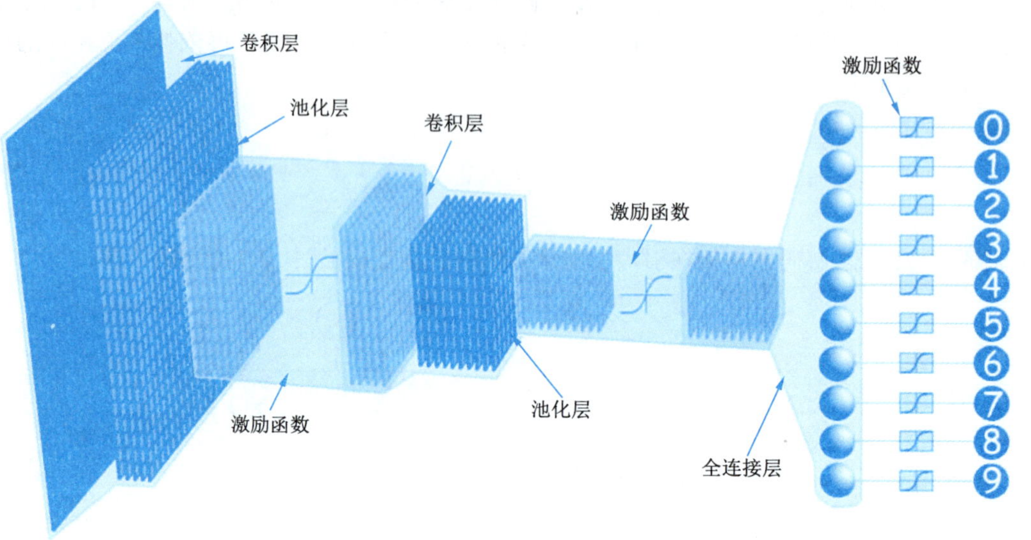

图 10-8　卷积神经网络基本结构

编码完成之后，再进行解码，此阶段的任务是根据编码得到的源语言语义表示生成目标语言句子。卷积神经网络在解码时，基于已生成的部分目标语言序列和源语言编码信息，通过一系列卷积操作预测下一个目标语言词汇。例如，在将英语句子翻译成中文时，根据编码的英语句子信息和已生成的部分中文词汇，卷积神经网络预测下一个合适的中文词语。同时，为了更好地处理长距离依赖关系，一些基于卷积神经网络的机器翻译模型还引入了注意力机制。注意力机制能够让模型在解码过程中动态地关注源语言句子中的不同部分，从而更精准地生成目标语言句子。

10.4　评价标准

在评估一个机器翻译系统时，单纯凭借译文的文本形式输出难以直接且明晰地判别其质量优劣，有必要运用一系列恰当且精准的量化标准，对机器翻译所生成的译文结果予以全面、客观且科学的评价，从而更为有效地衡量该系统在翻译任务中的表现与成效，为进一步优化与完善系统提供可靠依据与有力支撑。

10.4.1　BLEU

BLEU（bilingual evaluation understudy）是一种广泛使用的机器翻译评估指标。它基于 *n*-gram（*n* 元语法）的概念，通过比较机器翻译输出与参考译文之间的 *n*-gram 重叠情况来衡量翻译质量。*n*-gram 是指文本中连续的 *n* 个单词的序列。例如，在一个句子中，2-gram（二元语法）可以是“the cat”“cat sat”等这样连续的两个单词组合。其基本思想是：机器翻译结果与参考译文在 *n*-gram 上的重合度越高，翻译质量就越高。它计算翻译结果中与参考译文匹配的 *n*-gram 的比例，并通过几何平均的方式将不同长度的 *n*-gram（通常考虑 1-gram 到 4-gram）的匹配比例综合起来，得到一个 0 到 1 之间的分数，其中 1 表示机器翻译结果与参考译文完全相同。

BLEU 计算相对简单、直观，能够快速比较不同机器翻译系统的性能。它不依赖于语言的语法和语义规则，具有一定的通用性，适用于多种语言对的翻译评估。但是，它只考虑了翻译结果与参考译文的表面匹配情况，没有考虑语义是否正确。例如，一个机器翻译结果可能在词汇和 *n*-gram 上与参考译文匹配度很高，但语义可能完全错误。而且，BLEU 对于翻译的流畅性评估不足，可能会高估一些翻译结果。

10.4.2　METEOR

METEOR（metric for evaluation of translation with explicit ordering）旨在解决 BLEU 的一些局限性。它不仅考虑了机器翻译结果与参考译文之间的精确匹配，还考虑了同义词、词干等较灵活的匹配方式，以及翻译的语序因素，通过计算匹配的单词数量、单词顺序和同义词匹配情况来综合评估翻译质量。它首先在机器翻译结果和参考译文中找到匹配的单词或短语，然后根据匹配情况构建一个对齐图，考虑单词顺序的一致性来计算一个调和平均分数。

相比 BLEU，METEOR 更注重语义匹配和语序因素，能够更好地评估翻译的质量，对翻译的流畅性和语义准确性有一定的考量，更符合人类对翻译质量的判断。但是，METEOR 的计算相对复杂，因为它需要考虑同义词匹配、词干提取等操作，这些操作可能会引入一些错误或不准确的情况。而且，对于一些语言中复杂的语义和语法现象，如隐喻、习语等，METEOR 的评估效果也可能有限。

10.4.3　ROUGE

ROUGE（recall-oriented understudy for gisting evaluation）原本是用于评估文本摘要系统的指标，但也被用于机器翻译评估。它主要基于召回率的概念，通过计算机器翻译结果中与参考译文重叠的部分占参考译文的比例来衡量翻译质量。ROUGE 有多种变体，如 ROUGE-N（基于 *n*-gram 的召回率）、ROUGE-L（基于最长公共子序列的召回率）和 ROUGE-S（基于跳过 *n*-gram 的召回率）。例如，ROUGE-N 计算机器翻译结果中与参考译文匹配的 *n*-gram 的数量占参考译文 *n*-gram 总数的比例。

ROUGE 的计算方式比较直接，能够有效地衡量翻译结果对参考译文的覆盖程度。它的多种变体可以从不同角度评估翻译质量，如 ROUGE-L 能够考虑句子的语序信息，通过最长公共子序列来评估翻译的连贯性。它的缺点与 BLEU 类似，ROUGE 主要关注翻译结果与参考译文的重叠部分，对语义准确性的评估不够全面。而且，它可能会受到参考译文质量和长度的影响，如果参考译文本身存在问题或者过长过短，都会影响 ROUGE 的评估结果。

10.4.4　TER

TER（translation edit rate）是通过计算将机器翻译结果转换为参考译文所需的编辑操作数量来评估翻译质量，编辑操作包括插入、删除、替换单词以及移动单词块等。TER 的分数越低，表示机器翻译结果与参考译文越接近，翻译质量越高。假设参考译文为“he went to school”，机器翻译结果为“he goes to the school”。这里需要进行 1 次替换操作（“went”替换为“goes”）和 1 次插入操作（插入“the”），总共进行了 2 次编辑操作。如果机器翻译结果的单词总数为 4，那么 TER 分数为 $2/4=0.5$。

TER 能够直观地反映出机器翻译结果与参考译文之间的差异程度，并且考虑了多种编辑操作，更全面地评估了翻译的准确性，对翻译的流畅性和语序变化也有一定的考量，因为移动单词块等操作也被包含在内。但是，TER 的计算依赖于定义明确的编辑操作，对于一些复杂的语言现象，如词序的灵活调整在不同语言中的含义变化等，可能无法准确评估。而且，它也没有深入考虑语义的匹配情况，只是从编辑操作的角度来衡量翻译质量。

10.5 应用场景

机器翻译的应用场景非常广泛。在跨国企业中，它可以帮助处理商务文件、邮件等的翻译；在互联网领域，能够对网页内容、社交媒体评论等进行翻译，方便不同语言用户之间的交流；在旅游行业，为游客提供实时的语言翻译服务，如翻译路标、菜单等。

10.5.1 页面即时翻译

保留原网页布局，使原文与译文相互对照（见图 10-9 与图 10-10），有效提升阅读效率与浏览体验。让我们轻松跨越语言障碍，自由畅享外文网页阅读，随时随地探索多元文化的魅力。

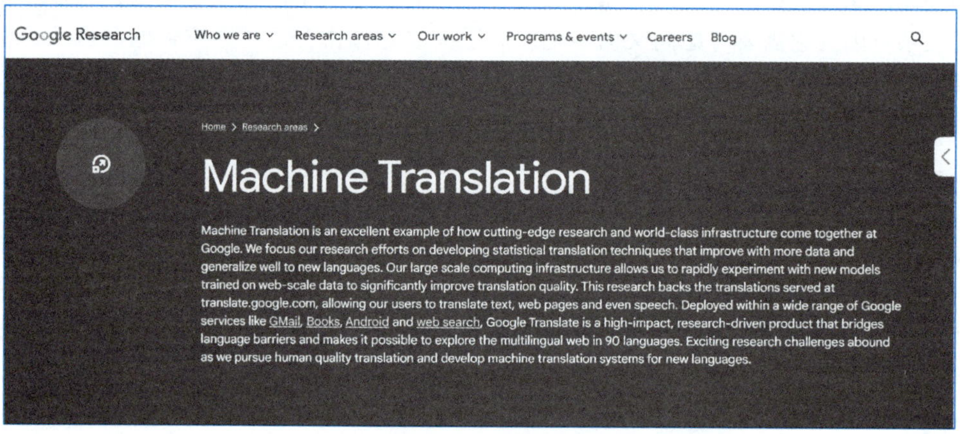

图 10-9　原网页

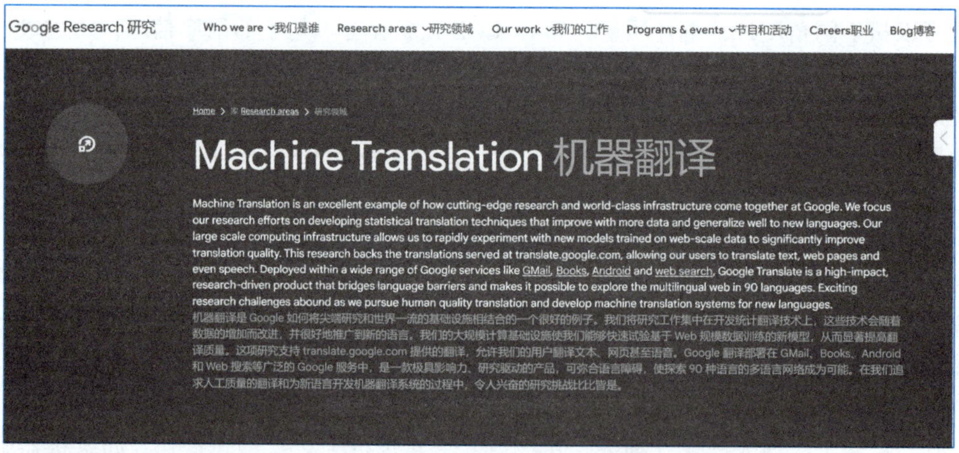

图 10-10　页面即时翻译

10.5.2 视频字幕翻译

在视频网站进行实时字幕翻译（见图 10-11 和图 10-12），精准流畅的双语字幕显示搭配外语语音，可让我们切身体验异国文化，从视、听、说三个维度助力语言学习。

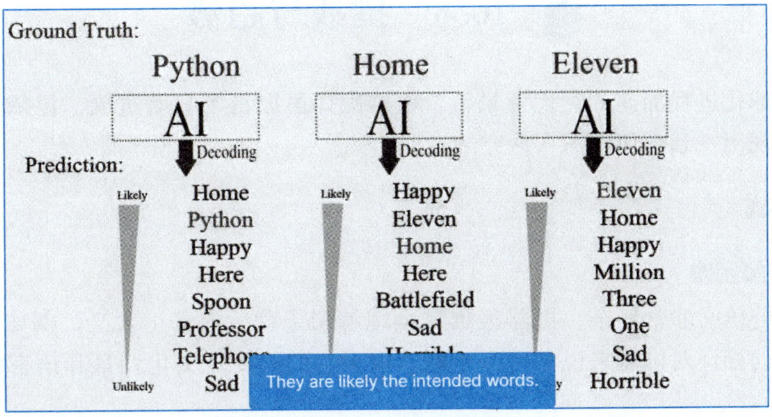

图 10-11　原视频

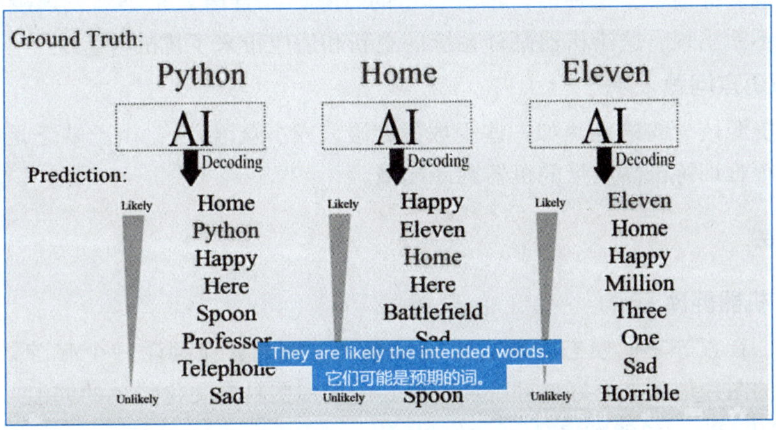

图 10-12　视频字幕翻译

10. 5. 3　文档翻译

文档翻译服务能够快速、精准地将各类文档在不同语言间进行转换（见图 10-13），无论是商务报告、学术论文还是技术手册，都能确保原文的语义、风格与逻辑在译文中得以完美呈现，有效打破语言壁垒，促进全球范围内的信息交流与知识共享，为您的跨国业务、学术研究或国际合作提供强有力的语言支持。

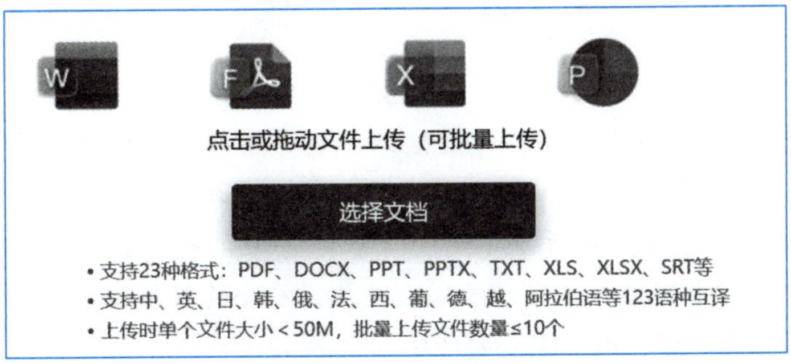

图 10-13　文档翻译

10.6 挑战与趋势

在当今全球化进程加速的时代背景下，机器翻译虽取得了显著进展，但依然面临诸多挑战，同时也呈现出一系列值得深入探究的发展趋势。

10.6.1 挑战

1. 语义理解困难

自然语言的语义非常复杂，机器很难完全理解句子背后的真正含义。例如，隐喻、双关语等修辞手法的翻译对机器来说是一个难题，因为它们需要对文化背景和语言的深层含义有很好的理解。

2. 语言的多样性和变化性

世界上有众多的语言，每种语言都有自己的特点，并且语言是不断发展变化的，新的词汇和语言现象不断出现，这给机器翻译系统的更新和适应带来了挑战。

3. 低资源语言问题

对于一些资源较少的语言（如一些少数民族语言或小众语言），由于缺乏足够的双语平行文本和数据，很难训练出高质量的机器翻译模型。

10.6.2 趋势

1. 多模态机器翻译

结合图像、音频等其他模态的信息来辅助翻译。例如，在翻译一个旅游景点的介绍时，同时利用景点的图片信息来更好地理解和翻译其中的一些具有文化特色的词汇。

2. 无监督和弱监督机器翻译

减少对大量双语平行文本的依赖，通过单语数据或少量标注数据来训练机器翻译模型，这对于低资源语言的翻译非常有帮助。

3. 可解释性机器翻译

提高机器翻译模型的可解释性，让用户和研究人员能够更好地理解模型的翻译决策过程，以便对模型进行改进和优化。

小　结

机器翻译是自然语言处理领域的重要分支，是融合语言学、计算机科学和数学的交叉学科。其发展历程历经词典翻译、规则翻译、统计翻译和神经网络翻译阶段，神经网络翻译阶段的模型基于编码器-解码器架构，能更好处理语义信息，但训练需大量资源和数据且可解释性差。主流模型包括循环神经网络模型（含编码器-解码器框架和注意力机制模型）、卷积神经网络模型（通过卷积层、池化层和全连接层工作）等。机器翻译的评价标准有 BLEU、METEOR、ROUGE 和 TER 等，各有优劣。应用场景广泛，如页面即时翻译、视频字幕翻译和文档翻译等，但面临语义理解困难、语言多样性和低资源语言等挑战。机器翻译未来趋势包括多模态、无监督和弱监督以及可解释性翻译等，有望克服现有问题，进一步提升翻译质量和应用效果。

思考与练习

一、选择题

1. 机器翻译的核心目标是（　　）。

A. 实现语言发音转换　　B. 自动转换文本内容并保持语义准确

C. 仅处理词汇层面的对应关系　　D. 完全替代人工翻译

2. 以下选项中，（　　）属于统计机器翻译阶段的特点。

A. 依赖双语词典和规则　　B. 基于概率模型和大量平行语料

C. 使用编码器-解码器框架　　D. 完全解决语义理解问题

3. BLEU 指标的主要缺陷是（　　）。

A. 计算复杂　　B. 不考虑语义匹配

C. 仅适用于长文本　　D. 依赖人工标注

二、填空题

1. 机器翻译的发展历程分为四个阶段：词典翻译、规则翻译、________、神经网络翻译。

2. 注意力机制的作用是帮助模型在翻译时动态关注输入句子的________。

3. TER 指标通过计算将机器翻译结果转换为参考译文所需的________数量来评估质量。

三、思考题

1. 为什么多义词（如 bank）会成为机器翻译的难点？如何解决？

2. 低资源语言（如少数民族语言）的机器翻译面临哪些挑战？请提出可能的解决方案。

四、简答题

1. 简述编码器-解码器框架在机器翻译中的工作流程。

2. 对比循环神经网络（RNN）和卷积神经网络（CNN）在机器翻译中的优缺点。

五、编程题

使用 Python 和 PyTorch 实现一个基于编码器-解码器框架的简单英-汉翻译模型（仅需包含基础结构，无须训练）。

六、分析题

原文：“The lamb is too cold to eat.”

机器翻译结果：“这只小羊羔冷得吃不下东西。”

参考译文：“羊肉太凉了不能吃。”

1. 分析机器翻译结果与参考译文的差异及原因。

2. 如何改进模型以避免此类错误？

第 11 章 人工智能生成内容

在当今数字化浪潮中，人工智能生成内容（AIGC）已成为备受瞩目的焦点领域，深刻地改变着我们的内容创作格局。本章将从 AIGC 的概述、AIGC 的应用领域、优势和挑战以及发展趋势和未来展望几个方面详细介绍。深入理解 AIGC 相关知识，有助于我们更好地把握 AIGC 的发展脉络，充分发挥其优势，推动内容创作领域迈向新的高度，开启智能化创作的新篇章，为各行业的创新发展注入源源不断的动力。让我们一同踏上探索 AIGC 奇妙世界的旅程，挖掘其无限潜力，创造更多价值。

学习目标

- 了解：国内外主流 AIGC 工具（如 ChatGPT、Midjourney、豆包、DeepSeek）。
- 理解：AIGC 的概念和关键特征，辨析其与传统创作模式的不同。
- 应用：熟练使用至少一种 AIGC 工具完成创作任务，结合行业场景设计 AIGC 解决方案。
- 分析：评估不同 AIGC 工具的适用场景，诊断生成内容的质量问题，剖析 AIGC 对传统行业的冲击与机遇。
- 养成：建立 AIGC 伦理责任意识，主动规避技术滥用，培养人机协同创作思维，实现创意与效率的平衡。

11.1 AIGC 概述

随着人工智能技术的飞速发展，作为其重要应用方向之一的 AIGC（artificial intelligence generated content），人工智能生成内容更是在全球范围内掀起一股热潮。AIGC 利用人工智能算法生成各种类型的内容，如文本、图像、音频、视频等，其应用场景广泛、内容生成质量和效率不断提升，这也反过来促进了人工智能技术的发展。

11.1.1 AIGC 的定义与内涵

AIGC 是继专业生成内容（professional generated content，PGC）和用户生成内容（user generated content，UGC）之后基于人工智能技术、通过对大量数据的学习和分析自动生成各种文本、图像、音频、视频等形式内容的新型创作方式。它不仅是内容自动化生成的一类技术，也是一种新型的内容生产方式，更是从内容生产者视角对内容进行分类的一类内容，涉及多学科交叉融合，如计算机科学、数学、统计学、语言学、认知科学等。AIGC 具备创作效率高、创作成本低、质量相对稳定等优点，它不仅解决了 PGC 和 UGC 时代面临的创作效率的瓶颈问题与质量提升的难题，而且为创作者呈献了一种可灵活定制、多形态和极具创新性的创作途径。目前 AIGC 已广泛应用于教育、科研、艺术创作、新媒体、广告、市场营销等领域，作为一种新型的内容生产手段和技术，它正在重塑数字化时代内容创作的模式和创作习惯，也是推动各行业内容生产变革的关键力量。

AIGC 的核心特征可以从以下几个方面去理解：

① 海量数据驱动的智能化：AIGC 内容生成时其底层技术模型，如卷积神经网络（CNN）、循环神经网络（RNN）等高度依赖大量的数据进行训练，不仅覆盖不同领域，形式也呈现多样性和非结构化特点，如图像、文本、音频等。这些深度神经网络模型具备强大的学习能力，能够自动学习和提取特征，理解和学习人类语言、视觉艺术、音乐等领域的模式和规则，从而创造出更加复杂和高质量的内容。

② 内容生成的多样性和个性化：AIGC 可以根据一段文本描述生成相应的图像，或者将图像内容转化为文字描述，也可以直接根据文本生成视频或者图片生成视频，从而实现文、图、视频生成的流畅转换，这种跨模态的转换能力使得 AIGC 内容生产具备充分的灵活性。即使在同一模态下，AIGC 也可以生成具有不同风格、主题和情感倾向的内容。以文本生成为例，它可以模仿不同作家的写作风格，创作诗歌、小说、新闻报道等体裁的文本，也可以根据用户需求生成具有特定情感色彩的内容，如积极、消极或中性的文本。

③ 生成内容自动化和智能交互反馈：AIGC 在进行内容生成的时候，并不需要用户掌握高深的知识和技能，而只需要通过简单的命令或者人工干预便可完成内容的生成，AIGC 具备良好的自然语言交互能力，这种交互能力使得用户使用起来更加贴近生活、更加便捷，降低了用户与人工智能系统之间的沟通成本。同时在生成内容的过程中，AIGC 能够根据用户的反馈实时调整生成策略，不断优化生成结果，以更好地满足用户的需求。

此外，AIGC 创作的高效性、创作内容的新颖性以及其持续进化能力也是不容忽视的，这些特征共同使得 AIGC 在新闻出版、娱乐、教育、营销等领域展现出巨大的潜力和价值。

11. 1. 2　AIGC 的发展历程

互联网兴起之前，内容生产主要由专业用户完成，如专业的媒体机构、影视公司、出版社等，这些用户不仅拥有雄厚的资金和专业的设备，更具备大量的专业人员，一般称这个阶段为专业生成内容（PGC）阶段，PGC 阶段内容具备较高的专业性和权威性，但传播范围和方式有限，更多的是依赖于传统的广播、电视、报纸、杂志等，与目标受众的互动非常有限。

随着互联网的产生的发展，互联网论坛和博客开始兴起，用户利用这些平台发表自己的文字、图片等内容，分享自己的观点、经验、生活趣事等，开始迈入用户生成内容（UGC）时代，此后互联网进一步发展壮大和普及，社交媒体开发爆发，社交媒体平台（如微博、微信、短视频、直播等）的兴起让 UGC 成为互联网内容生态中不可或缺的一部分。

到了 2020 年以后，用户借助一些智能工具或平台甚至只需要通过基本的指令就可以完成内容的创作与生成，即 AIGC。2022 年 11 月 30 日，OpenAI 公司发布了生成式预训练 Transformer 模型，即 ChatGPT，更是将 AIGC 的关注度提升到一个新的高度，这之后 AIGC 快速席卷全球，成为各行业关注焦点。实际上 AIGC 的出现最早可以追溯到 1950 年艾伦·图灵提出的著名实验“图灵实验”，即判定机器是否具备智能的实验方法。而 AIGC 的发展更是充满了探索与突破，其发展历程大致可以分为三个阶段，如图 11-1 所示。

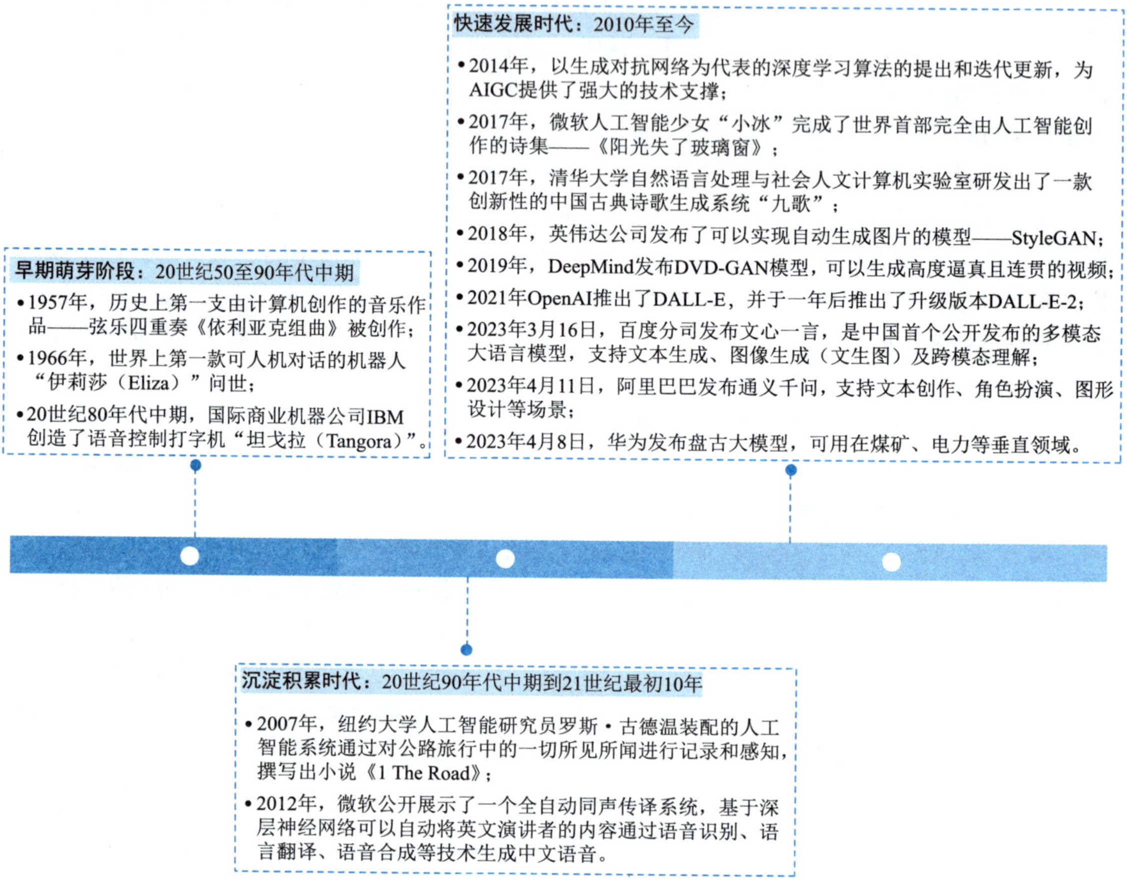

图 11-1　AIGC 发展历程

11.1.3　AIGC 常用工具介绍

“工欲善其事，必先利其器。”合适的 AIGC 工具不仅可以快速满足内容自动生成的需要，且能够保证生成的质量。以下是国内外常见的一些 AIGC 工具的介绍。

1. 国外的工具

① ChatGPT：由 OpenAI 在 2022 年 11 月 30 日发布的大语言模型，它基于 Transformer 模型，通过处理大量自然语言数据学习语言规则和模式，能够生成准确、流畅、自然的文本响应，生成的文本在语言表达、逻辑连贯性和知识准确性方面表现出色，可广泛应用于写作辅助、智能客服、知识问答、创意构思等领域。

② Claude：由 Anthropic 在 2023 年 3 月 15 日发布初代 Claude，后续不断更新迭代。其强调安全性与合规性，遵循一套伦理和行为原则。具有高级推理、视觉分析、代码生成、多语言处理等能力，涵盖广泛的知识领域，如科学、技术、历史、文化、社会等。能够进行高质量的文本生成，包括撰写文章、故事、对话、诗歌等形式的文本；在回答问题时，能够提供准确、详细且易于理解的解答。

③ Midjourney：Midjourney 是由 Midjourney 研究实验室开发的，2022 年 7 月 12 日进入了公开测试阶段，以其强大的图像生成能力和丰富的艺术风格而受到广泛关注。它采用了一种基于 Transformer 架构的深度学习模型，能够根据给定的文本描述自动生成高质量、高分辨率的图像，用户只需输入简单的文字描述，即可生成高质量、具有独特艺术风格的图像作品，涵盖了各种绘画风格和主题，如写实、抽象、科幻、奇幻等，为艺术家、设计师和创意工作者提供了丰富的创作灵感和便捷的创作方式。应用范围广泛，涵盖了创意设计、广告营销、教育娱乐等领域。

④ StableDiffusion：一个开源的基于扩散模型的图像生成模型，由 Stability AI 等机构合作开发，于 2022 年发布，具有高度的可定制性和扩展性。能够根据用户输入的文本描述生成高质量、逼真且风格多样的图像，用户还可以通过调整各种参数，如生成步数、采样方法、提示词权重等，来精细控制图像的生成效果，支持图像到图像的转换、风格迁移等功能，在图像生成领域具有较高的灵活性和创新性。广泛应用于艺术创作、广告和市场营销行业以及游戏开发等，如为画家、插画师、设计师等提供灵感和图像素材，帮助他们快速实现创意构思；制作吸引人的广告海报、产品宣传图片、品牌视觉形象等。

2. 国内的工具

① 文心一言：文心一言是由百度公司 2023 年 3 月正式推出的一款人工智能大语言模型，融合了百度的深度学习技术和丰富的知识图谱数据，强大的语言理解与生成能力，支持多模态交互。能够根据用户需求生成多种风格和主题的高质量文本，如新闻报道、文学创作、商业文案等，广泛应用于自媒体创作、广告营销、教育辅助、智能客服等领域。

② 豆包：豆包是由字节跳动公司运用先进的人工智能技术开发的智能语言模型，它基于深度学习技术，拥有海量数据训练基础，能准确解析文本语义、意图和情感，生成自然流畅、富有创意的内容，涵盖不同领域和多种风格，可应用于日常生活和学习、办公文案辅助、教育辅导、科研、市场营销等方面。

③ 通义千问：通义千问是阿里巴巴 2023 年发布的大模型，由阿里云自主研发，采用先进深度学习算法和架构，集成了自然语言处理、知识图谱、机器学习等技术，可进行智能问答，涵盖生活常识、专业知识、技术难题等领域。可应用于企业办公、创意产业、智能客服等领域。

④ 讯飞星火：讯飞星火是科大讯飞公司 2023 年发布的大模型，依托科大讯飞在语音识别和自然语言处理领域的技术积累研发而成。在语音交互方面优势独特，可实现高精度语音识别和自然流畅的语音合成。具备强大的语言理解、知识推理和多语言处理能力。广泛应用于教育、医疗、工业等领域，如辅助教学、医疗咨询、工业生产管理等。

⑤ 深度求索：DeepSeek（深度求索）是一家专注于人工智能大模型研发的中国科技公司，成立于 2023 年。核心产品包括 DeepSeek 系列大语言模型、智能对话助手 DeepSeek Chat 和编程专用模型 DeepSeek Coder，在中文处理和多语言理解方面表现优异。公司致力于推动大模型技术创新，提供智能问答、内容创作、代码生成等服务，具有强大的知识推理能力和安全合规的内容生成机制。DeepSeek 持续优化模型架构，为企业和个人用户提供高质量的 AI 解决方案，涵盖客服、写作、编程辅助等应用场景。

其他 AIGC 工具还有图形生成平台，如文心一格、WHEE、通义万相、Lexica、Playground AI、奇域 AI 等，以及视频生成平台，如可灵、即梦、Synthesia、Pika 等。不同的 AIGC 工具在技术原理、应用场景、生成内容的质量和风格等方面存在一定的差异。在选择使用 AIGC 工具时需要考虑应用需求、数据隐私和安全、获取成本和可用性以及各个模型的特性等方面问题。

11.1.4 AIGC 与传统内容创作模式对比

以 AIGC 为分界点，本章所指的传统创作模式主要是 PGC 和 UGC 时代的内容创作方式。AIGC 与传统内容创作模式相比，其两者的差别可以从表 11-1 列举的几个方面来考虑。

表 11-1 AIGC 创作模式与传统内容创作模式比较

比较项	AIGC 创作模式	传统内容创作模式
创作主体	主要由人工智能算法和模型驱动创作	人类创作者，包括专业创作者（如作家、记者、艺术家等），以及普通用户，创作过程依赖人类的知识、经验、创意和技能
创作效率	创作效率极高，可以在短时间内生成大量内容，几乎可以即时响应需求	受人类创作能力和时间的限制，创作过程较为缓慢，尤其是对于复杂或高质量的内容创作，需要花费大量时间和精力
创作质量	依赖于模型能力，虽然生产内容的质量在不断提升，但仍然存在逻辑不严谨或内容同质化的情况	人类创作者能够赋予作品更丰富的情感、独特的创意和深刻的思想内涵，创作质量更具个性化和艺术价值，但也存在质量参差不齐的现象
创作成本	前期开发和训练 AIGC 模型需要大量的计算资源、数据和技术投入，成本较高，一旦开发出有效的模型，后续生成内容的成本较低，尤其是对于重复性任务	涉及人力成本、时间成本等，长期来看可能成本较高，特别是随着创作质量和难度的提高，成本也会相应增加
创造力和情感表达	尽管技术不断进步，但在情感深度和原创性上，目前仍然难以完全模拟人类的情感复杂性和独特的创造性思维	人类创作者能够赋予作品更丰富的情感、独特的创意和深刻的思想内涵，创作质量更具个性化和艺术价值，人类创作者能够带来深层次的情感共鸣和个人风格，这是当前 AI 难以复制的独特价值
创作能力进化	随着更多数据的积累和技术的进步，AIGC 系统可以持续优化其性能，且创作能力进化较快	创作者的学习和成长是一个相对缓慢的过程，依赖于个人的经验积累和教育背景。且难以根据用户的具体需求灵活调整

11.2 AIGC 的应用领域

11.2.1 AIGC 文本生成和提示词工程

1. AIGC 文本生成及技术原理

文本生成能够根据给定的提示词或者指令生成连贯、逻辑清晰且富有创意的文本，它可以是从文字到文字（text to text）、图像到文字（image to text），也可以是声音生成文字（speech to text）或者影像生成文字（video to text），目前应用最为广泛的是文字到文字，作为 AIGC 的核心应用之一，它的应用涵盖了从文学创作、新闻报道、学术论文、广告文案、客服到日常对话等领域，极大地提高了内容生产的效率和多样性。如微软“小冰”通过对大量诗歌作品的学习和分析，能够根据给定的主题、情感基调等要求生成富有诗意和意境的诗歌文本。当给定“爱情的悲伤”这一主题时，它可以生成诸如“月光洒在寂寞的窗台，回忆如影

徘徊。爱似凋零的花瓣，悲伤在风中散开……”这样的诗句，展现出一定的文学性和情感表达能力，在诗歌的韵律、意象运用等方面都达到了较高的水平，为文学创作领域带来了新的视角和创作方式。纽约大学 AI 研究人员开发的递归神经网络“本杰明（Benjamin）”编写了首部 AI 剧本 *Sunspring*，虽然其逻辑性和连贯性受到一些批评，但它展示了 AI 在创意写作方面的能力。腾讯公司的智能写作机器人 Dreamwriter 能够在短时间内自动生成新闻报道，尤其擅长处理财经、体育等数据驱动型的新闻内容。再比如阿里巴巴的阿里小蜜（Ali Xiaomi）的客服聊天机器人，能够自动回答和咨询客户问题等，许多企业已经开始利用 AIGC 生成广告文案、产品描述等营销内容，能够通过对产品特点、目标受众以及品牌定位等信息精准地针对目标客户开展商业营销。

以上案例只是冰山一角，实际上 AIGC 文本生成主要依赖于深度学习和自然语言处理技术，特别是基于 Transformer 架构的语言模型。其核心组件包括自注意力机制、多头注意力机制、位置编码、前馈网络、残差连接和层归一化。这些模型通过在海量的文本数据上进行无监督的训练，学习语言的语法结构、语义表示和语用规则等知识，从而能够根据输入的提示词预测后续的文本内容。在预训练过程中，模型会对文本中的词汇、句子结构、段落逻辑等信息进行编码和解码操作，捕捉单词之间的关系以及文本的上下文信息，逐渐构建起对人类语言的理解能力。其工作原理主要包括以下三个阶段：

① 输入处理：首先将输入文本分割成标记，通常是单词或子词（Subword），然后将每个标记转换为高维向量表示，即进行标记嵌入。同时，为每个标记添加位置编码，以提供位置信息。

② 编码阶段：在编码器中，输入序列经过多层的多头自注意力机制和前馈网络进行处理。每层的多头自注意力机制能够捕捉输入序列中不同位置之间的依赖关系，前馈网络则对其进行进一步的非线性变换。通过多层的堆叠，编码器能够逐渐提取出输入序列的高级语义特征。

③ 解码阶段：解码器同样由多层组成，除了多头自注意力机制和前馈网络外，还包含一个额外的多头注意力机制，用于关注编码器的输出和之前已经生成的输出序列。在解码过程中，模型根据当前的输入和之前的输出，预测下一个可能的标记，并将其作为下一个时间步的输入，逐步生成输出序列。

2. 提示词和提示词工程的定义

提示词（prompt）是用户给予 AI 系统的一段文本、问题或者指令，它指导 AI 如何生成内容。一个好的提示词能够有效地引导 AI 生成符合预期的输出结果。提示词可以非常简单，也可以非常复杂，包含上下文背景、目标输出等描述，精心设计和优化的提示词可以引导 AIGC 模型生成符合特定需求的文本，提升文本的质量，在文本创作过程中，提示词的作用主要体现在：

① 明确内容主题和范围、确定目标受众和文本风格：好的提示词可以明确告诉 AI 要生成的内容的主题或中心思想、语气（如正式、非正式、幽默等）、写作风格（如学术、新闻报道、故事叙述等）。例如，当我们希望 AIGC 生成一篇关于“人工智能在医疗领域的应用前景”的学术性文章时。如果只简单输入“人工智能医疗”，模型可能生成一些较为宽泛、缺乏深度和专业性的内容；而若使用“*撰写一篇 3 000 字左右的学术论文，深入探讨人工智能在医疗领域的应用前景，包括当前的主要应用技术（如医学影像诊断、疾病预测、药物研发等）、面临的挑战（技术瓶颈、伦理问题、数据安全等）以及未来的发展趋势，引用至少 15 篇权威学术文献，并遵循学术论文的格式规范，语言严谨专业*”这样详细明确的提示词，模型就能生成一篇更具针对性、内容丰富且符合学术要求的文章，满足用户在特定领域和场景下的需求。

② 提供上下文语境、把控细节和方向，提升生产内容质量和相关性：复杂的提示词可为

AI 提供必要的上下文信息，帮助其理解更深层次的内容需求，从而产生更加贴切和连贯的文本。提示词还可以包括具体的细节要求或期望的方向，比如指定要提到的具体人物、地点、事件等，以及希望文本中涵盖的观点或结论。精准的提示词有助于提高生成文本的质量和相关性。详细、具体的提示词能够让模型更好地理解用户意图，从而生成更符合用户期望的高质量文本。

③ 帮助创作者激发创意：如果以开放性问题向 AI 输入提示词可以激发 AI 的创造性潜力，让它探索不同的可能性并提出新颖的想法。

3. 提示词的设计和应用技巧

提示词，看起来是一个人人都可以掌握的基础工具，但实际上它蕴含着深刻的技术内涵和应用技巧。提示词的设计和应用需要遵循以下原则和技巧：

① 赋予清晰的角色：在提示词开头赋予 AI 角色，让其代入这个角色的身份去执行提示词，如“你是一个拥有××年经验/资深的/经验丰富的××行业专家/医生、律师等”。

② 确保正确性和准确性：

- 提示词禁止使用错字、别字和语法错误。
- 提示语信息应符合客观事实，不能给用户有错误的操作引导。
- 清晰地确定所需文本的主题和目标。
- 提示词应准确传达用户的意图，避免模糊、歧义或过于抽象的表述。

例如，如果想要生成一篇关于“人工智能在医疗领域的应用”的科普文章，那么提示词应明确包含“人工智能、医疗领域、应用、科普文章”等关键信息，使模型能够聚焦于这一特定主题，避免生成无关或偏离主题的内容，如图 11-2 所示。

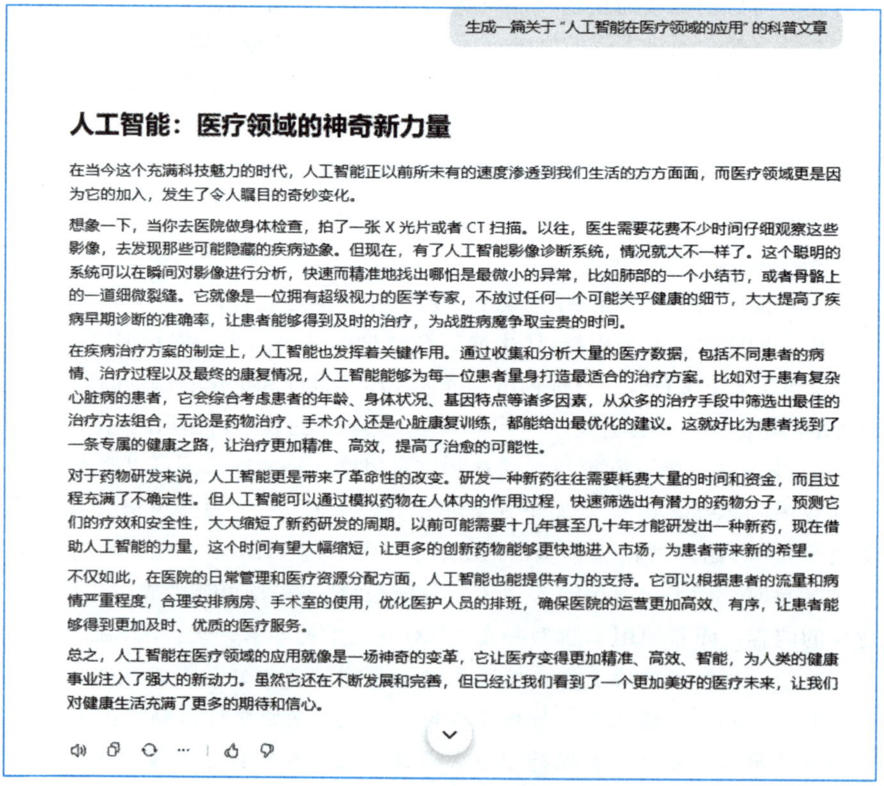
生成一篇关于“人工智能在医疗领域的应用”的科普文章

人工智能：医疗领域的神奇新力量

在当今这个充满科技魅力的时代，人工智能正以前所未有的速度渗透到我们生活的方方面面，而医疗领域更是因为它的加入，发生了令人瞩目的奇妙变化。

想象一下，当你去医院做身体检查，拍了一张 X 光片或者 CT 扫描。以往，医生需要花费不少时间仔细观察这些影像，去发现那些可能隐藏的疾病迹象。但现在，有了人工智能影像诊断系统，情况就大不一样了。这个聪明的系统可以在瞬间对影像进行分析，快速而精准地找出哪怕是最微小的异常，比如肺部的一个小结节，或者骨骼上的一道细微裂缝。它就像是一位拥有超级视力的医学专家，不放过任何一个可能关乎健康的细节，大大提高了疾病早期诊断的准确率，让患者能够得到及时的治疗，为战胜病魔争取宝贵的时间。

在疾病治疗方案的制定上，人工智能也发挥着关键作用。通过收集和分析大量的医疗数据，包括不同患者的病情、治疗过程以及最终的康复情况，人工智能能够为每一位患者量身打造最适合的治疗方案。比如对于患有复杂心脏病的患者，它会综合考虑患者的年龄、身体状况、基因特点等诸多因素，从众多的治疗手段中筛选出最佳的治疗方法组合，无论是药物治疗、手术介入还是心脏康复训练，都能给出最优化的建议。这就好比为患者找到了一条专属的健康之路，让治疗更加精准、高效，提高了治愈的可能性。

对于药物研发来说，人工智能更是带来了革命性的改变。研发一种新药往往需要耗费大量的时间和资金，而且过程充满了不确定性。但人工智能可以通过模拟药物在人体内的作用过程，快速筛选出有潜力的药物分子，预测它们的疗效和安全性，大大缩短了新药研发的周期。以前可能需要十几年甚至几十年才能研发出一种新药，现在借助人工智能的力量，这个时间有望大幅缩短，让更多的创新药物能够更快地进入市场，为患者带来新的希望。

不仅如此，在医院的日常管理和医疗资源分配方面，人工智能也能提供有力的支持。它可以根据患者的流量和病情严重程度，合理安排病房、手术室的使用，优化医护人员的排班，确保医院的运营更加高效、有序，让患者能够得到更加及时、优质的医疗服务。

总之，人工智能在医疗领域的应用就像是一场神奇的变革，它让医疗变得更加精准、高效、智能，为人类的健康事业注入了强大的新动力。虽然它还在不断发展和完善，但已经让我们看到了一个更加美好的医疗未来，让我们对健康生活充满了更多的期待和信心。

图 11-2 利用提示词生成科普文章

③ 保证详细性和具体性。提供尽可能多的细节信息，如具体的主题领域、特定的场景或情境、目标受众、文本的格式要求、风格特点等。详细的提示词可以缩小模型的搜索空间，使其生成的文本更加符合用户的实际需求。比如针对上述关于“人工智能在医疗领域的应用”的科普文章，可以明确目标读者，8~10 岁儿童，字数 800 字，语言风格要求情节简单有趣，语言通俗易懂，因此提示词可以进一步细化为：针对 8-10 岁儿童生成一篇关于“人工智能在医疗领域的应用”的科普文章，要求情节简单有趣，语言通俗易懂，字数 800 字，如图 11-3 所示。

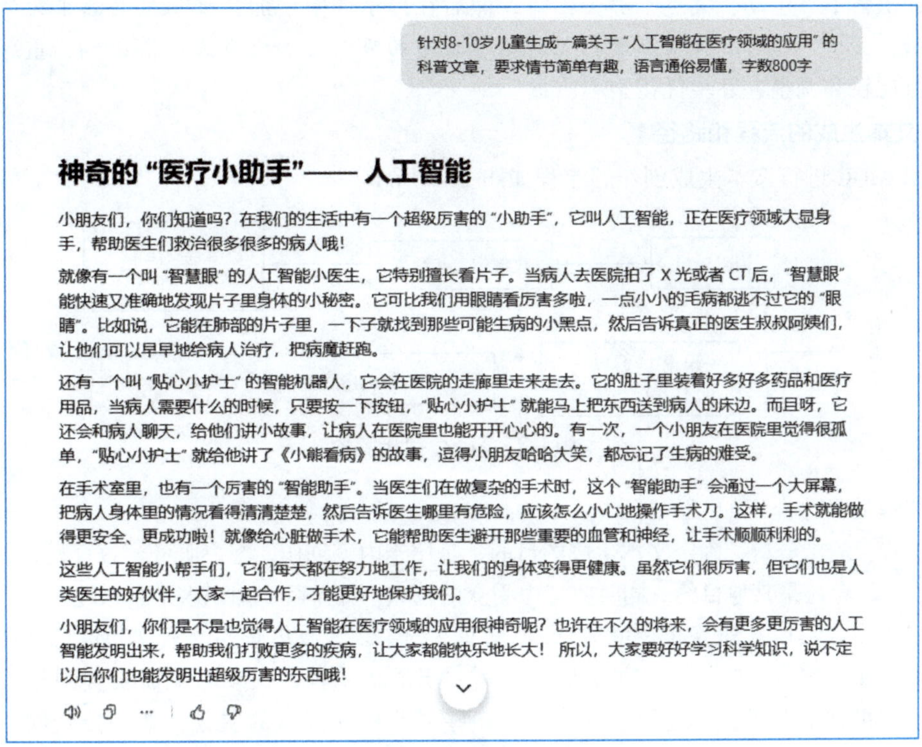

图 11-3　增加限定后生成的科普文章

④ 逻辑性与连贯性：在目标和主题明确的基础上，为了使生成的文本有逻辑和连贯，需要为内容规划一个合理的结构。可以参考常见的文本结构，如对于报告可以是“引言-主体内容-结论”；对于故事可以是“开头-发展-高潮-结局”；也可以是自定义要生成的逻辑结构，只要是确保提示词的各个部分按照合理的逻辑顺序排列，形成一个连贯的整体指令即可。如公司想生成一份关于××产品的介绍文章，可以输入以下提示词：首先，介绍一下［产品名称］的历史背景和发展历程；接着，详细分析该产品的核心功能和技术特点；然后，对比市场上同类产品，阐述其竞争优势；最后，对该产品的未来市场前景进行预测，并给出合理的营销策略建议。同时也可以尝试调整提示词的组合和顺序，可以获得不同的文本生成效果。有时，将重要的关键词放在前面或改变它们之间的连接词，可能会引导模型产生不同侧重点或风格的文本。也可以利用限定词和修饰词来精确约束模型的输出范围。比如，“只生成关于新能源汽车电池技术最新进展的内容，排除其他无关信息”，通过“只”这个限定词明确了内容范围等。

⑤ 参考和提供示例：提示词中可以参考一些优秀的范例文本或模板，让 AIGC 了解文本

的逻辑和连贯模式、学习和模仿其风格、结构和表达方式。例如，“参考以下这篇优秀的科技新闻报道：[附上示例文章链接或内容]，为我生成一篇关于最新人工智能研究突破的新闻报道，要求语言风格简洁明快，客观准确，包含研究团队、研究成果、应用前景等关键信息”，通过这种方式，模型可以借鉴示例文本的优点，生成更符合专业规范和用户期望的新闻报道。

⑥ 持续改进、迭代优化：根据模型生成的初始文本结果，分析其与预期目标之间的差距，针对性地修改和完善提示词，然后再次提交给模型生成新的文本，不断重复这个过程，直到获得满意的结果。例如，如果首次生成的营销文案不够吸引人，我们可以分析文案中存在的问题，如语言不够生动、卖点不够突出等，然后在提示词中增加“使用更具感染力的词汇和修辞手法，突出产品的独特卖点和价值，增强文案的吸引力和说服力”等语句，重新生成文案并进行比较和调整，逐步优化文本质量。

4. 文本生成的流程和路径

利用 AIGC 进行文本生成创作的流程如图 11-4 所示。

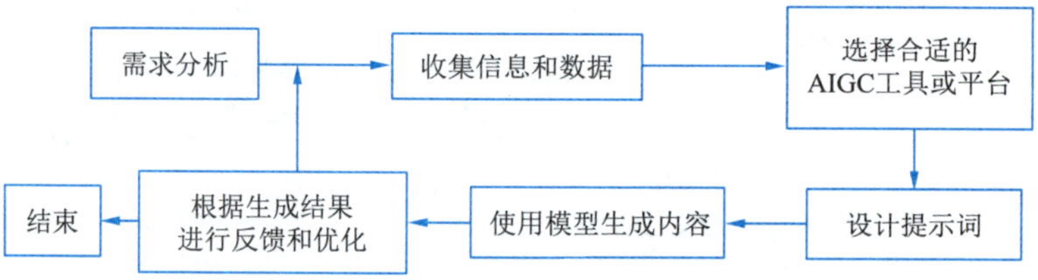

图 11-4　AIGC 创作流程

各流程的具体介绍如下：

第一步：需求分析。确定文本生成的目的，是用于内容创作、客户服务、教育材料、信息传播、娱乐、教育还是其他目的。同时要考虑受众的特点，如年龄、知识水平、兴趣爱好等。

第二步：收集信息和数据（可选）。根据文本的主题，收集必要的素材和信息。这可以包括数据、事实、案例、观点等。如果是写一篇关于历史事件的文章，就需要查阅相关的历史资料，了解事件的背景、经过和影响。对于一些需要最新资讯的主题，如科技新闻，要关注行业动态和最新研究成果。

第三步：选择合适的 AIGC 工具或平台。目前市面上有多种 AIGC 平台可供选择，如 ChatGPT、文心一言、豆包等，每个平台都有其特点和优势。在进行文本生成操作前，需要根据具体的需求和任务选择合适的平台。GPT 系列模型在生成自然流畅的文本方面表现出色，适用于多种文本类型；如果是生成文学作品，可能选择一个以创意写作能力著称的模型；而对于专业领域的文本生成，如医学、法律、金融等，则需要选择在相应领域有较强知识储备和专业能力的平台，以确保生成文本的准确性和专业性。

第四步：设计提示词。提示词可以分为核心提示词和细节扩展提示词，根据文本目的和受众，提炼出最关键的提示词。这些提示词能够准确地传达想要生成的文本的主题和大致方向。在核心提示词的基础上，添加更多细节信息，如文本的风格、字数、结构要求等。

第五步：使用模型生成内容。将设计好的提示词输入 AIGC 模型中，启动文本生成过程。模型会根据提示词和自身的训练知识，生成文本初稿。

第六步：根据生成结果进行反馈和优化。对生成的文本初稿进行内容检查，包括主题是否明确、信息是否准确、逻辑是否连贯等。如果发现内容与预期不符，或者存在错误信息，需要进行修改。对于文本的逻辑，可以检查段落之间的过渡是否自然，观点的阐述是否有条理。如果是故事，情节的发展是否合理。如果初始生成的文本不符合预期，分析其中的问题所在，并对提示词进行修改。通过不断地反馈和优化提示词，逐步提高文本生成的质量，直到获得满意的结果。也可以对修改后的文本再次进行人工修改，不断迭代，直到达到满意的效果。

11.2.2　AIGC 图像生成与处理

1. 计算机与图像生成

计算机参与图像的生成由来已久，早在 1952 年，数学家、艺术家和绘图员本杰明·弗朗西斯·拉波斯基（Benjamin Francis Laposky）在艾奥瓦州切罗基的桑福德博物馆就举办了一场名为“电子抽象”的个展，这些作品被认为是最早的计算机图形。2018 年佳士得首拍的 AI 画作《埃德蒙·德·贝拉米肖像》最终以 43.25 万美元的高价成交，这幅画是由巴黎艺术组合 obvious 利用“生成对抗网络”（GAN）技术、基于 14 世纪至 20 世纪的 15 000 幅经典肖像作品完成创作的，这也是人工智能作画首次受到广泛关注。而如今 AI 技术的发展使得文生图、图生图轻而易举，也涌现出了一批优秀的工具，如 Midjourney、StableDiffusion、DALL-E2 等。2022 年游戏公司老板杰森·艾伦使用 AI 绘画工具 Midjourney 创作而成的《太空歌剧院》更是在美国科罗拉多州博览会举办的新兴数字艺术家竞赛中获得了“数字艺术/数字修饰照片”类别一等奖。

图 11-5　太空歌剧院

计算机图像的生成可以分为基于规则的图像生成、基于样本的图像生成和基于模型的图像生成。其中基于规则的图像生成方式依赖于预先设定的规则和算法来创建图像。例如，通过几何图形的组合、数学函数的绘制（如分形图形的生成）等方式生成特定的图像模式。基于样本的图像生成则利用现有的图像样本库，通过对样本的分析和处理生成新的图像。基于模型的图像生成则通常借助深度学习模型，如 GAN、VAE 及其变体，从大规模的数据集中学习图像的特征和分布，然后生成全新的图像。这种方法能够生成高度逼真、多样化且具有创新性的图像，涵盖了各种领域和风格，如人脸图像、风景图像、艺术绘画等。通过调整模型的输入参数或模型的结构，可以控制生成图像的特征和风格，具有很强的灵活性和扩展性，是当前图像生成领域的主流方法，我们通常说的 AIGC 图像生成通常指的是此种类型。

传统图像处理通常基于特定的数学模型和手工设计的特征提取方法，AIGC 图像的生成具备更强的适应性和智能性。AIGC 图像生成从技术层面来讲主要依赖于深度学习中的生成模型，如生成对抗网络（GAN）、变分自编码器（VAE）和扩散模型（diffusion model）等。同时它需要大量的图像数据作为训练素材，这些数据涵盖了各种类型、风格、场景的图像，如风景、人物、物体等。模型通过对这些数据的特征提取、模式识别等学习过程，掌握图像的结构、纹理、色彩等方面的知识，对于多样化的图像内容和复杂的场景具有更好的泛化能力，能够更灵活地应对各种图像处理需求，如图像分类、目标检测、图像修复等任务，目前已应用于艺术创作、广告设计、影视制作、游戏开发等领域。

2. AIGC 图像生成应用场景

AIGC 图像生成的应用场景众多，以下是一些典型场景：

① 艺术创作与设计：AIGC 图像生成技术为艺术家提供了丰富的创意灵感和快速艺术作品生成可能，借助 AIGC 工具在提示词的基础上生成草图，不仅帮助艺术家快速确定创作方向，还能激发他们进一步的创意构思。

② 平面设计与广告领域：设计师在制作商业海报时，可以利用 AIGC 工具快速生成与产品或活动主题相关的图像元素，如特定风格的人物形象、产品特效展示等大大缩短了设计周期 UI/UX 工程师也可以借助 AIGC 快速创建界面原型中的图标、插图和背景等元素，提升设计的迭代速度和质量。

③ 影视与游戏开发：在影视制作中，传统的影视特效与场景设计往往需要耗费巨大的成本，利用 AIGC 图像生成可创建逼真的虚拟场景、奇幻生物和特效元素，降低拍摄成本和难度，增强视觉效果。而在游戏开发中 AIGC 图像生成可用于快速生成大量游戏角色、道具、场景等素材，以及辅助设计游戏关卡。

④ 电子商务与营销：在电子商务领域，AIGC 图像生成可用于创建产品的虚拟展示图和虚拟试穿/试用效果，提高消费者的购物体验和购买转化率。

11. 2. 3 AIGC 影音生成与处理

1. AIGC 音乐生成

世界上最早的由电子邮箱编程生成的音乐可以追溯到 1956 年的 *Illiac Suite*，它是音乐与计算机技术早期结合的范例，由创作人借助 Illiac I 计算机完成，创作方式采用将传统音乐理论规则用计算机算法实现生成音乐，标志着在音乐创作领域开启了利用计算机辅助的先河，是计算机音乐史上一个里程碑式的作品。后来随着计算机的发展出现了数字合成器、数字音频工作站等，而随着 AI 技术的发展，音乐创作正在与 AI 进行深度融合，2017 年由美国歌手 Taryn Southern 发行的专辑《我是 AI》中的 *Break Free* 便是由她与 AI 程序 Amper 共同创作，其中 AI 程序 Amper 负责创作和弦、副歌以及提供器乐伴奏等。2024 年，字节跳动旗下智能 AI 助手豆包上线音乐生成功能，提供民谣、嘻哈、R&B 等音乐风格和情绪状态，可基于用户输入快速创作歌曲。AIGC 音乐生成主要依赖于深度学习技术，尤其是循环神经网络（RNN）及其变体，如长短期记忆网络（LSTM）和门控循环单元（GRU），以及生成对抗网络（GAN）和变分自编码器（VAE）等。这些模型通过对大量音乐数据的学习，掌握音乐的基本元素（如音符、节拍、和弦等）、风格特征（如古典、流行、摇滚等）以及音乐的结构和发展规律（如旋律走向、节奏变化、和声进行等）。同时利用注意力机制和情感学习还使模型在生成过程中能够更加关注音乐中的关键部分，例如旋律的高潮部分、节奏的变化点等，从而提升生成音乐的表现力和感染力，这极大地提高了音乐创作的效率，同时也降低了音乐创作的门槛。

2. AIGC 视频生成

在视频生成领域，2024 年 2 月 15 日，OpenAI 正式对外发布人工智能文生视频大模型 Sora，能够生成长达一分钟的视频，画面流畅画质清新。2024 年，由快手旗下视频生成大模型“可灵 AI”联合李少红、贾樟柯、叶锦添（执导《快递员》，见图 11-6）等九位知名导演共同打造九部 AIGC 电影短片的事件更是 AIGC 在视频生成领域的典型代表，这些短片涵盖奇幻、剧情、动画等多元类型，全部使用可灵 AI 进行视频生成，这在中国尚属首次。可灵 AI 也是全球首个面向用户开放的真实影像级视频生成大模型。AIGC 视频生成需要依赖多种人工智能技术，如计算机视觉、深度学习等。在单帧图像生成方面，一般基于 GAN、VAE 和其他先进的生成模型，通过对大量图像数据的学习，掌握了不同物体、场景、人物等的视觉特征和表现形式，从而可以生成具有高度逼真度和丰富细节的图像帧。而在视频的连贯性和动态性方面，利用循环神经网络（RNN）或其变体来处理视频的时间序列信息，确保生成的视频帧之间具有合理的过渡和运动关系，如物体的运动轨迹、人物的动作变化等。同时，结合注意力机制，使模型能够在生成视频时聚焦于关键的视觉元素和事件，提高视频内容的逻辑性和吸引力。

图 11-6　AIGC 电影《快递员》

AIGC 的视频生成工具对于用户来说使用相对简单，通常从用户输入的文本描述、图像或视频素材等便可以开始创作，经过多次调整创作之后可能还需要借助后期处理，包括添加特效、调整画面质量、音频合成等步骤，使视频更加完整和生动。例如，添加光影效果、转场特效、背景音乐和音效等，增强视频的视觉和听觉效果，提升视频的整体质量和观赏性。

3. AIGC 影音生成应用场景

近年来，AIGC 在影音生成领域的应用范畴持续拓展，展现出蓬勃活力，在影视、广告营销、社交媒体等方面都有着深入应用，改变了现有商业模式和创作效率。

① 影视制作：以《阿丽塔：战斗天使》为例，其精细逼真的赛博朋克场景大量借助 AIGC 实现，在“阿丽塔吃橘子变酸”的戏中，特效公司为呈现该场景选择了 2 000 多种动态效果供选择，基于 AIGC 的制作方式极大降低制作成本与时间；如皮克斯动画工作室可依据设定自动生成角色动作、表情变化等；AIGC 还可模拟各类环境音、音效乃至角色对白，为影片营造沉浸式听觉环境，如科幻电影《星际穿越》中部分神秘深邃的音效就源自 AIGC 生成。

② 广告营销和社交媒体：AIGC 可根据不同目标客户群体的特征和喜好，为每个客户生成定制化的视频内容，或者创作虚拟代言人视频、制作创意剧情短片或音频广告等。如健力宝在 40 周年纪念视频《1984 中国气》中，运用 AIGC 技术追溯中国运动员发展历程，唤起消费者情感共鸣，重新定义“情怀营销”。社交媒体平台则更为活跃，AIGC 视频生成工具使得每

一个普通用户能够轻松创建具有创意和趣味性的短视频内容，展示个性的需求、分享生活等。

③ 智能助理：AIGC 语音生成技术使语音助手能够以自然、流畅的语音与用户进行交互，回答用户的问题、执行指令等。如支付宝智能助理是国内首款办事型的 AI 生活管家。用户可以通过语音或文字与它交流，完成各种生活事务，如点咖啡、交水电费、打车、问诊等。

④ 有声读物：AIGC 语音生成可以快速将文字内容转化为有声读物，大大提高了制作效率，还能根据不同音色和风格为不同类型的书籍匹配最合适的朗读者声音，增强有声读物的吸引力和感染力。如喜马拉雅的 AIGC 平台“音剪”上线了 89 种 AI 音色，帮助创作者轻松演绎有声书，其制作的《捡漏》使用了喜小道、喜小迪、喜小玖和苏小刀等 AI 音色，播放量突破 1.19 亿。

⑤ 语言学习辅助：AIGC 语音生成可用于生成各种语言的发音示例、对话练习等学习材料，帮助学习者提高听力和口语能力，还能提供语法讲解和练习、写作的实时训练和反馈以及实时翻译和跨文化交流等方面。

11.2.4 AIGC 与新媒体

1. 新媒体传播模式

随着移动互联网时代的深入和 AIGC 时代的来临，新媒体被赋予了全新的特质与传播模式，深刻地影响着信息的传播生态与人类的认知交流格局。

新媒体的显著特点包括即时性——信息能够瞬间传遍全球，打破了传统媒体的时间和空间限制；互动性强——用户与媒体、用户与用户之间可以通过评论、点赞、转发等方式进行实时互动，改变了传统媒体单向传播的模式；内容形式多样化——包括文字、图像、音频、视频、动画等形式，满足了不同用户的需求和喜好；个性化推荐——新媒体平台利用算法根据用户的兴趣、行为数据为其推送定制化的内容，提高了信息的精准度和用户的关注度等特点，在 AIGC 时代其最值得关注的特点是内容生产的智能化与高效化。借助 AIGC 技术，新媒体平台能够快速生成海量且多样的文本、图像、音频、视频等内容，极大地丰富了信息资源池。大幅缩短了内容创作周期，提升了内容更新频率，进一步满足了受众对新鲜信息的即时性需求。

从传播方式上讲，其精准传播的特性更为突出，传播主体进一步泛化与融合。除了传统的媒体机构、自媒体人之外，AIGC 模型本身也成为一种独特的“传播主体”。且其生成内容往往能够根据算法推荐精准触达目标受众，使得信息的分发不再局限于人类创作者的主观意愿和有限能力，而是基于大数据与智能算法的协同作用，实现更精准、高效的传播效果。此外，AIGC 时代用户参与度也在不断提升，新媒体赋予了用户前所未有的参与权力，用户从单纯的受众转变为内容创作者、传播者和评论者，推动了传播模式的不断创新和发展。

2. 数字身份与数字人

在新媒体时代，数字身份与数字人已成为前沿且具有深远影响力的重要概念，深刻重塑着个体与社会在虚拟空间中的存在形态与交互模式。数字身份，从根本上来说，是个体在数字领域中的独特标识与特征集合。在技术架构层面，它基于各类数字化平台和系统构建，通过诸如用户名、密码、数字证书、生物识别数据（如指纹、面部识别信息）等元素来确立个体在虚拟空间的可识别性与唯一性，从而实现对数字资源的访问、交互以及参与在线活动的权限认证。数字人是通过综合运用计算机图形学、人工智能、动作捕捉、语音合成等一系列前沿技术，创建出的具有人类外观特征、行为模式甚至部分认知能力的虚拟形象。其内涵不仅在于模拟人类的外在形象，更在于通过先进技术赋予其一定程度的智能交互能力，使其能够在特定场景下与人类或其他数字实体进行自然流畅的沟通与协作，从而拓展人类在虚拟空间中的活动边界和交互形式。

然而数字身份和数字人的内涵远不止于技术层面。它还承载着丰富的社会、文化与心理维度的意义，它不仅是个体在网络社会中进行社交活动、构建人际关系网络以及参与社群互动的基石，也是个体表达自我认同、价值观以及情感诉求的重要窗口，更是个体在虚拟世界中寻求自我实现、归属感和心理满足的途径。

基于不同的分类标准，数字身份呈现出多样化的类型。从其生成方式和可控程度来看，可分为自主创建型数字身份和系统分配型数字身份。从数字身份的应用场景和功能导向划分，又可分为社交娱乐型数字身份、商务交易型数字身份和专业服务型数字身份等。数字人是 AIGC 在新媒体领域的重要应用成果之一，包括虚拟偶像、虚拟主播、虚拟客服、数字演员等形式，广泛应用于客户服务、智能导览、虚拟助手等领域，还有辅助决策领域，如企业管理、科学研究、军事指挥等专业领域扮演着专业决策顾问的角色，为决策者提供全面、深入、可视化的决策支持信息，帮助决策者在复杂多变的环境中快速洞察问题本质、评估各种方案的潜在影响，从而做出更加科学合理的决策。

3. AIGC 在传媒领域的应用案例

在新传媒领域，AIGC 的应用已成为众多公司创新发展的关键力量。字节跳动公司的今日头条，借助 AIGC 技术全方位优化内容生态。其 xiaomingbot 智能写作助手在内容创作中表现卓越。以电子产品发布为例，当苹果公司推出新款 iPhone 时，xiaomingbot 能在发布会结束后的 10 min 内，整合来自官方发布、权威评测机构和行业分析师等渠道的信息，生成一篇涵盖外观设计亮点、核心性能参数对比前代产品的提升情况、新功能详解以及市场预期等内容的深度评测文章，文章字数在 1 500 字左右，语言流畅自然，逻辑严谨清晰，大大缩短了人工创作所需的时间，确保用户能第一时间获取专业、全面的产品资讯。同时，今日头条还可基于 AIGC 的个性化推荐算法进行内容精准推荐，增强用户黏性和平台活跃度。

美联社与 OpenAI 合作，将 OpenAI 的 GPT 技术应用于新闻生产流程的多个环节。以奥运会赛事报道为例，AIGC 能够根据预设的模板和实时数据，在每场比赛结束后的 5 min 内生成一篇标准化的赛事新闻稿件，包括比赛结果、运动员关键表现数据、精彩瞬间描述以及教练和运动员赛后采访摘要等内容，满足了众多体育媒体对赛事快速报道的需求，解放了记者的生产力，使其能够将精力投入到更具深度和独家性的新闻挖掘中，如运动员背后的故事、赛事背后的体育文化等专题报道。通过引入 AIGC 技术，美联社在体育和财经新闻的产出效率上提高了 3 倍，同时稿件的准确性保持在 98% 以上，有效提升了其在全球新闻市场的竞争力和内容产出效率，合作后的半年内，美联社在国际财经和体育新闻领域的稿件转载量分别增长了 40% 和 50% 。

11.2.5 AIGC 教育和学术研究

1. AIGC 与教育教学

AI 给教育行业带来了革命性的潜力，教育者和科技工作者正在联合携手拥抱“AI+教育”，AIGC 在教育领域的应用可以从“教育者”和“学习者”两个基础角度出发。首先，教师的角色和工作方式都将发生很大的转变。从备课上讲，教师借助 AIGC 工具能够快速生成高质量的备课资料和教学素材，实现文字、图片、音频、视频等媒体形式内容的智能整合，形成生动有趣、易于理解的课件，同时还可以根据教学内容自动生成相关的练习题和测试卷，减轻教师的备课负担。教学过程中，AIGC 技术能够实时分析学生的学习数据，为教师提供准确的教学评估结果，并帮助教师通过对学生学习习惯、能力水平及兴趣偏好的了解生成个性化的教学内容、难度及进度安排，帮助教师实现因材施教。此外，虚拟教师助手也是 AIGC 在教育领域的一种应用形式，它能协助老师对学生的作业进行智能批改，对测试结果进行分析和反馈等，让教师有更多的时间和精力关注学生的个性化发展和深层次的学习指导。对于学习者而言，AIGC 技术能够通过学习者的学习数据，精准识别学生的薄弱环节，智能推荐适合的学习资源、课程及学习进度，实现“一学生一方案”，这种个性化学习模式能够激发学生的学习积极性和主动性，帮助学习者实现高效学习。此外，学习资源将更丰富多样，如虚拟实验室、模拟场景、互动式故事等，为学生提供更加沉浸式的学习体验。也为学生提供了更多自主学习和探索的机会，培养了学生的实践能力和创新精神。

2. AIGC 与学术研究

借助 AIGC 可以高效地完成文献综述与信息整理、实验设计与数据分析、模型构建与模拟等方面的工作。在开展学术研究时，查阅和整理相关文献资料往往需要花费大量的时间，AIGC 在智能写作和文献检索方面表现突出，通过工具可以实现对海量学术文献的自动分析和筛选，助力科研人员快速了解研究领域的前沿动态、热点问题和主要研究成果，生成详细的文献综述报告，并实现对文献中的数据进行整合和可视化处理，方便科研人员直观地把握研究数据的分布和规律，发现潜在的研究问题和创新点。在科学研究的实验阶段，AIGC 可以辅助进行实验设计和数据分析。在实验设计阶段，提供预测实验结果、优化实验条件等帮助，从而减少资源浪费。对于复杂的实验，AIGC 能够根据研究目的和已有数据，推荐合适的实验方法、样本量和变量控制策略，协助优化实验方案，提高实验的科学性和可靠性。在实验结果分析阶段，AIGC 可以运用各种统计分析方法和机器学习算法，对实验数据进行快速处理和深度挖掘，发现数据中的隐藏模式和关联关系，为研究结论提供有力的数据支持。例如，在生物学研究中，AIGC 可以分析基因序列数据，预测基因功能和蛋白质结构等。AIGC 在模型构建与模拟方面也展现出强大的能力。在需要构建复杂模型的研究中，如气候变化模型、分子动力学模拟等，AIGC 能够辅助科学家进行模型的构建和参数的优化，从而提高模型的准确性和可靠性。此外，AIGC 还能协助撰写学术论文和作为创意启发工具，通过对相关领域知识的整合和分析，为科研工作者提供新颖的研究视角和观点等。

11.2.6 AIGC 办公应用与电商行业

AIGC 在办公方面的应用场景如文档自动生成与格式化、智能助手和智能会议安排以及各类数据报告的辅助生成等。在日常办公中，撰写各类文档（如报告、合同、计划书等）、组织一场会议等均是烦琐且耗时的工作。AIGC 可以根据用户提供的关键信息、数据表格、大纲结构等，自动生成完整的文档内容，并按照特定的格式要求进行排版。AIGC 驱动的会议类软件可以协助办公人员完成会议室的预定、会议议程的安排以及日程管理，同时在会议过程中还能实时记录会议内容，自动生成会议纪要并完成分发，提高整个办公流程的协同效率和执行力。在数据分析层面，AIGC 与企业业务系统进行整合能运用数据分析算法对数据进行清洗、整合和深度挖掘，发现数据之间的关联和趋势，并自动生成可视化报告，为企业决策层提供科学决策的参考依据，满足管理层快速决策的需要，提升企业的竞争力和应变能力。

AIGC 技术在电商行业的应用渗透至个性化推荐、智能客服、内容生成与创意营销、数据分析与智能决策、虚拟主播和虚拟货场、智能客户等方面，不仅提升了用户体验，推动了电商创新，还优化了资源配置，重塑了竞争格局，为电商行业的持续健康发展注入了强大的动力。以客服服务为例，早期的聊天机器人往往只能回答简单常见的问题，对复杂语义理解和上下文关联处理能力有限，如今借助自然语言处理与语音识别技术，AIGC 能够为用户提供实时、智能的客户服务，准确解答各类产品咨询、故障排除、售后服务等问题，并能根据客户历史记录提供个性化的解决方案和推荐，减轻了人工客服压力，提升服务效率与质量的同时降低了企业的人力成本。同时 AIGC 还能对客户在各种渠道（如客服记录、在线评论、调查问卷等）留下的反馈进行自动分析，协助企业更好地满足客户需求，优化产品设计和营销策略，提升品牌形象。

11.3　AIGC 的优势与挑战

深刻理解 AIGC 的优势与面临的挑战，有利于每一个人在数字化飞速发展的时代更好地把握技术发展的方向，充分挖掘其价值并合理规避风险。下面介绍 AIGC 的优势以及面临的挑战。

11.3.1　AIGC 的优势

1. 内容创作效率大幅提升

在当今信息爆炸的时代，内容需求呈指数增长。AIGC 能够在短时间内生成大量的文本、图像、音频等内容，极大地提高了创作效率。以新闻行业为例，传统的新闻撰写需要记者花费大量时间进行采访、整理资料和撰写稿件，这个过程耗费的时间成本巨大。引入 AIGC 之后可根据数据和事件的关键信息，快速生成新闻稿的初稿，记者在此基础上进行二次审核和润色便能快速完成新闻的发布，新闻的时效性显著增强。而在商业应用领域，如企划、广告创意等，AIGC 能在短时间内快速生成多个创意方案，不仅能给创作者更多的创意灵感，也能让创作者将更多的精力投入内容的个性化上，从而更好地满足大众的需求，在激烈的市场竞争中抢占优势。此外，AIGC 能够 24 h 不间断工作，不受人类创作者的生理和时间限制，这种全天候持续运行的机制不仅保证了内容供应的及时性和连续性，对于一些需要实时更新内容的场景，如新闻媒体、在线客服等具有重要意义，也极大地降低了创作成本。

2. 创作门槛的降低给普通人提供更多的机会

在传统时代，高质量的内容创作往往由专业人士承担，创作者具备深厚的专业知识和丰富的经验，普通人往往难以在短时间内达到如此厚度的积累。AIGC 的出现极大地降低了创作门槛，即使是没有专业背景的初学者，也能借助 AIGC 工具生成一定水平的内容，促进了内容创作的普及和多元化发展，为更多人提供了参与创作的机会。而对于微小型企业，不再需要投入较高的成本去聘请专业的文案、设计、视频制作等，可以更好地实现资源的优化配置，使得组织可以将更多资源投入到创意构思和战略规划等高附加值活动中。

3. 提供多样化的选择和个性化的定制

AIGC 模型拥有强大的学习和分析能力，能够根据用户的兴趣、偏好、历史行为等数据生成高度个性化的内容，实现内容个性推荐和服务定制，提升用户体验。如基于 AIGC 的在线教育平台上，基于每个学生的学习数据了解其学习进度和薄弱环节，生成个性化的学习资料和练习题，因材施教，提高学习效果。与传统内容生产的单一模式不同，这种模式能轻易满足人们日益多样化的文化和消费需求，为用户带来全新体验的同时也为企业和创作者拓展更广阔的市场空间。此外，AIGC 也促进了新型人机交互模式的发展，如对话式界面和虚拟助手，为用户提供更直观便捷的操作体验。

4. 促进创意的激发和创新能力的发展

AIGC 独特的创作原理，能在创作过程中给人类创作者带来未曾想到的创意和组合，突破人类思维的局限，从而启发激发创作者的思路和灵感，帮助其提升创新思维，推动内容创作领域的创新发展。同时 AIGC 技术的发展也促使创作者不断探索新的内容形式和应用领域，如虚拟现实内容、交互式内容等，为内容创作带来更多的可能性和发展空间。

11.3.2 AIGC 面临的挑战

AIGC 的创作能力依赖 AIGC 技术训练数据模型、算法迭代能力等，我们在看到 AIGC 优势的同时也需要明确 AIGC 在发展过程中带来的新问题和新挑战，如算法训练的数据是否侵犯安全隐私、算法使用是否存在滥用、AIGC 生成的内容让用户真假难辨，造成虚假信息的广泛传播等。AIGC 面临的挑战可以从以下几个方面总结：

1. 版权归属与侵权问题

自 2022 年后国外 AIGC 领域版权侵权诉讼大量涌现，最具代表性的是全球首例 AIGC 商业化领域训练数据侵权案——伦敦“Stable Diffusion 案”中，2023 年 1 月 13 日在加州北区法院受理了莎拉·安德森（Sarah Anderson）等三位艺术家的起诉，认为 Stability AI 公司在未经权利人许可的情况下将版权作品用于 Stable Diffusion 的模型训练，侵犯了版权。虽然加州法院针对被告的诉讼请求做出裁定认定原告的侵权指控均不成立，但这也引起大家对 AIGC 生成内容版权归属的讨论和关注。AIGC 的出现对传统版权观念中的原创性、作者与作品关系提出了挑战。传统原创性要求作品是由人类作者独立创作的，但 AIGC 是由人工智能算法生成的，AIGC 模型在训练过程中使用了海量的文本、图像、音乐等作品数据，当生成的内容与原始作品存在相似性，其作品是否具备足够的创造性成为争议焦点，所有权归属因此变得模糊不清。现有版权法律通常没有明确规定人工智能生成作品的著作权归属，这给实际应用中版权的保护带来了巨大的挑战，因此需要建立更加完善的版权认定和保护机制来加以规范。我国在《生成式人工智能服务安全基本要求》中规定了人工智能服务提供者建立知识产权问题投诉举报渠道的相关义务，但未具体规定如何适用，不能算作真正意义上的法律。解决 AIGC 版权问题仍然需要多方合作，包括立法者、司法机构、行业协会、技术开发者和社会公众等。

2. 数据安全隐患与个人隐私保护

AIGC 模型的生成能力高度依赖数据的多样性和质量，其训练过程中需要用到语料库中海量的数据信息，由于其所使用的数据本身的版权、数据使用的限制及数据内容的真实性、可靠性、新颖性等方面因素，容易引发隐私侵犯、个人信息泄露等问题。从数据来源上讲 AIGC 的训练数据不仅包括 AIGC 服务提供商主动收集的各种平台上的数据，还包括大量的互联网用户自行输入的信息，因此当使用者输入个人敏感数据或商业机密，如果模型将其纳入自身语料库则存在是否涉嫌侵犯个人隐私、商业机密泄露等问题。目前很多国家和地区对部分数据的使用做了明确的限制，针对个人隐私数据、商业机密等都有明确的法律条款，如我国的《中华人民共和国个人信息保护法》《中华人民共和国数据安全法》等。此外如果 AIGC 训练的数据本身不真实、不可靠，不准确或不完整，AIGC 生成的内容则可能出现严重的偏见和错误，甚至被用于一些违法活动行为，从而危害社会稳定和信息安全、损害社会的公信力，这也是 AIGC 广泛应用前相关法律法规需要解决的问题。

3. 算法滥用与可解释性

AIGC 算法使用的数据大多为无标注的数据，本身就容易产生算法偏见、算法歧视。更为可怕的是如果算法在设计之初就被异心之人利用，极有可能用于制作虚假信息、信息篡改、欺诈诈骗或者网络攻击，从而产生严重的后果，甚至违法。例如，生成逼真的钓鱼邮件内容，诱导用户泄露个人信息或进行资金转账从而造成巨大的财产损失。确保高质量、无偏见的数据训练，在实际操作中面临着数据收集、清洗和标注过程烦琐且代价过高等困难。AIGC 算法的可解释性是指能够以人类可理解的方式，说明算法是如何根据输入数据生成相应内容的。它包括理解算法在训练过程中的决策机制、特征选择以及生成输出内容时所遵循的规则等方面。随着 AIGC 的广泛应用，监管机构越来越关注算法的透明度。在一些行业，如金融、法律等，要求算法能够被解释，以确保其符合相关法规和行业标准。从数据隐私保护的角度看，可解释性也有助于确保算法在处理用户数据时符合隐私法规。如果能够清楚地知道算法如何使用和处理数据，就可以更好地保护用户的隐私权益。但 AIGC 算法通常基于复杂的深度学习模型，这些模型包含大量的参数和复杂的神经网络结构，理解其内部工作机制本身就是一件困难的事情，而算法模型的黑箱特性导致很难直观地理解输入数据是如何经过层层转换生成最终输出的，更别说训练过程中数据的动态变化让算法的可解释性难度增加。这不仅给科研人员深入剖析模型机制带来巨大挑战，在诸如医疗、金融、司法等对决策透明度要求极高的领域，还可能引发信任危机。

4. 伦理与道德困境

AIGC 的发展也给传统的伦理和道德带来挑战，传统观念下往往只有具备辨别是非能力并愿意为其行为承担相应伦理责任的人才是伦理主体，但 AIGC 作为一种颠覆过往传统人机交互的新型技术，产生了“机器入场”的伦理真空，从而引发一系列问题。例如：

- 在教育领域，一些学生可能会使用生成式人工智能完成作业和论文，这就给教师的评价带来了困难，从而破坏学术诚信和教育公平。
- 医疗领域中基于 AIGC 的医疗图像诊断可能存在误差从而对医生的诊断产生影响。
- 军事领域中自动化武器系统中的决策是否符合伦理道德标准，监控技术是否会侵犯个人隐私等。
- 在文化艺术领域，AIGC 生成的内容可能在一定程度上冲击传统的文化和艺术创作观念，引发对艺术原创性、独特性和文化内涵的重新思考，甚至对原有文化艺术价值的判定提出新的挑战。
- 在就业方面，AIGC 在社会各领域的深度应用可能导致部分岗位或职业的需求减少，从业者面临失业或职业转型压力，从而进一步引发严峻的社会问题等。

目前，AIGC 缺乏统一的行业标准和规范，不同企业和机构的技术水平、产品质量参差不齐，导致市场竞争混乱，而在政府监管层面，传统的监管手段和法律法规难以适应其特点，无法满足对 AIGC 内容生成、传播和应用进行有效监管的需要。这些伦理和道德困境要求我们在发展 AIGC 技术的同时，必须制定相应的伦理准则和规范，加强对其应用的监督和管理，确保其符合人类的价值观和道德底线。

11.4　AIGC 的发展趋势与展望

随着 AIGC 技术的日益成熟，AIGC 在各行业的应用也如雨后春笋般不断涌现，正深刻地改变着传统产业格局和生产方式。一方面，深度学习和强化学习的不断深化以及多模态融合的崭露头角正以前所未有的速度推动着 AIGC 技术的创新与突破，另一方面 AIGC 展现出的巨大应用潜力和商业价值也在逐渐成为未来产业升级和创新的关键驱动力，我们正逐步走向一个全新的智能化时代。

11.4.1 技术演进方向

1. 模型不断迭代和优化

模型的不断迭代和优化主要体现在现有模型的改进和新型混合模型架构的出现等。目前AIGC 大多基于 Transformer 架构，对 Transformer 模型的改进可以通过探索更高效的自注意力机制，如采用稀疏注意力机制，减少计算量和内存占用，提高计算效率，使其能够处理更长的序列，更好地捕捉文本中的长距离依赖关系；也可以通过对 Transformer 的层结构进行优化，如调整层数、神经元数量、激活函数等，以提高模型的性能和泛化能力。同时新型混合模型架构方面可以同时结合卷积神经网络（CNN）、循环神经网络（RNN）等的优点，或尝试探索如神经图灵机、胶囊网络等其他新颖的神经网络架构，从而打造更高效、强大的混合架构来更好地处理复杂的语言和多模态任务，以适应不同类型数据和任务的需求，平衡计算资源与性能的关系，实现更高效的内容生成。

2. 多模态融合深入发展

AIGC 未来将进一步朝着深度多模态融合的方向发展，不仅可以实现文本、图像、音频、视频等模态数据的联合生成，还能实现跨模态的语义理解和转换，使 AIGC 能够生成更加丰富、全面且符合人类感知习惯的内容。例如，创作者通过一段文字的描述即可自动生成包含相应画面、配乐、角色、配音、字幕等完整视频片段，实现创作零门槛。随着多模态的融合发展，未来不同模态之间的数据转换、对齐和融合将不再是障碍，普通用户可以享受到更加沉浸式的交互性内容创作体验，同时还可以对生成内容进行细粒度控制，生成内容的质量可控性进一步加强，能轻易实现生成内容与预期目标的高度契合。

3. 模型的安全性和性能提升

确保用户数据安全是 AIGC 应用深度拓展的前提。未来通过对抗训练、数据增强等技术手段和一系列安全管理措施可防范和应对数据泄露、恶意攻击、模型偏见等安全风险，模型对对抗攻击、数据噪声和模型偏差等的健壮性将进一步提升，模型即使在面对各种恶劣的环境下仍然能够实现稳定、安全的内容生产。同时随着硬件技术的进步和算法的优化，AIGC 模型的训练和推理速度将大幅提高，生成内容将更加快捷、高速，满足在线交互、直播等对实时性要求较高的场景需求。

4. 与其他技术深度融合实现深度智能交互

如与量子计算、脑机接口等技术融合，AIGC 将能够更清晰地理解人类的意图与需求，用户可通过多种方式，如语音交互、手势识别、眼神控制、脑机接口等与 AIGC 交流，这种多模态互动的方式将持续拓展人机交互的边界，实现深度智能交互。

AIGC 市场的不断扩大和技术的不断升级，AIGC 未来将催生出更多创新的应用场景，构建开放、通用的 AIGC 平台将成为产业发展的必然趋势。这些平台将整合多种 AIGC 技术和工具，为开发者、企业和个人用户提供一站式的内容生成解决方案；而为了确保不同 AIGC 系统之间的互操作性和兼容性，产业界也将逐步推动 AIGC 技术的标准化进程，制定统一的数据格式、接口规范、模型评估指标等标准，使得不同的 AIGC 应用能够在统一的框架下协同工作，形成一个有机的产业生态系统。这将有助于提高整个 AIGC 产业效率和创新能力，推动 AIGC 产业链的健康、可持续发展。

11.4.2 行业规范与政策引导

AIGC 技术的发展具有全球性影响，国际合作与竞争将成为未来 AIGC 发展必然。目前各国都在 AIGC 行业规划、标准制定、政策引导、技术研发、人才培养等方面展开广泛的合作与交流，推动 AIGC 技术的全球普及和应用。本节重点介绍不同国际组织和国家方面相关的政策和标准。

1. 国际组织

① 联合国教科文组织：2021 年 11 月 24 日，在联合国教科文组织第 41 届大会上发表了《人工智能伦理问题建议书》，该建议书经过了三年磋商，193 个会员一致通过，确立了尊重人权、公平公正、透明可解释、安全可靠、责任明确等原则，确保人工智能发展符合人类价值观与道德规范，避免歧视、偏见及对人类权益的侵害。2023 年 9 月 7 日，联合国教科文组织发布《教育与研究领域生成式人工智能指南》，呼吁各国政府通过制定法规、培训教师等，规范生成式人工智能在教育中的应用；2024 年 8 月 16 日，联合国教科文组织（UNESCO）发布《全球 9 大新兴的人工智能监管方法》（*Consultation paper on AI regulation: emerging approaches across the world*），报告探讨了全球立法机构正在审议的关于人工智能的不同监管方法，旨在帮助各国了解自己在为其所有公民实施人工智能方面的准备程度，并在此过程中强调需要进行哪些体制和监管变革。联合国教科文组织一直秉持人工智能应服务于人类共同利益和可持续发展的理念，积极倡导公平、公正、包容等原则，切实保障不同国家和地区的人群能够平等地从 AIGC 发展中受益，同时注重促进文化多样性的保护与传承，警惕 AIGC 可能对传统文化带来的冲击和侵蚀。

② 国际电信联盟：国际电信联盟在 2024 年世界电信标准化全会上发布了首份关于人工智能的决议《国际电联电信标准化部门有关支持电信/信息通信技术的人工智能技术的标准化活动》，呼吁继续优先考虑建设负责、安全、包容的人工智能，包括通过“人工智能向善”平台开展全球合作，同时指出虚假信息是人工智能领域面临的重大挑战之一，强调标准的制定有助于利用技术工具来验证多媒体内容的真实性和来源，便于检测深度伪造，打造可信赖的信息环境。同年国际电信联盟组织还启动了“人工智能向善：创新扩大影响”项目，旨在推动 AI 技术的应用与知识共享，促进可持续发展目标的实现，通过公开征集优秀的 AI 应用案例，促进跨地域、跨文化的合作，在提升技术能力的同时，加强不同国家间的相互信任与理解。

③ 国际标准化组织（ISO）和国际电工委员会（IEC）：国际标准化组织（ISO）和国际电工委员会（IEC）联合组建了专门的技术委员会，全面着手 AIGC 技术标准和规范的制定工作。其内容涵盖了数据质量、模型性能评估、内容生成的准确性和可靠性等多个关键领域，旨在为全球 AIGC 产业打造一个统一的技术参考框架。包括《ISO/IEC 42001：2023 信息技术　人工智能　管理体系》《ISO/IEC 5339：2024 信息技术　人工智能　人工智能应用指南》《ISO/IEC TS 8200：2024 信息技术　人工智能　自动化人工智能系统的可控性》《ISO/IEC 23894：2023《信息技术　人工智能　风险管理指南》等。

2. 不同国家和地区的政策与标准

① 美国：美国关于人工智能的法律条款、政策法规在联邦层面和州层面都有体现。联邦层面政策相对宽松，美国联邦政府与国会通过的《2020 年国家人工智能倡议法案》（*National Artificial Intelligence Initiative Act of 2020*，简称 NAIIA）旨在确保美国在人工智能研发方面的领导地位，协调联邦政府机构活动，促进公私部门合作开发可信赖的人工智能系统，还要求制

定人工智能风险管理框架等。2023 年 10 月，美国政府发布《关于安全、可靠、值得信赖地开发和使用人工智能的行政命令》（*Executive Order on the Safe, Secure, and Trustworthy Development and Use of Artificial Intelligence*），包含八项原则，强调人工智能须安全可靠，促进创新合作，支持美国工人，保护隐私和公民权利等，还涉及对联邦政府自身使用人工智能的管理及国际合作等内容，以确保美国在把握 AI 的前景和管理其风险方面处于领先地位。州政府层面的其他立法建议则采取更主动的人工智能监管策略。例如，加利福尼亚州的《2020 年自动决策系统问责法》则早于美国联邦政府。加利福尼亚州在 2024 年还签署了《加州生成人工智能问责法案》《生成式人工智能：训练数据透明度法案》《加州人工智能透明度法案》等一系列法案。美国的科技巨头和行业协会也在积极推进行业自律和行业规范，如 OpenAI、谷歌等企业联合成立了行业联盟，这些加入联盟的企业承诺在内容生成的真实性、公正性、无害性等方面进行严格的自我约束和监督，试图推动整个行业健康有序发展。

② 欧盟：欧盟早在 2019 年就发布了人工智能伦理准则，旨在为 AI 发展提供伦理框架。准则提出“可信赖人工智能”的七项标准，涵盖合法、道德、技术稳健性等方面，要求 AI 系统在整个生命周期中遵循这些原则，以确保其符合人类价值观与权利，进而推动 AI 在尊重伦理道德的基础上实现稳健发展，并促进其在各领域的合理应用与创新。2020 年 2 月欧盟出台了《人工智能白皮书》，设立诸多政策选项，以促进人工智能在欧盟可靠、可信赖地发展。欧盟于 2021 年 4 月提出《人工智能法案》提案，2024 年 3 月 13 日欧洲议会通过该提案，5 月 21 日欧盟理事会批准，8 月 1 日正式生效。其主要内容包括：对人工智能系统进行风险分级管理，禁止不可接受风险的应用；规定透明度与告知义务；加强通用人工智能模型监管；建立市场监测与监督治理机制；提出支持创新措施；设定处罚措施等。此外，2022 年 9 月欧盟还发布了《人工智能责任指令》提案，拟就 AI 造成的损害设定赔偿规则，用于解决人工智能系统造成的非合同过失的特定类型损害的责任界定和举证难的问题，确保受到人工智能技术伤害的人能够获得经济补偿。

③ 中国：中国早在 2017 年 7 月国务院就印发了《新一代人工智能发展规划》，将人工智能上升为国家战略，确立了三步走战略目标，提出了面向 2030 年我国新一代人工智能发展的指导思想、战略目标、重点任务和保障措施，为我国人工智能发展指明了方向。2019 年 3 月中央全面深化改革委员会第七次会议审议通过《关于促进人工智能和实体经济深度融合的指导意见》提出促进人工智能和实体经济深度融合，构建智能经济形态，为人工智能在实体经济中的应用提供了指导和方向；国家新一代人工智能治理专业委员会在 2019 年 6 月发布《新一代人工智能治理原则》明确提出和谐友好、公平公正、包容共享、尊重隐私、安全可控、共担责任、开放协作、敏捷治理等八项原则，为人工智能治理提供了基本准则。国家标准化管理委员会、中央网信办、国家发展改革委、科技部、工业和信息化部等五部门在 2020 年 7 月联合印发了《国家新一代人工智能标准体系建设指南》，提出了人工智能标准化工作的目标和任务，为人工智能产业的标准化发展提供了指引。国家新一代人工智能治理专业委员会于 2021 年 9 月发布《新一代人工智能伦理规范》，明确提出六项基本伦理规范，将伦理道德融入人工智能全生命周期，为从事人工智能相关活动的主体提供了伦理指引。我国还先后出台《互联网信息服务算法推荐管理规定》《互联网信息服务深度合成管理规定》《生成式人工智能服务管理暂行办法》等一系列法规政策，构建起较为完善的人工智能治理体系。这些规定和办法从算法应用、深度合成技术规范以及生成式人工智能服务等关键维度，对人工智能相关的信息服务活动进行了全面且细致的约束与引导，明确了运营者的主体责任、数据处理要

求、用户权益保护措施以及监督管理机制等核心要点，有力地推动了人工智能产业在合法合规、安全有序的轨道上稳健发展，保障了社会公共利益和公民合法权益免受潜在风险的侵害，为人工智能技术与经济社会各领域的深度融合营造了健康、稳定、可持续的发展环境。此外，中国人工智能产业发展联盟、中国计算机学会等行业组织也积极发挥作用，制定了行业自律公约和道德准则，引导企业自觉遵守行业规范和道德底线，加强行业自律和监督，共同推动 AIGC 产业的健康可持续发展。

小　结

本章针对 AIGC 的未来发展，从技术演进、应用拓展和深化以及行业规划和政策引导等方面系统构建了 AIGC 领域的认知框架：从基础概念（定义、特征、发展阶段）到技术原理（GAN、Transformer 架构），从工具应用（提示词设计、多模态生成）到行业实践（新媒体、教育、电商），逐步培养从理解到创新的能力。重点强调技术伦理意识与跨领域整合能力，要求学习者掌握工具操作（如 Midjourney 图像生成）、质量评估（逻辑/版权诊断）及解决方案设计（如办公自动化），最终实现人机协同创作思维的养成与持续学习能力的提升。

思考与练习

一、选择题

1. AIGC 的核心特征不包括（　　）。

A. 数据驱动　　B. 跨模态生成

C. 情感原创性　　D. 智能交互

2. 国内首个真实影像级视频生成大模型是（　　）。

A. 可灵 AI　　B. 豆包

C. 文心一言　　D. 讯飞星火

二、填空题

1. AIGC 发展三阶段：________、________、________。

2. 提示词工程的核心原则包括________、________、________、________。

3. 国际电信联盟提出的 AI 监管重点是________和________。

三、思考题

1. 要解决 AIGC 使用过程中面临的数据泄露问题，你有什么好的建议？

2. 你觉得我国还应该就 AIGC 的应用增加哪方面的法律法规？

3. 解决 AIGC 可能带来的就业挑战，你觉得有哪些可行的方法？

四、简答题

1. 简述 AIGC 与传统创作的本质区别。

2. 列举 AIGC 的三个应用场景。

第 12 章

应用案例

本章主要介绍人脸识别、无人驾驶及 DeepSeek 三个案例，它们都是人工智能的应用场景，其中，人脸识别包括图像获取、人脸检测、人脸图像预处理、人脸图像特征提取及人脸识别等阶段，其广泛应用在金融服务、公安刑侦、自动服务和小区安保领域；百度 Apollo 车是无人驾驶典型案例，其核心是整车全冗余系统技术和星河平台技术；DeepSeek 是自然语言处理的核心应用案例，可以实现文生文、文生图及文生视频等功能。

学习目标

- **了解**：人脸识别、无人驾驶、ChatGPT 的基本原理和基本应用。
- **理解**：人脸识别五大阶段，无人驾驶核心技术。
- **应用**：人脸识别实践、无人驾驶算法应用、自然语言处理的对话模型构建。
- **分析**：通过案例学习，学会用人工智能的基本知识和基本技术分析生活中遇到的相似案例。
- **养成**：通过工具（OpenCV、YOLO、Transformer）实践提升工程化思维，跨学科融合（AI 与车辆工程）拓宽视野，强化安全伦理意识（数据隐私、冗余设计的安全性），激发创新（多模态生成、传感器融合）能力。

12.1 人脸识别

12.1.1 人脸识别过程

人脸识别是图像识别的具体应用场景，它是根据人脸特征识别出人的身份信息，常被应用于金融服务、公安刑侦、自助服务、小区安保等领域。一套完整的人脸识别系统一般包括五个阶段：图像获取、人脸检测、人脸图像预处理、人脸图像特征提取及人脸识别，具体如图 12-1 所示。

图 12-1　人脸识别系统流程图

1. 图像获取

图像获取是通过摄像头或摄影机进行图像采集，供下一步人脸检测使用。

2. 人脸检测

在已获取的图像中，采用机器学习算法，根据人脸的轮廓、肤色、纹理、结构或直方图等特征检测图像中的人脸区域。目前，opencv-python 扩展库提供了正面人脸、侧脸、笑脸、眼睛、身体等分类器，分类器名称和分类器说明见表 12-1。

表 12-1 opencv-python 扩展库包含的分类器及其说明

分类器名称	说　明
haarcascade_frontalface_default. xml	正面人脸分类器（默认）
haarcascade_frontalface_alt2. xml	正面人脸分类器（Har 方法）
haarcascade_profileface. xml	侧脸分类器
haarcascade_smile. xml	笑脸分类器
haarcascade_eye. xml	眼睛分类器
haarcascade_lefteye_2splits. xml	左眼分类器
haarcascade_fullbody. xml	身体分类器

3. 人脸图像预处理

经过第 2 步检测到的人脸图像容易受距离、焦距、光线、噪声等因素影响，导致出现人脸图像大小不一致、图像模糊、图像曝光过度等情况。为了保证人脸大小、位置及人脸图像质量一致，必须对人脸图像进行人脸扶正、人脸图像增强和归一化等预处理操作。

4. 人脸图像特征提取

截至 2024 年底，全球人口总数约 82 亿，相应地就有 82 亿张人脸，每张人脸都有不同的眼睛、鼻子、嘴唇、眉毛、下巴、皮肤及其相互间的关系特征，通过这些特征及特征之间的结构关系就可以准确地区分不同人脸及身份。

人脸图像特征提取就是把涉及人脸方面的关键特征数据或关键特征向量提取出来。人脸图像特征提取是整个人脸识别的关键环节，特征提取得越准确，就越能真实体现人脸的差异性和独特性，也就越有助于提高人脸识别的准确度。

人脸识别特征提取方法很多，但归纳起来大约有以下三种。

(1) 基于五官的特征提取方法

该方法提取人脸的五官（眉毛、眼睛、耳朵、鼻子、嘴巴）大小、形状，以及五官之间的距离、角度等特征数据，该方法容易受人脸表情和人脸姿态的影响。

(2) 基于模板的特征提取方法

该方法利用人脸五官的几何特征定义一个人脸模板，这些几何特征可以通过虹膜中心、内眼中心、外眼中心、鼻尖点、鼻孔点、耳屏点、耳下点、口角点、头顶点、眉内点和眉外点等关键点获得。人脸关键点分布如图 12-2 所示。

这个模板可以是固定模板，也可以是可变模板。固定模板比较简单，随着环境变化，模板也要更换，有很大的局限性，一般适合较简单的人脸识别。可变模板以五官的几何特征作为模板的参数，定义一个能量函数，通过改变参数使能量函数值最小化。能量函数值越大，越远离提取目标；能量函数值越小，则越接近提取目标。

(3) 基于代数的特征提取方法

这类方法利用代数变换来提取人脸图像特征，无须提取眼睛、鼻子、嘴巴、眉毛等五官几何特征，其中比较经典的是特征脸方法。

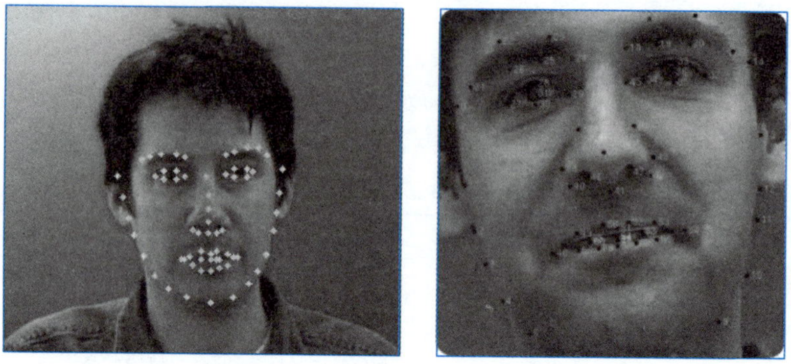

图 12-2 人脸 72 关键点分布图

特征脸方法依据 K-L 变换，可以将协方差矩阵分解，将原始图像变换到一个新的维数较低的特征空间。它通过计算矩阵的特定值和特征向量，利用人脸图像的代数特征信息提取人脸五官特征。

5. 人脸识别

经过人脸特征提取阶段后，获得人脸图像特征数据向量，我们就可以采用机器学习方法将这些特征向量与人脸数据库中存在的人脸图像进行逐个匹配、相似度计算。相似度越高，就越可能是我们要识别的人脸；相似度越低，则越可能不是我们想要找的人脸。

12.1.2 人脸识别函数 OpenCV

目前，opencv-python 扩展库提供三种人脸识别算法：EigenFace（特征脸）算法、线性判别分析 FisherFace 算法和 LBPHFace 算法。

1. EigenFace 算法

EigenFace 算法的基本思想是：利用 PCA 算法得到人脸分布的主要成分（即“特征脸”），对训练样本集中所有人脸图像的协方差矩阵进行特征值分解，得到对应的特征向量，这些特征向量就是“特征脸”。每个特征向量的“特征脸”相当于捕捉或者描述人脸之间的一种变化或特性，这就意味着每张人脸都可以表示为这些特征向量的线性组合。经过 PCA 空间变换后，每个特征向量在空间下就是一个点，这个点的坐标就是这张人脸在每个特征下的投影坐标。计算每个人脸特征向量之间的距离，若距离小于某个阈值，可认为这些特征向量代表同一个人的人脸，否则就代表不同的人脸。

特征脸图像反映的是原始模式变化最大的成分，使图像重建后的均方差最小。因此 EigenFace 算法容易受光照条件等与人脸识别无关的因素影响。

2. FisherFace 算法

FisherFace 算法是由现代统计学奠基人之一罗纳德·费希尔（Ronald Fisher）提出的，故称为 FisherFace 算法。

FisherFace 算法是基于线性判别分析（linear discriminant analysis，LDA）算法实现的。LDA 算法的基本思想是：将高维样本数据投影到最佳分类的低维向量空间，保证数据在新的子空间中类间距离更大和类内距离更小。

FisherFace 算法结合了 PCA 和 LDA 算法的优点，既保留了原始人脸空间数据绝大部分的主要特征，又考虑到原始图像不同类别的分类特征，并在此基础上实现了原始人脸空间向特征空间的转换，最终形成 FisherFace 特征向量。

3. LBPHFace 算法

LBPH（local binary patterns histograms，局部二进制编码直方图）是基于提取图像特征的 LBP 算子。该算法的主要原理如下：

第 1 步：使用 LBP 算子提取图像特征，这样可以获取整个图像的 LBP 图像。

第 2 步：将 LBP 图像分为若干区域，获取每个区域的 LBP 直方图，从而得到整个图像的 LBP 直方图，即得到人脸图像特征向量。

该算法的优点如下：

① 该算法能够在一定范围内减少因为没完全对准人脸区域而造成的误差。

② 可以根据不同的区域赋予不同的权重系数，如人脸图像往往在图像的中心区域，因此，中心区域的权重往往大于边缘区域的权重。

③ LBPHFace 算法不受光照、缩放、旋转和平移等因素的影响，识别准确率高，通用性能好。

OpenCV 扩展库含有人脸识别包 opencv-contrib-python，该包提供了上述三种人脸识别方法对应的函数，主要包括 EigenFaceRecognizer_create、FisherFaceRecognizer_create、LBPHFaceRecognizer_create 人脸识别模型函数，具体见表 12-2。

表 12-2　OpenCV 扩展库的三种人脸识别模型函数

函数名	说明
EigenFaceRecognizer_create	EigenFace 人脸识别模型函数
FisherFaceRecognizer_create	FisherFace 人脸识别模型函数
LBPHFaceRecognizer_create	LBPHFace 人脸识别模型函数

案例 12-1：检测某一幅图像中的人脸区域

人脸检测就是从采集到的图像 Picture01. jpg 中检测出有人脸的区域。通过网络下载他人训练好的人脸分类器 haarcascade_frontalface_default. xml，并把 Picture01. jpg 和 haarcascade_frontalface_default. xml 放至源程序所在的文件夹下。人脸检测流程图如图 12-3 所示。

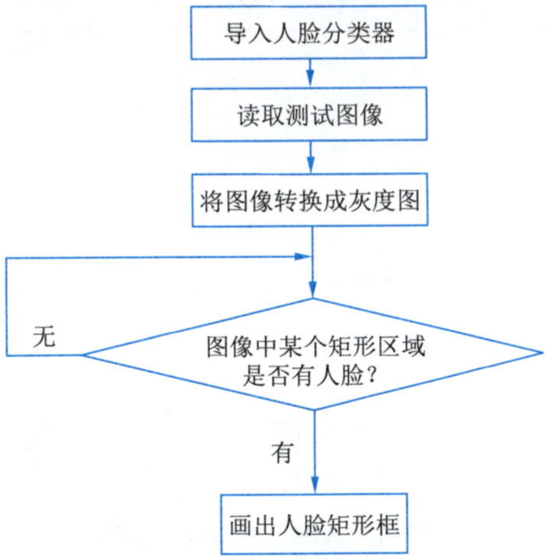

图 12-3　人脸检测流程图

人脸检测的具体操作步骤如下：

第 1 步：安装 opencv-python 扩展库。

```
pip3  install  opencv-python
```

第 2 步：根据人脸检测流程图编写参考代码。

参考代码 12.1　实现人脸检测

```
1  import cv2
2  import numpy as Np
3  FaceCascade=cv2.CascadeClassifier('haarcascade_frontalface_default.xml')
4  Img =cv2.imread('Picture01.jpg')
5  Gray= cv2.cvtColor(Img,cv2.COLOR_BGR2GRAY)
6  Faces=faceCascade.detectMyltiScale(Gray,1.3,5)
7  for(x,y,w,h) in  Faces:
8      cv2.rectangle(Img,(x,y),(x+w,y+h),(0,0,0),1)
9      cv2.imshow('Pic',Img)
10 cv2.waitKey(0)
11 cv2.destroyAllwindows()
```

在代码 12.1 中，第 3 行代码用来构建人脸分类器 FaceCascade；第 4 行代码用来读取源代码所在文件夹下的 Picture01.jpg 文件；第 5 行代码把图像转换成灰度图；第 6 行代码对灰度图 Gray 按搜索窗口比率系数 1.3、相邻矩阵最小个数为 5 的扫描方式检测人脸，并返回检测到的人脸矩形向量数组；第 7、8 行代码用于遍历已检测到的向量数组，在图像 Img 中画出相应的人脸矩形框；第 9 行代码用于显示绘制有人脸矩形框的图像。

案例 12-2：识别出某一幅图像中的人脸身份信息

现有四人人脸图像信息，通过 LBPHFace 算法准确识别出待测试的人脸身份信息。

人脸身份识别流程：先采集四人人脸图像（每个人有 8 张人脸图像），并进行人脸样本训练，然后随机拍照进行人脸身份识别，如图 12-4 所示。

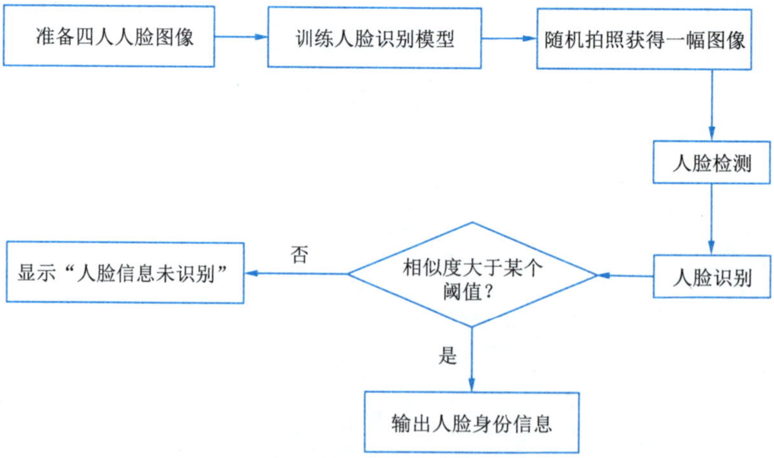

图 12-4　人脸身份识别流程图

根据上述人脸身份识别流程图，可以把人脸身份识别分成 4 步，详细步骤如下：

第 1 步：构建一个人脸检测分类函数 Get_Face_Cascade。

构建一个人脸检测分类函数 Get_Face_Cascade(Model_File)，为后期实现人脸检测提供接口。

注意：

这里的 Model_File 应输入从 OpenCV 扩展库下载的人脸模型训练集的路径，名称为 haarcascade_frontalface_default. xml。

参考代码 12.2　构建人脸检测分类函数 Get_Face_Cascade( ) 返回人脸向量

```
import cv2
import os
import numpy as Np
# 定义一个人脸检测分类函数,函数名为 Get_Face_Cascade
def  Get_Face_Cascade(Model_File):
# 通过 CascadeClassifier()函数加载预先训练好的级联库 Model_File
    FaceCascade=cv2.CascadeClassifier(Model_File)
    returnFaceCascade
```

第 2 步：生成目标人脸数据训练集。

构建一个函数 Get_Faces_Train(File_Path,Model_File)生成目标人脸数据训练集，通常采用目标对象的人脸数据和身份数据作为人脸识别模板的训练集。注：此处的 File_Path 是用于训练的人脸图片存放路径。

参考代码 12.3　生成目标人脸数据训练集

```
import cv2
import os                    # 引入操作系统接口库,该库包含文件目录读取函数
# 定义人脸身份数据训练集函数,函数名为 Get_Faces_Train
def  Get_Faces_Train(File_Path,Model_File):
    # 向量 Images 用于存放人脸图像数据
    Images = [ ]
    # 向量 Ids 用于存放人脸身份编号信息
    Ids =[ ]
    # 向量 Names 用于存放人脸身份姓名信息
    Names = []
    # 调用 Get_Face_Cascade()函数获得检测到的人脸向量
    FaceCascade=Get_Face_Cascade()
    # 利用 OS 把每幅图片的路径保存到 ImgPaths 里
    ImgPaths = [os.path.join(File_Path, f) for f in os.listdir(File_Path)]
    # 遍历 File_ Path 下所有目标人物图像文件
    forFile_Path in ImgPaths:
        # 读入人脸图像
    PIL_img = Image.open(FilePath).convert('L')      #打开图像并转换成灰度图
    img_numpy = Np.array(PIL_img, 'uint8')          #把图像转换为数组
# 把文件的名字以"_"为标准进行划分,得到人脸对应的序号 Id(图片命名方式为"姓名_序号_第几张图片",例如,吴京序号 0 第 2 张照片命名方式为"吴京_0_2")
    Id =int(os.path.split(FilePath)[1].split("_")[1])
    # 操作同上,得到并保存人脸姓名
    Name =os.path.split(FilePath)[1].split("_")[0]
```

```
    # 因为一个人的照片有很多张,所以录入过的名字就不再录入了
    if Name not in Names:
        Names.append(Name)
        Faces=FaceCascade.detectMultiScale(img_numpy,1.3,3)
    for (x, y, w, h) in Faces:
        Images.append(img_numpy[y:y + h, x: x + w])
        Ids.append(id)
        # 保存人脸图像数据
        Images.append(img_numpy[y:y+h,x:x+w])
    # 保存人脸身份信息数据
    Ids.append(id)
    returnImages,Ids,Names
# 调用 Get_Faces_Train()函数生成目标人脸身份数据集,返回人脸图像和身份编号
Images,Ids = Get_Faces_Train('data/persons/', 'haarcascade_fontalface_default.xml')
```

第 3 步：训练人脸身份模型。

采用 LBPHFace 算法对第 2 步获得的人脸图像训练样本集进行训练。

参考代码 **12.4** 训练人脸身份模型

```
import cv2
# 创建 LBPHFace 人脸识别模型 FaceRecognizer
FaceRecognizer=cv2.face.LBPHFaceRecognizer_create()
# 对人脸图像数据、身份数据进行训练
FaceRecognizer.train(Images,Np.array(Ids))
# 将训练好的人脸分类模型进行保存,文件名为 LBPFaceRec.xml
FaceRecognizer.save('data/Models/LBPHFaceRec.xml')
```

第 4 步：利用训练好的人脸身份模型来测试新的人脸。

通过读取一幅人脸图像来识别该人脸，并显示这个人的身份信息。(函数中的路径请根据自己的设置来填写。)

参考代码 **12.5** 实现人脸身份识别

```
import cv2
# 引入人脸分类器,存放在 FaceCascade 中
FaceCascade =Get_Face_Cascade(Model_File)
# 创建 LBPHFace 人脸识别模型 FaceRecognizerTest
FaceRecognizerTest=cv2.face.LBPHFaceRecognizer_create()
# 读取人脸识别模型 LBPHFaceRec.xml
FaceRecognizerTest.read('data/Models/LBPHFaceRec.xml')
# 测试人脸图像 Test_People.jpg
Test_Image= cv2.imread('data/Test_People.jpg')
# 把测试人脸图像 Test_Image 转换成灰度图
Test_Gray=cv2.cvtColor(Test_Image,cv2.COLOR_BGR2GRAY)
# 对读取的灰度图像进行人脸检测,把结果放在 Faces 中
Faces=FaceCascade.detectMultiScale(Test_Gray,1.3,3)
x,y,w,h=Faces[0]
# 调用 predict()函数测试图像,在人脸数据库中进行人脸评分
```

```
Score=FaceRecognizerTest.predict(Test-Gray[y:y+h,x:x+w])
# 如果评分小于 95 分，就认为识别成功，并输出识别出的人脸对应的 id 与姓名
if Score<95:
    print(id)
    print(Names[id])
    print(Score)
else:
    print(Score)
    print("人脸信息未识别")
```

人脸识别测试效果如图 12-5 所示。

图 12-5　人脸识别测试效果

12.2　无人驾驶汽车 Apollo RT6

从 2013 年开始，百度公司开始研究无人驾驶汽车项目，经历数年，百度的阿波龙（Apollo）无人驾驶汽车慢慢走进大家的视野。

2018 年 10 月，第一台阿波龙无人驾驶小巴研发成功，并进入武汉市武汉开发区龙灵山公园。

2019 年 8 月，百度阿波龙第二代自动驾驶接驳车率先亮相智博会的重庆礼嘉智慧体验园，承担游客接送等任务。

2021 年 2 月，广州黄埔区与百度 Apollo 联手打造的全球首个服务多元出行的自动驾驶 MaaS（出行即服务）平台首次亮相，开放五种自动驾驶车型为市民提供便利。

2022 年 7 月，百度发布第六代无人车——Apollo RT6，其具备在城市复杂路况中的无人驾驶能力，成本仅为 25 万元，创造了量产无人车成本新低的纪录。

2023 年，百度 Apollo 在深圳、北京、武汉、重庆等城市获得 L4 级全无人驾驶商业化牌照，成为国内首个在多个一线城市开展全无人运营的企业，北京亦庄成为全球首个全无人自动驾驶出租车商业化运营区域。

2024 年，百度文心大模型赋能 Apollo 第六代无人车，其感知系统实现“像素级”环境理

解，复杂场景（如暴雨、夜间无照明）下的接管率下降 50%。首批 Apollo RT6 在广汽埃安工厂完成量产并交付，年产能达 1 万辆，成本进一步降至 20 万元以内。车辆配备车规级激光雷达+纯视觉融合方案，支持无方向盘设计（需政策允许），推出“AI 司机助手”，支持多轮自然语言交互（如乘客语音调整路线）

2025 年是百度 Apollo 无人驾驶技术实现大规模商业化的关键一年，Robotaxi（萝卜快跑）进入全面运营阶段，L4 级自动驾驶技术进一步渗透至乘用车市场，并在全球范围内加速布局。

12. 2. 1 Apollo RT6 无人驾驶汽车工作原理

和国外的自动驾驶汽车相比，Apollo RT6 无人驾驶汽车最大的特点在于自身可以智能感知周围环境并做出相应的精确反应，最终完成自动到达目的地的使命。Apollo RT6 无人驾驶汽车完成无人驾驶行为，需要经过高精定位、智能感知、决策规划、执行控制四个步骤，如图 12-6 所示。

图 12-6　百度 Apollo RT6 无人驾驶汽车工作原理示意图

12. 2. 2 Apollo RT6 无人驾驶汽车整车全冗余系统技术

作为 Apollo 最新一代无人驾驶系统，Apollo RT6 具备更强的 4 级——高级自动驾驶能力，全车配备了 38 个车外传感器，包含 8 个激光雷达、6 个毫米波雷达、12 个超声波雷达、12 个摄像头等设备。百度 Apollo RT6 无人驾驶汽车如图 12-7 所示。

图 12-7　百度 Apollo RT6 无人驾驶汽车

为了支撑这些传感器设备，百度 Apollo RT6 提升了算力水平，匹配算力达到 1 200 tops（tera operations per second，处理器运算能力单位）。在多传感器融合、高计算力的背后，百度的核心目标是真正实现无人驾驶汽车量产。

为了保证整车安全，Apollo RT6 主要从硬件和软件两个层面实现整车全冗余。

① 硬件方面有七重全冗余整车系统，包括架构冗余、传感器冗余、计算单元冗余、制动系统冗余、转向系统冗余、电源冗余及行业首创的双 5G 通信冗余。

② 软件方面搭载了整车+自动驾驶系统一体的故障诊断及风险降级体系。

12. 2. 3　Apollo 星河平台技术

为了实现完全无人驾驶，百度 Apollo 团队深入无人驾驶平台架构研究并开发出星河平台。星河平台整体框架如图 12-8 所示。

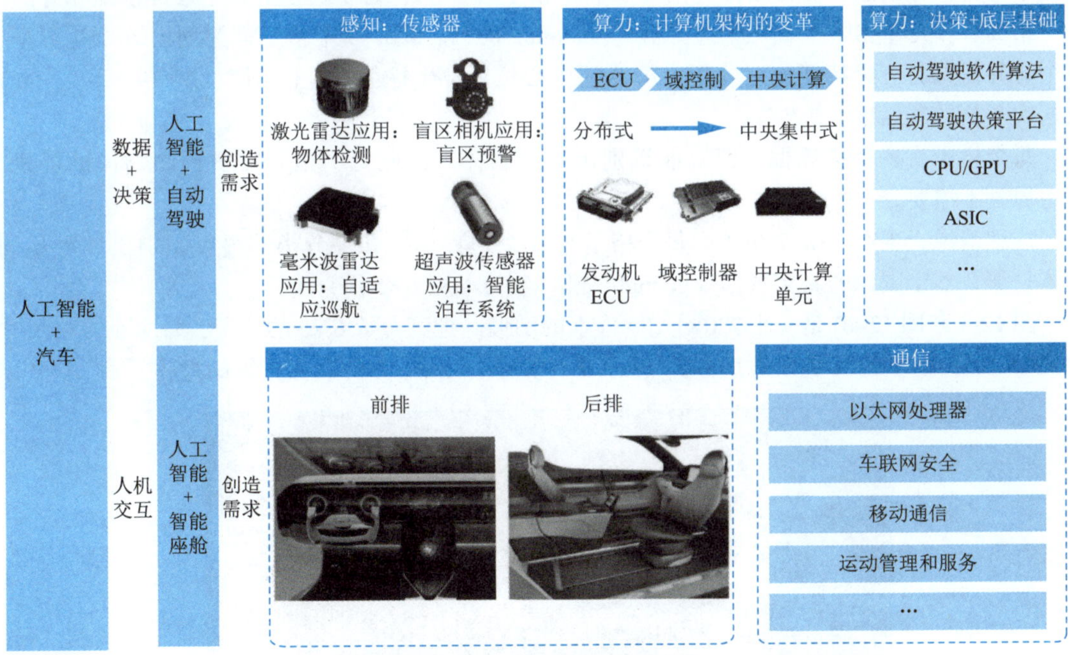

图 12-8　星河平台整体框架图

星河平台核心理念是 AI 技术、无人驾驶技术和车辆工程相结合，不仅是车身底盘、线控架构等，还包括与之匹配的自动驾驶套件、域控制器等。

在不久的将来，基于星河平台，百度可以快速开发出面向不同场景、满足不同用户需求的无人驾驶汽车。

Apollo RT6 是在星河平台架构下开发的第一款车型。从 2021 年初组建团队至今，历时一年多时间，百度打造完成专门为国内 Robotaxi（百度自动驾驶出租车队）网络正向设计研发的车型 Apollo RT6。预计到 2025 年底，百度的 Robotaxi 网络将至少覆盖中国的 65 个城市，计划有数万辆 Apollo RT6 为用户提供服务。

案例 12-3：采用 YOLO 算法检测小轿车

本案例采用 YOLO 算法对美国加州大学伯克利分校 AI 实验室（BAIR）分享的开源视频数据集 BDD100K 部分数据集进行车辆检测实验。

1. YOLO 算法简介

YOLO 是目标检测的主流算法，即只需要看一次图像就可以识别出图像中的物体类别和位置信息。经过美国 Ultralytics 公司的深入研究和不断更新，YOLO 算法已升级到 YOLOv12 版本，并于 2025 年 2 月已发布，它可以完成图像分类、物体检测、实例分割等任务。

YOLO 算法也是基于监督学习算法，每张图像的监督信息是它所包含的每个物体的五个特征值，包括物体的中心位置（x,y）、高（h）、宽（w）及物体类别信息。

YOLO 算法的检测是基于整张图像的，并且会一次性输出所有检测到的目标类别、目标位置等信息。而在 YOLO 之前，常用的算法是先通过不同尺寸大小的窗口在图像上进行滑动，对每个物体进行检测和识别，通过设计不同大小的窗口，让这些窗口按照最小的步长滑动，把窗口中所有图像放到分类器中一一进行检测。

YOLO 算法的工作原理如下：

第 1 步：分割图像。将图像分割为 $a \times a$ 个格子（grid），每个格子的大小尺寸都是相等的。

第 2 步：每个格子生成一个边界框（bounding box）。让 $a \times a$ 个格子都检测出 B 个边界框，每个边界框都有五个特征值，分别为物体的中心位置 x 坐标值、y 坐标值、高（h）、宽（w）及这次预测的置信度。

每个格子有多个边界框，但只能识别出一个物体，因此每个格子需要预测物体的类别，而边界框不需要。

详细地说，现有 $a \times a$ 个格子，每个格子有 B 个边界框，如果分类器可以识别出 A 种不同物体，那么整个图像的真实数据（ground truth）为 $a \times a \times (B \times 5+A)$ 个。

图 12-9 和图 12-10 是一张 720×1 280 像素的图像，把其分成 6 ×6 的格子，每个小方格尺寸为 120×213，小车的尺寸为 121×142，展示了计算 x，y，w，h 的真实数据的过程。

图 12-9　YOLO 划分格子、检测小车图（1）

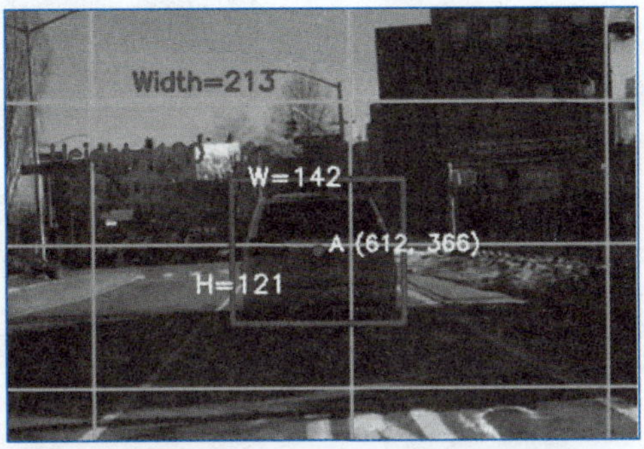

ground truth信息：

物体中心x_1相对坐标=71/213=0.34；

物体中心x_1相对坐标=60/120=0.50；

物体的相对宽度w_1=142/1 280=0.11

物体的相对高度h_1=121/720=0.17

置信度P

图 12-10 YOLO 划分格子、检测小车图（2）

YOLO 算法检测小轿车的工作原理如图 12-11 所示。

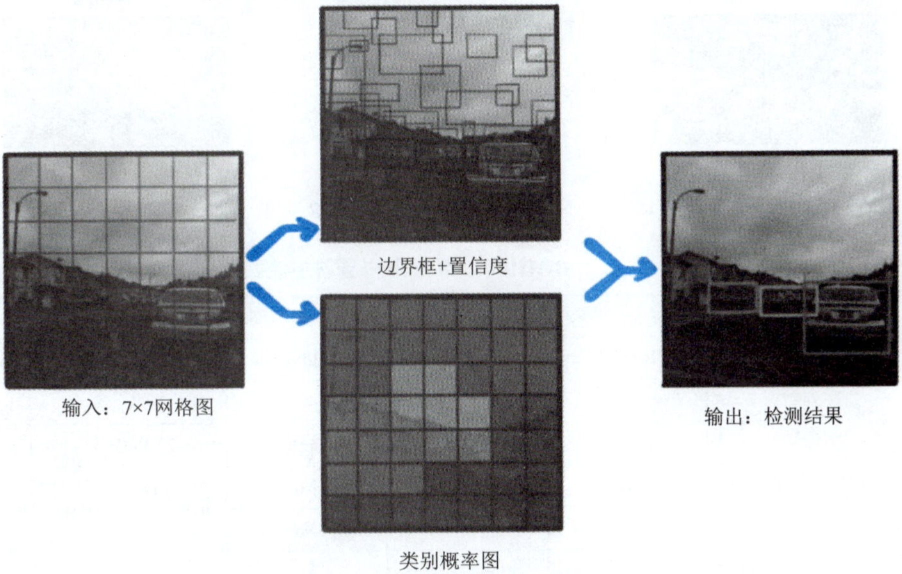

图 12-11 YOLO 算法检测小轿车原理图

2. BDD100K 数据集简介

2018 年，美国加州大学伯克利分校 AI 实验室发布了计算机视觉领域到目前为止规模最大、最多样化的开源视频数据集——BDD100K 数据集。

该数据集由 10 万个视频组成，每个视频大约长 40 s，分辨率为 720 p，帧速率为 30 fps，总时长超过 1 100 h。视频序列还包括 GPS 位置、IMU 数据和时间戳，视频带有由手机记录的 GPS/IMU 信息，以显示粗略的驾驶轨迹。这些视频来自美国不同地区、不同的天气状况、不同时间段的场景。该实验室还对每个视频第 10 s 的关键视频帧进行采样，得到 10 万张图片（图片尺寸为 1 280 ×720 像素），并对每张图片标注被检测对象中心 x 坐标、y 坐标、高度、宽度和置信度特征值。BDD100K 数据集中的 12 张数据图如图 12-12 所示，数据集与当前主流数据集的对比详见表 12-3。

图 12-12　BDD100K 数据集中的 12 张数据图

查看代码

12-A 小车训练代码

下载代码

12-A 源代码

查看代码

12-B 小车检测参考代码

下载代码

12-B 源代码

表 12-3　显示了 BDD100K 数据集和当前主流数据集的对比结果

特　点	样　本　集				
	KITTI	CityScapes	ApolloScape	Mapillart	BDD100K
序列数	22	50	4	N/A	100 000
图像数	14 999	7 000	143 906	25 000	120 000 000
是否覆盖多个城市	No	Yes	No	Yes	Yes
是否涉及不同天气	No	No	No	Yes	Yes
是否涉及多个时间段	No	No	No	Yes	Yes
是否覆盖多个场景	Yes	No	No	Yes	Yes

3. YOLO 算法检测小车案例

考虑到该数据集数据量巨大、需要较高的计算机配置等因素，特从该数据集中选取 1 000 张图像数据，按照 7 : 2 : 1 的比例进行训练、验证和测试实验。其中，700 张图像数据作为训练数据集，200 张图像数据作为验证数据集，100 张图像数据作为测试样本集。YOLO 夜晚场景小车检测实景如图 12-13 所示。

小车检测详细步骤如下：

第 1 步：随机选取 1 000 张图像数据，分配 700 张图像作为训练数据集，选取 200 张图像作为验证数据集，剩下 100 张图像作为测试样本集。

第 2 步：对 700 张图像数据进行训练，训练出合理的小车检测模型。小车训练代码扫描 12-A 二维码查看/下载。

第 3 步：采用第 2 步训练出的小车检测模型对 100 个测试样本进行测试。小车检测代码扫描 12-B 二维码查看/下载。

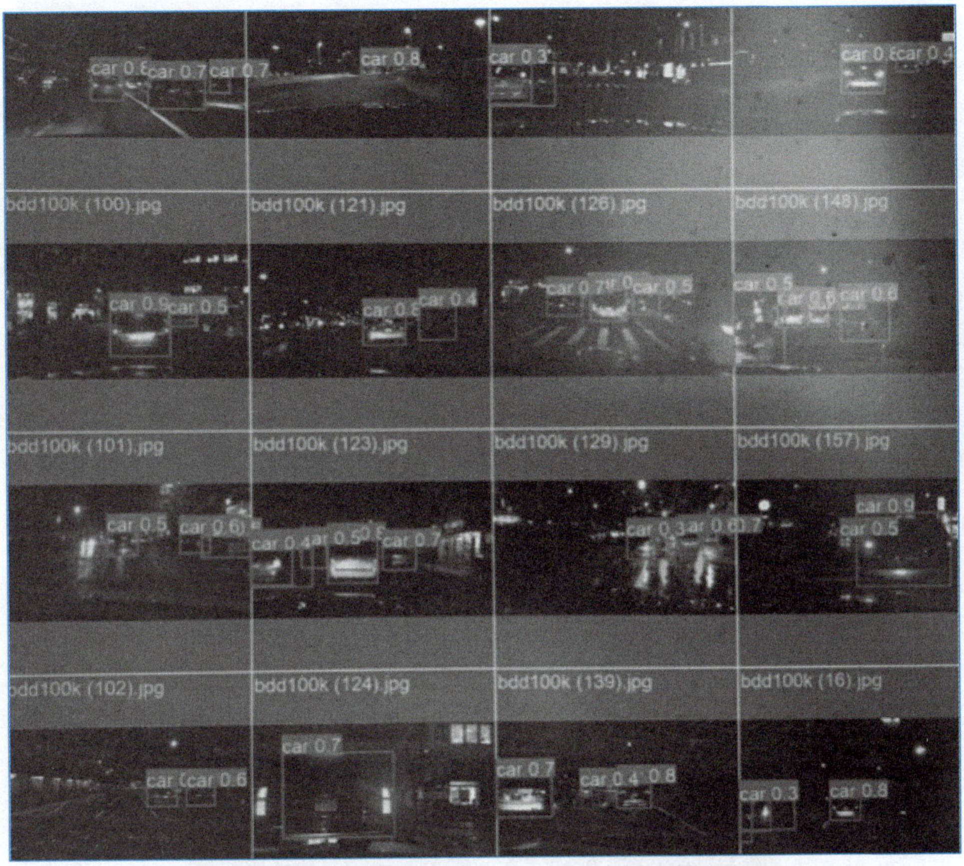

图 12-13 YOLO 夜晚场景小车检测实景图

BDD 100K 小车检测效果评价如图 12-14 所示。

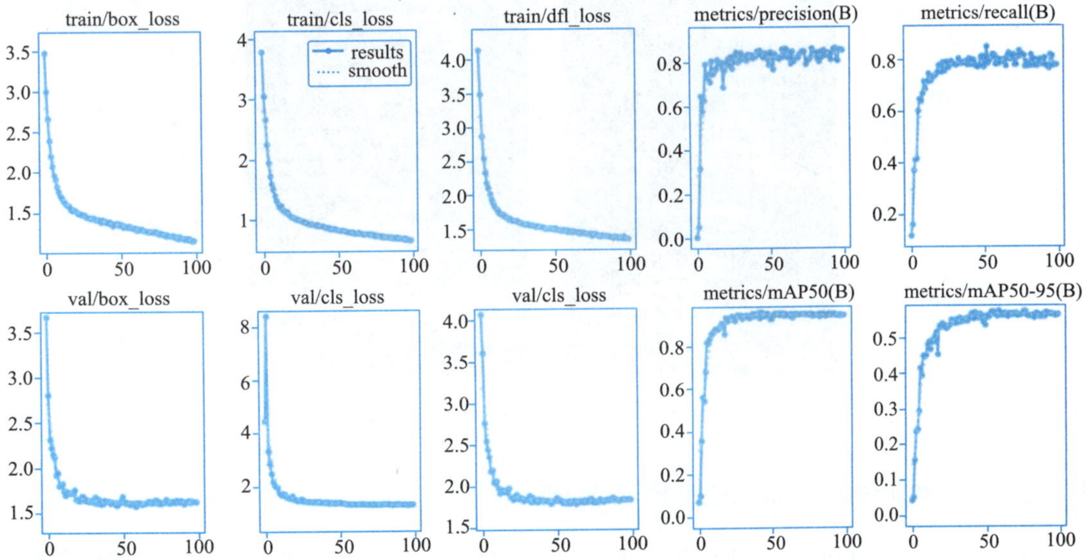

图 12-14 BDD100K 小车检测效果评价

12.3 AI 聊天机器人

AI 聊天机器人功能强大，深受大家的喜爱，根据事物或事情的属性、特点等文字描述，通过聊天机器人可以生成内容丰富又符合大众口味的相应的文字、图像、视频及音频等媒体元素。

常用的 AI 聊天机器人有 DeepSeek、豆包、kimi、腾讯元宝、ChatGPT 等人工智能软件，而 DeepSeek 凭借自然语言处理、机器学习与深度学习、大数据分析等核心技术优势，在推理、自然语言理解与生成、图像与视频分析、语音识别与合成、个性化推荐、大数据处理与分析、跨模态学习以及实时交互与响应等八大领域表现出色。

DeepSeek 与其他 AI 软件的组合使用表现出更强大的功能，更满足各行业各个用户的需求，可以生成更加完美的游戏、演说 PPT、思维导图、视频动画、文章及绘本等元素。

12.3.1 DeepSeek 文生文案例

DeepSeek 可以通过深度思考和联网搜索生成报告、散文、诗歌等不同形式的文章，包括但不限于小红书图文、日报、海报等。文生文可以通过文字生成相对应的文本。

场景 1： 如果输入“写一篇关于‘春天’的诗歌，100 个字”，几秒就能生成一篇关于“春天”的中文诗歌；如果输入“搜索出今天发生的 10 条人工智能最火新闻，用于生成日报”，几秒就搜索出人工智能 10 条最火的新闻，DeepSeek 文生文如图 12-15 所示。

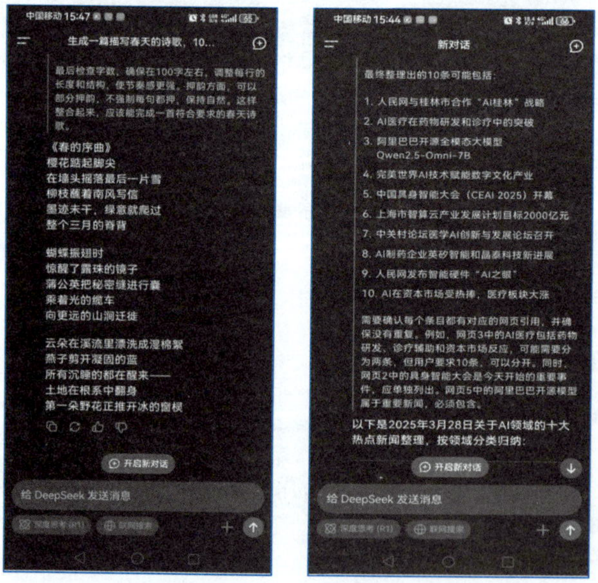

图 12-15　DeepSeek 文生文示例

12.3.2 DeepSeek+Kimi 生成 PPT 案例

DeepSeek 软件+Kimi 软件可以生成 PPT、短视频等。首先，通过 DeepSeek 生成某个主题的 PPT 大纲，然后根据这个 PPT 大纲使用 Kimi 软件“PPT 助手”功能生成相应的 PPT。

场景 2： 生成一份关于“人工智能的应用”的 PPT。首先，通过 DeepSeek 生成制作“关于‘人工智能应用’PPT 大纲”内容；然后，使用 Kimi 软件“PPT 助手”功能根据该 PPT 大纲生成相应的 PPT，如图 12-16 所示。

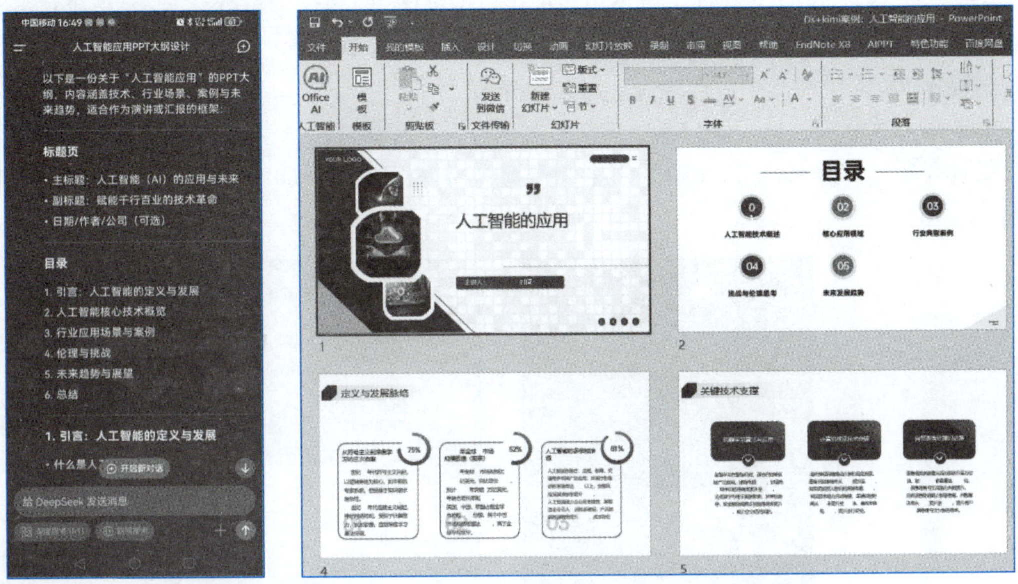

图 12-16　DeepSeek 生成“人工智能应用”PPT 大纲及生成的 PPT

12. 3. 3　DeepSeek+Pycharm 生成游戏案例

DeepSeek 软件+Pycharm 软件可以开发多款游戏。首先，使用 DeepSeek 生成相应的 Python 代码；然后，把这个代码放到 Pycharm 软件上（提前安装游戏所需要的库），直接运行即可，俄罗斯方块游戏代码及游戏界面如图 12-17 所示。

场景 3：生成俄罗斯方块游戏。

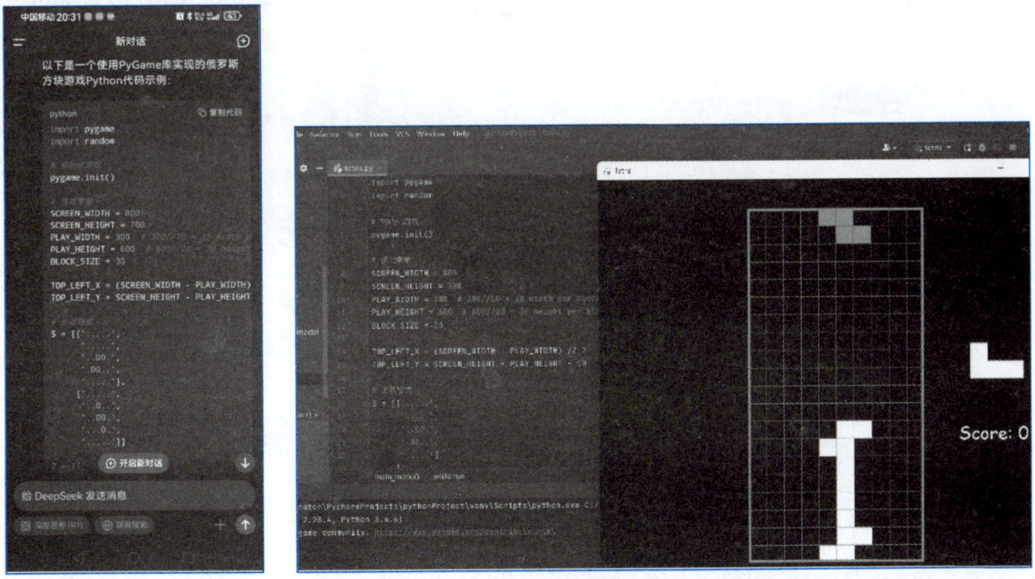

图 12-17　DeepSeek+PyCharm 生成俄罗斯方块游戏

12.3.4 DeepSeek+Xmind 生成思维导图案例

DeepSeek 软件+Xmind 软件可以为用户生成思维导图。首先，使用 DeepSeek 生成某个方向的某种格式大纲（.md 格式大纲）；然后，使用 Xmind 软件导入该 .md 格式的大纲。

场景 4：为人工智能的应用场景生成思维导图。

第 1 步：在 DeepSeek 上输入："帮我整理一个人工智能应用场景的大纲，要求大纲结构清晰、逻辑合理、大约 60 字，并适合用来制作思维导图，输出 .md 格式的大纲"，如图 12-18 所示。

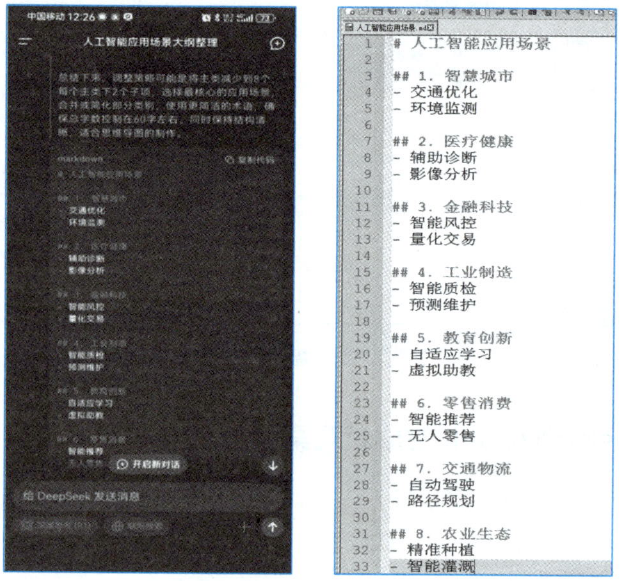

图 12-18　DeepSeek 生成人工智能应用场景大纲及 .md 文件

第 2 步：打开 Xmind 软件，导入人工智能应用场景大纲 .md 文件，不到 10 s 即可生成人工智能应用场景思维导图，如图 12-19 所示。

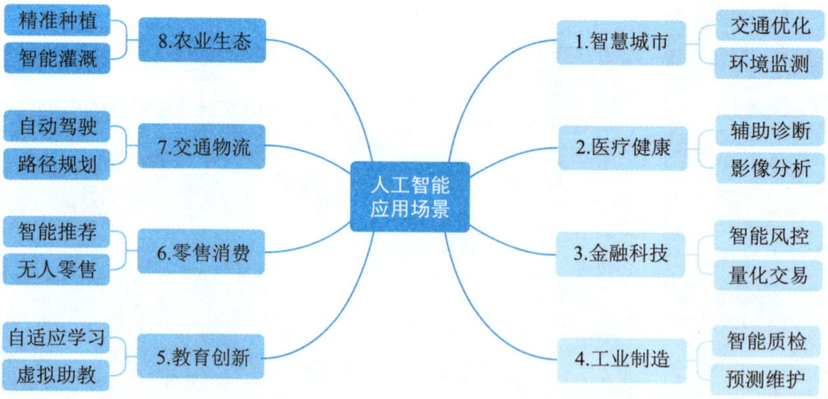

图 12-19　DeepSeek 生成人工智能应用场景思维导图

12.3.5 DeepSeek+即梦 AI 生成视频案例

DeepSeek+即梦 AI 可以生成视频和动画。首先，用 DeepSeek 生成视频的文字描述，然后，通过即梦 AI 把 DeepSeek 生成的文字描述和用户提供的图片生成用户想要的视频或动画。

场景 5：生成小女孩在雪地里欢快玩雪的视频。

第 1 步：通过 DeepSeek 输入："为 5 岁的小女孩生成在雪地上欢快玩雪的文字，80 字，用于生成视频"，生成的文字描述如图 12-20 所示。

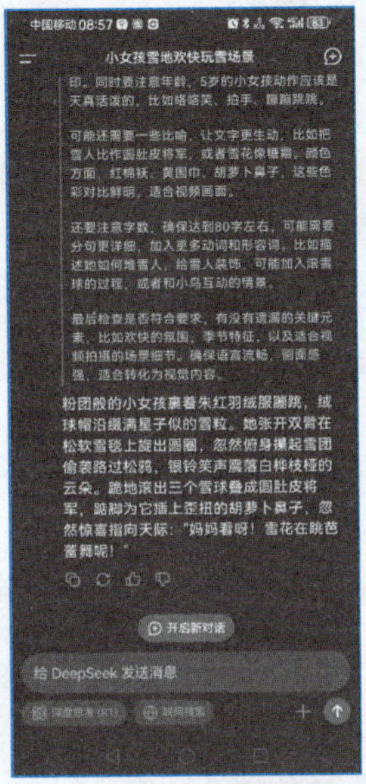

图 12-20　DeepSeek 生成小女孩玩雪的文字描述

第 2 步：应用即梦 AI 软件，通过 DeepSeek 生成的文字描述和用户提供的图片生成相应的视频，如图 12-21 所示。

图 12-21　通过文字+图片的描述生成视频

12.3.6　豆包文生图案例

使用豆包生成式 AI 功能，凭借对人的相貌、姿态、衣着、服饰等文字描述，可以生成与文字描述相对应的图像。

场景 1：生成 3D 卡通风格的哪吒图像。

利用豆包生成式 AI 功能，生成一幅图，要求："3D 卡通风格的哪吒形象，黑色短发扎成双丸子头，系红色发带，大大的眼睛，咧嘴微笑，露出牙齿，佩戴金色项圈，手拿着一本图书《AI 概述与应用》"，立即生成与描述相对应的图像，如图 12-22 所示。

图 12-22　豆包生成 3D 卡通哪吒图

场景 2：生成中国农村少女图像。

利用豆包生成式 AI 输入："淳朴善良、苗条好看、年龄 20 来岁的不同角度的中国农村少女"，立即生成相对应的图像，如图 12-23 所示。

图 12-23　豆包生成对应中国少女图

场景 3：生成美国女孩图像。

在场景 2 的基础上，增加如下文字描述："不同着装，不戴/戴上香奈儿项链，拿着/不拿苹果手机的美国女孩图"，立马生成与文字描述对应的图像，如图 12-24 所示。

图 12-24　豆包生成对应美国女孩图

12.3.7　基于 Transformer 的生成式对话模型案例

ChatGPT 是一个基于 Transformer 的生成式对话模型，Transformer 是一种用于序列建模的神经网络结构，在自然语言处理领域中表现优异。与传统的循环神经网络相比，Transformer 不需要考虑输入序列的顺序，因此可以并行处理输入序列。Transformer 由编码器和解码器两部分组成。编码器将输入序列转换为连续的向量表示，解码器将该向量表示转换为输出序列。

ChatGPT 的架构是一个单向的 Transformer 解码器，它接收一个 token 序列作为输入，并生成一个与之对应的 token 序列作为输出。该模型使用了多层 Transformer 结构，每一层都包含一个自注意力机制和一个前馈神经网络。自注意力机制可以让模型关注输入序列中不同位置的信息，从而更好地建模序列之间的关系。

可以使用 Python 实现 ChatGPT 模型，首先需要下载预训练模型。OpenAI 公司提供了多个版本的预训练模型，选择其中之一进行下载。

第 1 步：下载 GPT2 模型。

参考代码 12.6

```
import torch
from transformers import GPT2Tokenizer, GPT2LMHeadModel
tokenizer = GPT2Tokenizer.from_pretrained('gpt2')
model = GPT2LMHeadModel.from_pretrained('gpt2')
```

第 2 步：使用该模型生成回答。需要提供一个问题作为输入，并使用模型生成对应的回答。

例如，问题“你好，今天天气如何?”。

参考代码 12.7

```
input_text = "你好,今天天气如何?"
input_ids = tokenizer.encode(input_text, return_tensors='pt')
output=model.generate(input_ids, max_length=50, do_sample=True)
output_text=tokenizer.decode(output[0],skip_special_tokens=True)
print(output_text)
```

第 3 步：运行该程序，将得到一个随机的回复信息，输出的结果可能因为模型随机性不同而有所不同。最后，通过 ChatGPT 生成如下聊天内容：

```
今天阳光明媚,要不要去锻炼呀?
```

小　结

本章通过案例剖析，系统梳理了人工智能在图像识别、自动驾驶、自然语言处理中的核心技术与实践路径，培养了技术分析、跨学科应用与伦理安全意识，为解决复杂现实问题奠定了基础。

思考与练习

一、选择题

1. 人脸识别系统的五大阶段不包括（　　）。

A. 图像获取　　B. 人脸检测

C. 图像压缩　　D. 特征提取

2. Apollo RT6 无人驾驶汽车的核心技术是（　　）。

A. 全冗余系统与星河平台　　B. 单传感器融合与传统架构

C. 人工远程控制　　D. 无硬件冗余设计

3. ChatGPT 基于（　　）模型架构。

A. 循环神经网络（RNN）　　B. 卷积神经网络（CNN）

C. Transformer 解码器　　D. 决策树

二、填空题

1. 人脸识别的经典算法有________。

2. YOLO 算法的核心思想是________。

三、思考题

无人驾驶汽车为何需要全冗余系统？举例说明。

四、简答题

1. 简述人脸识别原理。

2. 简述无人驾驶汽车 Apollo RT6 的工作原理。

3. 简述无人驾驶汽车 Apollo RT6 的整车全冗余系统技术。

4. 简述无人驾驶汽车 Apollo RT6 的星河平台技术。

5. 简述 DeepSeek 的具体功能。

参考文献

[1] 徐洁磐. 人工智能导论 [M]. 3 版. 北京：中国铁道出版社有限公司，2024.

[2] 黄源，张莉. AIGC 基础与应用 [M]. 北京：人民邮电出版社，2024.

[3] 衣若芬. AIGC 文图学 [M]. 北京：中国社会科学出版社，2024.

[4] 杜雨，张孜铭. AIGC 智能创作时代 [M]. 北京：中国出版集团，2023.

[5] 宋楚平. 人工智能基础与应用 [M]. 北京：人民邮电出版社，2022.

[6] 冯超. 人工智能：深度学习核心算法（精装版）[M]. 北京：电子工业出版社，2020.

[7] 萨布雷. 漫画图解人工智能：轻松 get 人工智能核心问题 [M]. 王月玲，译. 北京：北京联合出版公司，2020.

[8] 齐勇刚，乔媛媛，刘军. 人工智能核心：神经网络（青少科普版）[M]. 北京：清华大学出版社，2021.

[9] 王万良. 人工智能导论 [M]. 北京：高等教育出版社，2020.

[10] 樊重俊. 人工智能基础与应用 [M]. 北京：清华大学出版社，2020.

[11] 李德毅，于剑. 人工智能导论 [M]. 北京：中国科学技术出版社，2018.

[12] 王衡军. 机器学习 [M]. 北京：清华大学出版社，2022.

致谢

教材付梓之际，心中满是感恩。

首先，要诚挚感谢参与教材编写的每一位团队成员。你们凭借深厚的专业知识、敏锐的行业洞察力以及对教育事业的热忱，在一次次的研讨与修订中，为教材注入了灵魂。每一个章节的打磨，每一个概念的阐释，都凝聚着大家的心血。

其次，对那些在 AI 领域耕耘的学者们表达敬意。你们的研究成果与学术著作，是本教材理论构建与案例分析的重要基石。从经典的 AI 算法到前沿的应用探索，你们的智慧启迪了我们的思路，让教材得以紧跟学科发展的步伐。

最后，诚挚感恩东南大学、山东大学、江苏第二师范学院、厦门理工学院、龙岩学院、广东第二师范学院、安徽工业大学、华侨大学、南京艺术学院、新智元（南京）科技信息有限公司、南京博润类脑智能技术有限公司、云物大智（龙岩）教育科技有限公司、苏州航礼交通科技有限公司等众多高校与企业的大力支持，为我们提供了丰富的研究资源与实验环境，助力我们深入探究 AI 技术的实践应用，使得教材中的内容兼具理论深度与实践价值。同时，非常感谢中国铁道出版社有限公司的编辑，他们为本书的出版付出了辛勤的劳动。